GENERAL CHEMISTRY

普通化学原理
同步练习与解析

杨　昕　主编

U0224106

清华大学出版社
北　京

内容简介

本书涵盖了普通化学原理教材中的主要考查内容，包括物质结构（原子结构、分子结构、晶体结构、配合物结构）、化学热力学、化学动力学和化学平衡（电离、酸碱、水解、沉淀溶解、氧化还原、配位）四大部分内容。每章练习前的“知识要点自我梳理”可以帮助学生学会总结各章要点，常见的填空、选择、判断和计算四种练习方式可以帮助学生充分掌握各个知识点的内容，同时书后配有答案和重点、难点题的指导解析，可以帮助学生自我学习，查找漏洞，做到因材施教。

本书可供工科院校、师范院校、医药类及综合性大学的学生在学习普通化学、普通化学原理或无机化学的原理部分等课程时参考使用，也可作为高等院校教师的教学参考书及高年级学生报考化学类相关专业研究生时使用。

图书在版编目(CIP)数据

普通化学原理同步练习与解析/杨昕主编. —北京：清华大学出版社，2018(2024.7 重印)
ISBN 978-7-302-51286-8

Ⅰ. ①普… Ⅱ. ①杨… Ⅲ. ①化学—高等学校—题解 Ⅳ. ①O6-44

中国版本图书馆 CIP 数据核字(2018)第 220336 号

责任编辑：袁 琦
封面设计：何凤霞
责任校对：刘玉霞
责任印制：刘 菲

出版发行：清华大学出版社
网　　址：https://www.tup.com.cn，https://www.wqxuetang.com
地　　址：北京清华大学学研大厦 A 座　　**邮　　编**：100084
社 总 机：010-83470000　　**邮　　购**：010-62786544
投稿与读者服务：010-62776969，c-service@tup.tsinghua.edu.cn
质量反馈：010-62772015，zhiliang@tup.tsinghua.edu.cn
印 装 者：北京嘉实印刷有限公司
经　　销：全国新华书店
开　　本：185mm×260mm　　**印　　张**：12　　**字　　数**：291 千字
版　　次：2018 年 9 月第 1 版　　**印　　次**：2024 年 7 月第 9 次印刷
定　　价：35.00 元

产品编号：080169-01

前 言

FOREWORD

《普通化学原理同步练习与解析》是为配合高等教育出版社《普通化学原理简明教程》(烟台大学普通化学教研室编)而编写的一本配套练习册。本书既可供工科院校、师范院校、医药类及综合性大学的学生在学习普通化学、普通化学原理或无机化学的原理部分等课程时参考使用,也可作为高等院校教师的教学参考书及高年级学生报考化学类相关专业研究生时使用。

本书涵盖了普通化学原理教材中的主要考查内容,包含知识要点自我梳理、同步练习、参考答案与解析,既强化了基础,帮助学生课后总结、复习巩固课上授课内容,掌握知识要点,又逐步培养大一新生的归纳总结能力,做到因材施教。为帮助同学们在期末考试前了解对课程的掌握熟练程度,我们在附录中列出了近年的两套期末考试试卷及答案供同学们自我练习和评价。

为科学合理地对试题的难易度进行评价,在编写同步练习的过程中,我们又对近 10 年的普通化学原理期末考试试卷进行了统计分析,对每一道试题都统计了其难易度和区分度,并用括号标示在曾经考过的试题前。括号内位于前面的数字代表难易度,其数字越大表示该题越容易,学生越容易得分;后面的数字代表区分度,表示的是总得分前 25%同学该题的平均得分值与后 25%同学的得分平均值的差值,差值越大表示越容易区分出不同学生对该部分知识掌握的好坏。通过试题前面的数字,既可方便教师选题出题,也可以帮助同学们了解重点、难点和各章节内容的掌握程度。

本套同步练习与解析由我教研室主讲教师参与完成,在编写过程中参考了许多国内外习题指导和考研学生答疑时提供的名校考研试题(在练习题前用“研”表示),在此一并对这些作者表示感谢。参与本书编写和修订的有杨昕(第 1、2、6 章)、姜雪梅(第 1、5、6、9 章)、王萍(第 3、7、8 章)、郑玉华(第 4、10 章)、于雪芳(第 2、5、6 章)、林清泉(7、8、9 章)、翁永根(第 9 章),全书由杨昕主编定稿。

由于编者水平有限,不妥之处在所难免,衷心希望老师和同学们在使用过程中提出宝贵意见,以期不断完善。

烟台大学普通化学教研室

2018 年 1 月

目　录

CONTENTS

第1章

原子结构与元素周期性

知识要点自我梳理

1. 氢原子光谱(填空题 1～6,选择题 1～11,判断题 1～11)

Bohr 理论二假设________________

氢原子光谱频率公式________________

2. 四个量子数(填空题 7～12,选择题 12～27,判断题 12～18)

薛定谔方程________________

$\Psi(x,y,z)$分离变量________________

四个量子数的物理意义________________

四个量子数取值________________

3. 核外电子排布(填空题 13～24,选择题 28～43,判断题 19～23)

屏蔽效应________________

钻穿效应________________

原子轨道近似能级图______

核外电子排布规则______

Cr、Mo 电子排布特例______

Cu、Ag、Pd 电子排布特例______

4. 元素周期律(填空题 25～42,选择题 44～58,判断题 24～31)

周期、族、区的划分______

原子半径______

电离能______

亲和势______

电负性______

同步练习

一、填空题

1. (0.76,0.34)氢原子光谱是______光谱,______理论可较好地解释氢原子光谱。该理论认为,定态轨道的能量是______的,定态轨道能量差与波长间关系的表达式是______。

2. 微观粒子的运动有别于宏观物体,主要表现在它具有______、位置和动量不能同时测准、______三个方面;______是描述微观粒子运动的基本方程。

3. (0.57,0.40)根据现代结构理论,核外电子的运动状态可用______来描述,它的空间形象被称为______;波函数的物理意义可以通过______来体现,表示核外电子出现的______,它的形象化表示是______。

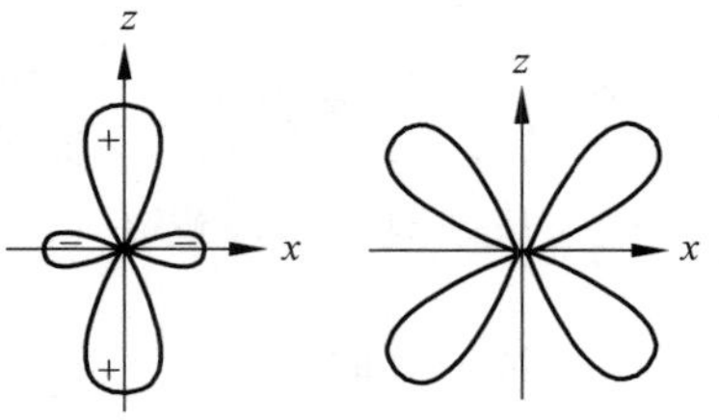

(第 5 题)

4. 波函数是描述______的数学函数式,它和______是同义词。

5. (0.12,0.16)右图分别是______和______的角度分布图。

6. $\Psi(r,\theta,\varphi)$是描述电子在空间______的波函数。$Y(\theta,\varphi)$表示$\Psi(r,\theta,\varphi)$的______,$R(r)$表示$\Psi(r,\theta,\varphi)$的______。

7. 原子中单个电子的运动状态需要用________、________、________、________四个量子数来描述。其中________决定着电子的自旋方向，________决定着电子云的形状，________决定着电子云的大小，________决定着电子云的空间伸展方向(或轨道)。

8. 某电子处在3d轨道，其轨道量子数 n 为________，l 为________，m 的最小取值是________，3d亚层有________条能量________的轨道，可表示为 d_{xy}、________、d_{yz}、$d_{x^2-y^2}$ 和________，这些轨道称为________________。

9. (0.76，0.27) $l=1$ 时，m 有________个取值，其各个轨道的空间位置关系是________________，在 y 轴上的轨道是________，在 z 轴上的轨道是________。

10. 每一个原子轨道要用________个量子数来描述，其符号分别是________；表征电子自旋的量子数共有________个数值。

11. (0.75，0.31)4p亚层中轨道的主量子数为________，角量子数为________，该亚层的轨道最多可以有________种空间取向，最多可容纳________个电子。

12. 写出下列各种情况中的合理量子数。

(1) $n=$________，$l=2$，$m=0$，$m_s=+$________；

(2) $n=3$，$l=$________，$m=+2$，$m_s=-1/2$；

(3) $n=2$，$l=0$，$m=$________，$m_s=+1/2$。

13. 某元素在Kr($Z=36$)之前，该元素原子失去两个电子后，在角量子数为2的轨道中有一个单电子，而如果只失去一个电子，则其离子的轨道中没有单电子。该元素是________，原子序数为________，其价层电子排布式为________，该元素在周期表的________区，第________族，其元素外层电子排布可以用________来解释。

14. (0.78，0.13)元素周期表中原子序数为24的元素，其核外电子排布式为________________________________，其最外层有________个电子，该电子对应的角量子数 l 为________，磁量子数 m 为________，该元素外层电子排布可以用________________来解释。

15. (0.84，0.22)原子序数为47的元素，其核外电子排布式为____________________，其最外层电子对应的主量子数 n 为________。

16. (0.69，0.35) $E_{np_x}=E_{np_y}=E_{np_z}$，这些轨道称为________________；$E_{ns}<E_{np}<E_{nd}<E_{nf}$，这种现象称为________________；$E_{4s}<E_{3d}$，这种现象称为________________。

17. (0.45，0.56)描述 $5d^1$ 电子运动状态时，对应4个量子数分别为 $n=$________、$l=$________、$m=$________(可任填一项合适的数值)、$m_s=$________。

18. Fe原子核外最外层电子的四个量子数 $n=$________、$l=$________、$m=$________、$m_s=$________。

19. (0.97，0.09)基态原子核外电子排布应遵循的三条原则中，________________决定着同一轨道电子的排布，________________决定着同一亚层上电子的排布，________________决定着电子进入轨道的顺序。

20. 泡利能级图中第六能级组含有的原子轨道是________________；如果没有能级交错，第三周期应有________个元素，实际该周期有________个元素；原子最外层电子数最多为________，次外层电子数最多为________，这也是能级交错的直接结果。

21. 用波函数表示20号元素钙中能量最高的电子占据的轨道应为________。

22. 在 Li 原子中 2s 原子轨道能级比 F 原子的 2s 原子轨道能级________。(填“高”或“低”)

23. 25 号元素 Mn 的价电子轨道表示式为________________________。

24. (0.58,0.24)若把某原子核外电子排布写成 ns^2np^7,它违背了________________。

25. 周期表中共有________个周期,________个族。主族元素原子的价电子层结构特征是价电子构型=________层电子排布,副族元素原子的价电子层结构特征是价电子构型=________________+________________。

26. (0.70,0.42)某元素原子在 $n=4$ 的电子层上有两个电子,在次外层 $l=2$ 轨道中的电子数为 10,该原子的元素符号是________,位于周期表中________周期,________族,其核外电子排布式为________________________。

27. (0.53,0.59)当 $n=4$ 时,该电子层电子的最大容量为________个;某元素原子在 $n=4$ 的电子层上只有 2 个电子,在次外层 $l=2$ 的轨道中有 6 个电子,该元素符号是________,位于周期表第________周期,第________族,其核外电子排布式为________________。

28. 周期表中电负性最大的元素________,周期表中第一电离能最大的元素________,+2 价离子构型为[Ar]$3d^5$ 的元素________,具有 ns^2np^5 电子结构的元素是________族元素,具有 ns^2np^6 电子结构的元素是________族元素,第四周期元素中,4p 轨道半充满的是________,3d 轨道半充满的是________、________,4s 轨道半充满的是________、________、________。

29. 元素周期表中第六周期元素的原子核外电子填充的能级组中包括________________,因而第六周期共有________种元素,其第一种元素为________,最后一种元素为________。

30. 同一周期中,金属性最强的元素位于________区________族,非金属性最强的元素位于________区________族,价电子构型为 $3d^24s^2$ 的元素位于________周期________区________族,元素符号是________。

31. 写出基态原子的电子构型满足下列条件之一的元素:

(1) 量子数 $n=4,l=0$ 的电子有 2 个,$n=3,l=2$ 的电子有 6 个________;

(2) 4s 与 3d 为半充满的元素________;

(3) 具有 2 个 4p 成单电子的元素________、________;

(4) 3d 为全充满,4s 只有 1 个电子的元素________;

(5) 36 号以前,成单电子数为 4 个的元素________;

(6) 36 号以前,成单电子数>4 个的元素________、________。

32. 第 5 周期的惰性气体的原子序数是________,其电子排布简式为[____________]________。

33. ⅡB 族第一个元素的原子序数是________,其电子排布简式[____________]________。

34. 第一个出现 5s 电子的元素的原子序数是________,其元素符号是________,其电子排布简式[____________]________。

35. 第三周期ⅡA 族元素是________,其原子序数是________,价电子层构型是________。

36. (0.61,0.34)第四周期ⅣB族元素是________，其原子序数是________，价电子层构型是________。

37. A、B、C为同周期金属元素，已知C有三个电子层，且原子半径A>B>C，则元素A为________，C为________，属于________族，价电子构型为________。

38. 已知D、E为同主族的非金属元素，与氢化合生成HD和HE，室温时D单质为液体，E单质为固体，则元素D为________，元素E为________，属于________族，其价电子构型的通式为________。(用n表示)

39. 某元素的最高氧化数为+5，原子的最外层电子数为2，原子半径是同族元素中最小的，则该元素是________，其+3价离子的价层电子排布为________。

40. 某元素的电子排布最后填入4p轨道，其最高氧化值为5，则该元素属于第________周期，第________族，其电子排布式为________________。

41. 第六周期共有________个元素，根据原子结构理论预测第八周期将包括________个元素。

42. 第88号和第89号元素分别在周期表第________周期，________、________族，________、________区。

二、选择题

1. (研)下面氢原子核外电子的跃迁中，释放出最大能量的跃迁为(　　)。

A. $n=3 \to n=2$　　B. $n=5 \to n=3$　　C. $n=6 \to n=5$　　D. $n=3 \to n=6$

2. 与波函数为同义语的是(　　)。

A. 概率密度　　B. 电子云

C. 原子轨道　　D. 原子轨道角度分布图

3. (0.87,0.25)原子轨道是指(　　)。

A. 一定的电子云　　B. 核外电子的概率

C. 一定的波函数　　D. 某个径向分布函数

4. 下列叙述中错误的是(　　)。

A. $|\Psi|^2$表示电子出现的概率密度

B. $|\Psi|^2$表示电子出现的概率

C. $|\Psi|^2$在空间分布的形象化图像称为电子云

D. $|\Psi|^2$值小于或等于相应的$|\Psi|$值

5. (0.68,0.37)关于右图描述正确的是(　　)。

A. 表示d_{xy}原子轨道的形状

B. 表示$d_{x^2-y^2}$原子轨道角度分布图

C. 表示d_{yz}原子轨道角度分布图

D. 表示d_{xy}电子云角度分布图

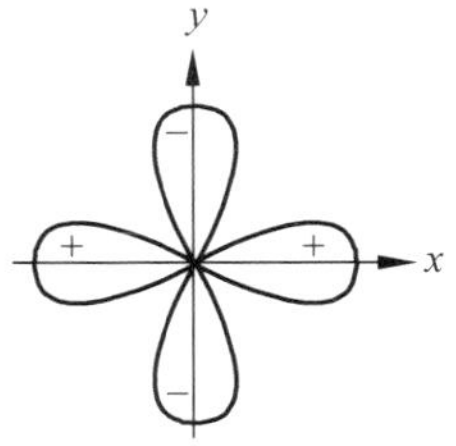

(第5题)

6. 关于原子轨道的下列叙述正确的是(　　)。

A. 原子轨道是电子运动的轨迹

B. 某一原子轨道是电子的一种空间运动状态，即波函数

C. 原子轨道表示电子在空间各点出现的概率

D. 原子轨道表示电子在空间各点出现的概率密度

7. (0.84,0.42)$\Psi_{3,2,1}$代表简并轨道中的一条轨道是(　　)。

A. 2p 轨道　　B. 3d 轨道　　C. 3p 轨道　　D. 3s 轨道

8. (0.70,0.38)下列哪一个轨道上的电子,在 xy 平面上的电子云密度为零(　　)。

A. $3p_z$　　B. $3d_{z^2}$　　C. 3s　　D. $3p_x$

9. (0.61,0.40)描述一确定的原子轨道,需用以下参数(　　)。

A. n,l　　B. n,l,m　　C. n,l,m,m_s　　D. 只需 n

10. (0.96,0.09)氢原子的电子云图中的小黑点表示的意义是(　　)。

A. 一个黑点表示一个电子

B. 黑点的多少表示电子个数的多少

C. 表示电子运动的轨迹

D. 电子在核外空间出现概率的多少

11. 对右图的描述正确的是(　　)。

A. 图形表示 p_z原子轨道的形状

B. 图形表示 p_z电子云角度分布图

C. 图形表示 p_z原子轨道角度分布图

D. 图形表示 d_{z^2}原子轨道的形状

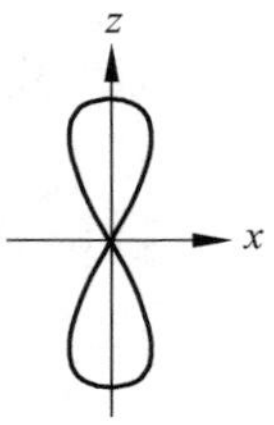

(第 11 题)

12. 主量子数为 4 的电子层中,亚层种类最多可以有(　　)种,原子轨道的最多数目是(　　)。

A. 1　　B. 2　　C. 3　　D. 4

E. 8　　F. 16　　G. 32

13. (0.79,0.30)n、l、m 确定后,仍不能确定该量子数组合所描述原子轨道的(　　)。

A. 数目　　B. 形状

C. 能量　　D. 所填充电子的数目

14. (0.95,0.13)某原子轨道用波函数表示时,下列表示中正确的是(　　)。

A. Ψ_n　　B. $\Psi_{n,l}$　　C. $\Psi_{n,l,m}$　　D. Ψ_{n,l,m,m_s}

15. (0.80,0.38)下列各组量子数中正确的是(　　)。

A. $n=3,l=3,m=0,m_s=-1/2$　　B. $n=2,l=0,m=+1,m_s=+1/2$

C. $n=4,l=-1,m=0,m_s=+1/2$　　D. $n=3,l=1,m=-1,m_s=-1/2$

16. (0.89,0.25)对于原子中的电子,量子数正确的一组是(　　)。

A. $n=3,l=1,m=-1$　　B. $n=3,l=1,m=2$

C. $n=2,l=2,m=-1$　　D. $n=6,l=-1,m=0$

17. 下列波函数表示原子轨道,正确的是(　　)。

A. $\Psi_{4,2,3}$　　B. $\Psi_{4,2,1,-1/2}$　　C. $\Psi_{3,1,1}$　　D. $\Psi_{2,2,2}$

18. 多电子原子的原子轨道的能量取决于(　　)。

A. n　　B. n,l　　C. n,l,m　　D. n,l,m,m_s

19. (0.94,0.09)下列哪个原子的原子轨道能量与角量子数无关(　　)。

A. Li　　B. Ne　　C. H　　D. F

20. 用量子数描述的下列亚层中，可容纳电子数最多的是(　　)。

A. $n=2, l=1$　　B. $n=3, l=2$　　C. $n=4, l=3$　　D. $n=5, l=0$

21. 当角量子数为 5 时，可能的简并轨道是(　　)。

A. 6　　B. 9　　C. 11　　D. 13

22. (0.90,0.27)在一个多电子原子中，能量较大的电子具有的量子数(n, l, m, m_s)是(　　)。

A. (3,2,+1,+1/2)　　B. (2,1,+1,−1/2)

C. (3,1,0,−1/2)　　D. (3,1,−1,+1/2)

23. (0.73,0.47)多电子原子中，在主量子数为 n，角量子数为 l 的分层上，原子轨道数为(　　)。

A. $2l-1$　　B. $n-1$　　C. $n-l+1$　　D. $2l+1$

24. (　　)可以解释能级交错，而能级交错现象又可以解释(　　)现象。

A. K 原子 4s 轨道的能量低于 3d　　B. 第三电子层的电子容量为 18

C. 屏蔽效应与钻穿效应　　D. 原子最外层电子数不能超过 8 个

25. (研)具有下列电子构型的原子中，属于激发态的是(　　)。

A. $1s^2 2s^1 2p^1$　　B. $1s^2 2s^2 2p^5$

C. $1s^2 2s^2 2p^6 3s^2$　　D. $1s^2 2s^2 2p^6 3s^2 3p^6 4s^1$

26. (0.63,0.31)P 的电子排布式写成 $1s^2 2s^2 2p^6 3s^2 3p_x^2 3p_y^1$ 违背了(　　)。

A. 能量最低原理　　B. 泡利不相容原理

C. 洪特规则特例　　D. 洪特规则

27. (0.70.0.43)(　　)解决了电子在简并轨道的排布问题。

A. 泡利不相容原理　　B. 能量最低原理

C. 洪特规则　　D. 元素周期律

28. 原子序数为 33 的元素，其原子在 $n=4, l=1, m=0$ 轨道中的电子数为(　　)。

A. 1　　B. 2　　C. 3　　D. 4

29. 具有下列量子数的电子，按其能量由大到小的顺序排列正确的是(　　)。

(1) $\Psi_{3,2,1,1/2}$　(2) $\Psi_{3,1,-1,-1/2}$　(3) $\Psi_{2,1,-1,-1/2}$　(4) $\Psi_{4,1,0,1/2}$

A. (4)(3)(2)(1)　　B. (2)(1)(4)(3)　　C. (3)(4)(1)(2)　　D. (4)(1)(2)(3)

30. 下列说法不正确的是(　　)。

A. 氢原子中，电子的能量只取决于主量子数 n

B. 波函数由四个量子数确定

C. 多电子原子中，电子的能量不仅与 n 有关，还与 l 有关

D. $m_s=\pm 1/2$ 表示电子的自旋有两种方式

31. 下列六组量子数均可以表示一个 2p 电子。

(1) 2,1,0,+1/2　　(2) 2,1,0,−1/2　　(3) 2,1,1,+1/2

(4) 2,1,1,−1/2　　(5) 2,1,−1,+1/2　　(6) 2,1,−1,−1/2

氮原子中各 p 电子，其量子数组合是(　　)。

A. (1)(2)(3)　　B. (1)(3)(5)或(2)(4)(6)

C. (4)(5)(6)　　D. (2)(4)(5)

32. (0.84,0.26)下列基态原子的电子构型中,正确的是(　　)。

A. $3d^9 4s^2$　　B. $3d^4 4s^2$　　C. $3d^{10} 4s^0$　　D. $3d^5 4s^1$

33. 元素周期表中尚未发现的第七个稀有气体元素的原子序数将是(　　)。

A. 108　　B. 118　　C. 132　　D. 164

34. 某基态原子第五电子层只有 2 个电子,则该原子第四电子层电子数可能为(　　)。

A. 8　　B. 18　　C. 8～18　　D. 18～32

35. 某元素原子最外层只有 1 个电子,该电子所处轨道为 $\Psi_{4,0,0}$,所有符合这一条件的元素(　　)。

A. K,Cr,Sc　　B. K,Cu,V　　C. K,Cr,Cu　　D. K,Cr,V

36. 周期表中第五、六周期的ⅣB、ⅤB、ⅥB 族元素性质非常相似,这是由于(　　)导致。

A. s 区元素的影响　　B. p 区元素的影响

C. d 区元素的影响　　D. 镧系元素的影响

37. (0.73,0.49)某元素的最外层只有一个 $l=0$ 的电子,则该元素不可能是(　　)。

A. s 区元素　　B. p 区元素　　C. d 区元素　　D. ds 区元素

38. 下列元素中,价层电子全为成对电子的元素是(　　)。

A. Zn　　B. Ti　　C. Fe　　D. S

39. 具有 $(n-1)d^{10} ns^{1\sim2}$ 价电子构型的元素属于(　　)区。

A. s　　B. p　　C. d　　D. ds

40. (0.69,0.46)在第四周期元素原子中未成对电子数最多可达(　　)。

A. 4 个　　B. 5 个　　C. 6 个　　D. 7 个

41. 某元素原子序数小于 36,当该元素原子失去最外层的一个电子时,其角量子数等于 2 的轨道内电子数为全充满,则该元素为(　　)。

A. Cu　　B. K　　C. I　　D. Cr

42. Sr(第五周期第ⅡA)基态原子中,符合量子数 $m=0$ 的电子数是(　　)个。

A. 12 个　　B. 14 个　　C. 16 个　　D. 18 个

43. (0.67,0.46)下列离子中外层 d 轨道达半满状态的是(　　)。

A. Cr^{3+}　　B. Fe^{3+}　　C. Co^{3+}　　D. Cu^{+}

44. 某元素最高氧化数为+6,在同族元素中该元素原子半径最小,该元素是(　　)。

A. S　　B. Te　　C. Cr　　D. Mo

45. (研)在前四个周期的原子中,具有下列电子构型的原子其电离能最低的是(　　),最高的是(　　)。

A. $ns^2 np^3$　　B. $ns^2 np^4$　　C. $ns^2 np^5$　　D. $ns^2 np^6$

46. (0.82,0.24)下列原子中第一电离能最小的是(　　)。

A. B　　B. C　　C. Al　　D. Si

47. (0.98,0.0)下列原子半径大小顺序正确的是(　　)。

A. Be<Na<Mg　　B. Be<Mg<Na

C. Be>Na>Mg　　D. Na<Be<Mg

48. 下列哪一项是元素原子电离能递增的正确顺序(　　)。

A. $1s^2$, $1s^22s^22p^2$, $1s^22s^22p^6$, $1s^22s^22p^63s^1$

B. $1s^22s^22p^63s^1$, $1s^22s^22p^6$, $1s^22s^22p^2$, $1s^2$

C. $1s^2$, $1s^22s^22p^6$, $1s^22s^22p^2$, $1s^22s^22p^63s^1$

D. $1s^22s^22p^63s^1$, $1s^22s^22p^2$, $1s^22s^22p^6$, $1s^2$

49. 元素 A 的各级电离能($kJ \cdot mol^{-1}$)数据如下：

I_1	I_2	I_3	I_4	I_5	I_6
578	1817	2745	11 579	14 831	19 379

则元素 A 常见价态为(　　)。

A. +1 价　　B. +2 价　　C. +3 价　　D. +4 价

E. +5 价

50. (研)下列气态原子中,第二电离能最小的是(　　)。

A. Be　　B. K　　C. Cs　　D. Ba

51. (0.85,0.19)既能衡量元素金属性强弱,又能衡量其非金属性强弱的物理量是(　　)。

A. 电负性　　B. 电离能　　C. 电子亲和能　　D. 偶极矩

52. 下列关于第三周期主族元素的叙述中正确的是(　　)。

(1) 第一电离能 $I_{Na} < I_{Al} < I_P < I_S < I_{Cl}$

(2) 原子半径从左到右逐渐减小

(3) 电负性最大的元素是 Cl

A. (1)　　B. (1)(2)　　C. (1)(3)　　D. (2)(3)

53. (0.76,0.11)从中性的 Li、Be、B 原子中去掉一个电子需要大致相当的能量,然而去掉第二个电子时需要的能量大得多的是(　　)。

A. Li　　B. Be　　C. B　　D. 一样

54. (0.87,0.19)基态电子构型如下的原子中,(　　)半径最大,(　　)电离能最小,电负性最大的是(　　)。

A. $1s^22s^2$　　B. $1s^22s^22p^5$　　C. $1s^22s^22p^1$　　D. $1s^22s^22p^63s^1$

E. $1s^22s^22p^63s^2$

55. (0.82,0.26)第六周期元素最高能级组为(　　)。

A. 6s6p　　B. 6s6p6d　　C. 6s5d6p　　D. 6s4f5d6p

56. (研)下列各元素中,第一电子亲和势代数值(E_{A_1})最大的是(　　)。

A. Cl　　B. Br　　C. He　　D. F

57. (研)性质最相似的两个元素是(　　)。

A. Zr 和 Hf　　B. Ru 和 Rh　　C. Mn 和 Mg　　D. Cu 和 Cr

58. (研)性质极相似的一组元素是(　　)。

A. Sc 和 La　　B. Fe、Co 和 Ni　　C. Nb 和 Ta　　D. Cr 和 Mo

三、判断题

1. (0.70,0.11)所有微观粒子的运动都既有粒子性又有波动性。( )

2. 当原子中电子从高能级跃迁至低能级时,两能级间能量相差越大,则辐射出的电磁波的波长越长。( )

3. 电子具有波粒二象性,即它一会儿是粒子,一会儿是电磁波。( )

4. 大量电子运动表现出的统计性规律证明了电子具有波动性。( )

5. 原子轨道指原子运动的轨迹。( )

6. (0.83,0.22)原子轨道图是 Ψ 的图形,故所有原子轨道都有正、负部分。( )

7. 电子云示意图中,小黑点的疏密表示电子出现概率密度的大小。( )

8. (0.93,0.13)电子云与原子轨道角度分布图均有正负之分。( )

9. $|\Psi|^2$表示电子的概率。( )

10. (0.88,0.09)$|\Psi|^2$图形与 Ψ 图形相比,形状相同,但$|\Psi|^2$图略“瘦”些。( )

11. p 亚层上 3 个 p 轨道能量、形状和大小都相同,不同的是在空间的取向。( )

12. 主量子数 n 为 3 时有 3s、3p、3d、3f 四条轨道。( )

13. (0.42,0.42)多电子原子中,电子的能量不仅与 n 有关,还与 l、m 有关。( )

14. (0.72,0.27)氢原子 2s 轨道和 2p 轨道能量相同,但氟原子的 2s 轨道能量低于 2p 轨道能量。( )

15. 氧原子的 2s 轨道的能量与碳原子的 2s 轨道的能量相同。( )

16. 多电子原子中,若几个电子处在同一能级组,则它们的能量也相同。( )

17. 多电子原子的能级图是一个近似能级关系。( )

18. 所有元素原子的有效核电荷总小于核电荷。( )

19. 最高能级组的排布即最外层排布。( )

20. 价电子排布即最高能级组的排布。( )

21. 元素所处的族数与其原子最外层的电子数相同。( )

22. s 区元素原子最后填充的是 ns 电子,其次外层的各亚层均已充满电子。( )

23. 原子在失去电子时,总是先失去最外层电子。( )

24. 通常所谓的原子半径,并不是指单独存在的自由原子本身的半径。( )

25. (0.71,0.47)任何元素的第一电离能总是吸热的。( )

26. 同一主族元素的第一电离能 I_1 由上到下逐渐减小。( )

27. 所有元素第一电离能数值均大于零,第二电离能均比第一电离能大。( )

28. 镧系收缩的结果,使第五、六周期的同副族的原子半径相近,性质也相似。( )

29. 对于同一原子,失去同层电子时电离能相差较小,失去不同层电子时电离能相差较大,所以电离能数据是核外电子分层排布的实验佐证。( )

30. 电负性是综合考虑电子亲和能和电离能的量,后两者都是能量单位,所以前者也用能量作单位。( )

31. (0.40,0.30)卤素原子的电子亲和能按 F、Cl、Br、I 的顺序依次减小。( )

总结与反思

1. ______________________________

2. ______________________________

3. ______________________________

4. ______________________________

5. ______________________________

6. ______________________________

7. ______________________________

8. ______________________________

9. ______________________________

10. ______________________________

第2章

化学键与分子结构

知识要点自我梳理

1. 离子键理论(填空题无,选择题75～80,判断题9～10)

理论____

特征____

2. 价键理论(填空题1～8,选择题1～11,判断题1～8)

价键理论______________________________________

特点与键型_____________________________________

3. 杂化轨道理论(填空题9～14,选择题12～23,判断题11～18)

杂化轨道理论___________________________________

杂化类型______________________________________

4. VSEPR 理论(填空题15～29,选择题24～37,判断题19～25)

VSEPR 理论____________________________________

VP,BP,LP ____________________

VP=3,4 的轨道空间构型 ____________________

VP=5,6 的轨道空间构型 ____________________

5. 分子轨道理论(填空题 30~37,选择题 38~50,判断题 26~27)

分子轨道理论 ____________________

第二周期分子轨道排布规则 ____________________

6. 分子间力(填空题 38~49,选择题 51~74,判断题 28~35)

分子间力 ____________________

氢键 ____________________

同步练习

一、填空题

1. σ 键和 π 键都是分子________(内/外)的共价键,但________键更牢固。

2. 两原子间如果形成 σ 键,其成键原子轨道是沿着________方向重叠,重叠方式是________;成键原子轨道的重叠部分垂直于键轴所形成的共价键称为________,其轨道的重叠方式是________。

3. 按照价键理论,成键原子轨道重叠程度越大,所形成的共价键越________(填“强”或“弱”);两原子间形成共价键时,必定有一个________键。

4. 将① H_2O、② H_2Se、③ H_2S、④ HF 分子按键的极性从大到小的顺序排列________。

5. 按照价键理论,原子中一个未成对电子,只能和另一个原子的一个自旋相反的成单电子配对成键,称为共价键的________性。

6. 在 HF、OF_2、H_2O、NH_3 等分子中,键的极性最强的是________,最弱的是________。

7. 在 NaCl、HBr、HF、NH_3 等分子中,键的极性最强的是________,最弱的是________。

8. (0.69,0.29)按键的极性从大到小的顺序排列以下物质:NaCl、HCl、Cl_2、HI ________________。

9. BF_4^- 中 B 原子的杂化方式为________,其中的键角为________。

10. 按照杂化轨道理论,原子轨道发生等性杂化时,原子轨道的________、________和________都发生改变,形成的杂化轨道________相等。

11. (研)杂化轨道理论最先是由________提出来的,能较好地解释一些多原子分子(或离子)的________________。

12. 第二周期某元素的氯化物分子空间构型为平面正三角形，该元素为________，它的原子采用________杂化轨道与氯原子形成________键(填“σ 键”或“π 键”)。

13. (0.81,0.31)用杂化轨道理论填表：

物质	$HgCl_2$	$SiCl_4$	PH_3
中心原子的杂化类型			
分子的空间构型			

14. (研)已知 HCN 分子为直线型，其中心 C 原子的杂化方式为________，该分子中有________个 σ 键，________个 π 键。

15. 按照价层电子对互斥理论，在计算配位原子提供的价电子数时，H 与卤素原子可看作提供________个电子，O 或 S 原子则可认为提供________个电子。

16. (0.25,0.43)ClF_3分子的空间构型为________。

17. 已知分子 AB_m 的中心原子 A 的价层上共有六对电子，若 $m=5$，则 AB_m 为________形分子，$m=4$，则 AB_m 为________________形分子；如果 A 的价层上有五对电子，若 $m=4$，则 AB_m 为________________形分子。

18. (0.62,0.68)用价层电子对互斥理论判断 PCl_5分子的空间构型是______________。

19. 若 AB_2 型分子的几何形状为直线形时，则其中心原子的价层电子对中孤电子对数可为________对和________对。

20. (0.65,0.57) OF_2分子的中心原子是采用________杂化轨道成键的，按照价层电子对互斥理论推测该分子的空间构型为________。

21. 按照价层电子对互斥理论，计算中心原子价层电子对数时，对于分子而言，价层电子对数等于________原子的价电子数与________原子提供的价电子数之和的________。对于离子则还应考虑离子的________。

22. BBr_3的中心原子的价层电子对数为________，杂化方式为________，孤电子对数为________，BBr_3的几何构型为________。

23. O_3的中心原子的价层电子对数为________，其杂化方式为________，孤电子对数为________，分子的几何构型为________。

24. (0.68,0.39)NO_2^- 中 N 原子的价层电子对数为________，杂化方式为________，孤电子对数为________，NO_2^- 的几何构型为________。

25. (0.78,0.26)NO_3^- 的中心原子的价层电子对数为________，杂化方式为________，孤电子对数为________，NO_3^- 的几何构型为________________。

26. BrO_4^- 的中心原子的价层电子对数为________，杂化方式为________，BrO_4^- 的几何构型为________，键角∠OBrO=________。

27. BrO_3^- 的中心原子的价层电子对数为________，杂化方式为________，BrO_3^- 的几何构型为________，键角∠OBrO ________ 109°28′(填“>”或“<”)。

28. 在 NO_2 分子中，中心原子采用________杂化方式成键，分子的构型为________。

29. 根据价层电子对互斥理论，确定下列分子或离子的几何形状：SO_4^{2-} 为

__________，PO_4^{3-} 为 __________，XeO_4 为 __________，XeO_3 为__________。

30. 分子中的电子在分子轨道中的排布应遵循__________、__________、________三规则。

31. O_2^{2+}、O_2、O_2^{2-} 的键级依次为________，________，________，稳定性顺序随着键级的增大而________。

32. N_2^+ 的分子轨道电子排布式是______________，键级是________，具有________磁性。

33. 当原子轨道组合成分子轨道时，必须满足________、________、________三原则。HF 中是 H 的 1s 原子轨道与 F 的________轨道组合为成键轨道。

34. (0.45,0.45) O_2^+ 的分子轨道电子排布式____________，键级是________，具有________磁性。

35. (0.54,0.68) O_2^- 的分子轨道电子排布式是____________，该离子具有________磁性。

36. (0.52,0.40)根据分子轨道理论，O_2的能量最高占有轨道是________。

37. (研，0.35,0.52)在高空大气的电离层中，存在着 N_2^+、Li_2^+、Be_2^+ 等离子。在这些离子中最稳定的是________，其键级为________；含有单电子 σ 键的是________，含有三电子 σ 键的是________。

38. 分子间力可分为________、________和________，其本质都是________作用。

39. (0.41,0.62)苯和 CCl_4 分子之间作用力的类型是________。

40. 干冰中分子间主要存在________力；I_2的 CCl_4 溶液中分子间存在________力。

41. (0.78,0.41)极性分子间的取向力由________偶极产生，诱导力由________偶极产生。色散力由________偶极产生，一般分子间力多以________力为主。

42. Cl_2、F_2、I_2、Br_2 的沸点由高到低的顺序为________，分子之间的作用力为________，它们都是________分子，偶极矩为________。

43. 稀有气体分子均为________分子，它们的分子之间作用力只有________力，它们的沸点由低到高的顺序为______________。

44. (0.88,0.21)HI 分子间的作用力有________、________、________，其中主要的作用力是________。

45. 氢键可用 X-H…Y 表示，X 和 Y 应是电负性________、半径________的原子，它们可以是________种或________种(相同或不同)元素的原子。

46. H_2O 分子间存在的作用力有________、________、色散力和________，其中以________最强。

47. 水中溶有 O_2，此系统中的分子之间存在的作用力有诱导力、________、________和________。

48. 对于下列分子的有关性质：

(1) NH_3 分子的空间构型；　(2) CH_4 分子中 H—C—H 的键角；

(3) O_2 分子的磁性；　　　　(4) H_2O 分子的极性。

可以用杂化轨道理论予以说明的有________，不能用杂化轨道理论说明的有________。

49. SCl_2 的空间构型为________，中心原子采用____________杂化方式，有________对孤对电子，分子偶极矩________零（填“大于”或“等于”）。

二、选择题

1. 下列分子中存在 π 键的是（　　）。

A. PCl_3　　B. HCl　　C. H_2　　D. N_2

2. 下列物质中，含有极性键的是（　　）。

A. O_2　　B. BF_3　　C. I_2　　D. S_8

3. 下列物质中，含有非极性键的是（　　）。

A. BF_3　　B. O_2　　C. CO_2　　D. H_2S

4. 按照价键理论（VB 法），共价键之所以存在 σ 和 π 键，是因为（　　）。

A. 仅是自旋方向相反的两个成单电子配对成键的结果

B. 仅是原子轨道最大限度重叠的结果

C. 自旋方向相反的两个成单电子原子轨道最大限度重叠的结果

D. 正、负电荷吸引排斥作用达到平衡的结果

5. (0.84,0.17)对共价键方向性最好的解释是（　　）。

A. 原子轨道角度部分的定向伸展

B. 电子配对

C. 原子轨道最大重叠和对称性匹配

D. 泡利不相容原理

6. (0.82,0.30)下列叙述中，不能表示 σ 键特点的是（　　）。

A. 原子轨道沿键轴方向重叠，重叠部分沿键轴方向呈圆柱形对称

B. 两原子核之间的电子云密度最大

C. 键的强度通常比 π 键大

D. 键的长度通常比 π 键长

7. 两个原子的下列原子轨道垂直 x 轴方向重叠能有效地形成 π 键的是（　　）。

A. p_y-p_z　　B. p_x-p_x　　C. p_y-p_y　　D. $s-p_z$

8. 关于离子键的本性，下列叙述中正确的是（　　）。

A. 主要是由于原子轨道的重叠

B. 由一个原子提供成对共用电子

C. 两个离子之间瞬时偶极的相互作用

D. 阴、阳离子之间的静电吸引为主的作用力

9. 下列关于氢分子形成的叙述中，正确的是（　　）。

A. 两个具有电子自旋方式相反的氢原子互相接近时，原子轨道重叠，核间电子云密度增大而形成氢分子

B. 任何氢原子相互接近时，都可形成 H_2 分子

C. 两个具有电子自旋方式相同的氢原子互相越靠近，越易形成 H_2 分子

D. 两个具有电子自旋方式相反的氢原子接近时，核间电子云密度减小，能形成稳定的 H_2 分子

10. 下列分子或离子中，含有配位键的是(　　)。

A. NH_4^+　　B. N_2　　C. CCl_4　　D. CO_2

11. (0.68,0.32)下列分子中，具有配位键的是(　　)。

A. CO　　B. CO_2　　C. NH_3　　D. H_2O

12. 下列各组分子中，中心原子均采取 sp^3 不等性杂化的是(　　)。

A. PCl_3、NH_3　　B. BF_3、H_2O　　C. CCl_4、H_2S　　D. $BeCl_2$、BF_3

13. 下列有关等性 sp^2 杂化轨道的叙述中正确的是(　　)。

A. 它是由一个 1s 轨道和两个 2p 轨道杂化而成

B. 它是由一个 1s 轨道和一个 2p 轨道杂化而成

C. 每个 sp^2 杂化轨道含有 1/3s 原子轨道和 2/3p 原子轨道的成分

D. sp^2 杂化轨道既可形成 σ 键，也可以形成 π 键

14. 已知 CCl_4 分子具有正四面体构型，则 C 原子成键的杂化轨道是(　　)。

A. 等性 sp^3　　B. sp^2　　C. sp　　D. 不等性 sp^3

15. 下列叙述中正确的是(　　)。

A. 发生轨道杂化的原子必须具有未成对电子

B. 碳原子只能发生 sp、sp^2 或 sp^3 杂化

C. 硼原子可以发生 sp^3d^2 杂化

D. 发生杂化的原子轨道能量相等

16. 关于原子轨道，下列说法正确的是(　　)。

A. 凡中心原子采取 sp^3 杂化轨道成键的分子其几何构型都是正四面体

B. CH_4 分子中的 sp^3 杂化轨道是由 4 个 H 原子的 1s 原子轨道和 C 原子的 2p 原子轨道混合起来形成的

C. 等性 sp^3 杂化轨道是由同一原子中能量相近的 s 原子轨道和 p 原子轨道混合起来形成的一组能量相等的新轨道

D. 凡 AB_3 型共价化合物，其中心原子 A 均采用 sp^3 杂化轨道成键

17. (0.88,0.23)下列有关杂化轨道要点叙述有误的是(　　)。

A. 能量相近的 AO 可以混合起来重新组合

B. 杂化前后轨道数目不变，新形成的几个杂化轨道能量各不相同

C. 杂化轨道的形状发生了变化

D. 杂化轨道的伸展方面发生了变化

18. H_2S 的空间构型及中心原子的杂化方式分别是(　　)。

A. V 形，sp^2　　B. V 形，不等性 sp^3

C. 平面三角形，sp^2　　D. 直线形，sp

19. 下列分子中不含不等性杂化轨道的是( )。

A. NH_3 B. H_2O C. PH_3 D. BCl_3

20. (0.80,0.31)下列分子中心原子杂化类型不是 sp^3 杂化的是( )。

A. CH_4 B. H_2O C. BF_3 D. NH_3

21. 不属于常见的等性杂化轨道空间构型的是( )。

A. 直线形 B. V 形 C. 平面三角形 D. 正四面体

22. 下列分子中,中心原子采取不等性杂化的是( )。

A. H_3O^+ B. NH_4^+ C. PCl_6^- D. BI_4^-

23. (0.75,0.24)CO_2、CH_4、NH_3、H_2O 四分子中,键角由大到小的顺序是( )。

A. $CH_4>NH_3>H_2O>CO_2$ B. $CO_2>CH_4>NH_3>H_2O$

C. $NH_3>H_2O>CH_4>CO_2$ D. $CO_2>NH_3>CH_4>H_2O$

24. (0.57,0.47)下列分子的空间构型为 V 形的是( )。

A. $BeCl_2$ B. XeF_2 C. BeH_2 D. H_2Se

25. 下列分子的空间构型为平面三角形的是( )。

A. NF_3 B. BCl_3 C. AsH_3 D. PCl_3

26. 下列分子中不呈直线形的是( )。

A. $HgCl_2$ B. CO_2 C. H_2O D. CS_2

27. (0.52,0.61)AB_m 型分子中 A 原子采取 sp^3d^2 杂化,$m=4$,则 AB_m 分子的空间几何构型是( )。

A. 平面正方形 B. 四面体 C. 八面体 D. 四方锥

28. AB_m 型分子中 $m=6$,中心原子采取 sp^3d^2 杂化方式,则分子空间几何构型是( )。

A. 平面正方形 B. 四方锥 C. T 形 D. 八面体

29. (0.79,0.34)下列分子的空间构型为三角锥形的是( )。

A. PCl_3 B. BI_3 C. H_2Se D. SiH_4

30. 用价层电子对互斥理论推测 NH_4^+ 的几何形状是( )。

A. 三角锥形 B. 平面四方形 C. 四面体形 D. 四方锥形

31. 用价层电子对互斥理论推测 ClO_2^- 的几何形状为( )。

A. 直线形 B. V 形 C. T 形 D. 三角形

32. 用价层电子对互斥理论推测 NF_3 的几何形状为( )。

A. 平面三角形 B. 直线形 C. 三角锥 D. T 形

33. (0.57,0.45)下列分子中,空间构型为正四面体的是( )。

A. CH_3Cl B. $SnCl_4$ C. $CHCl_3$ D. BBr_3

34. 用价层电子对互斥理论推测 CO_3^{2-} 的几何形状为( )。

A. 平面三角形 B. 三角锥形 C. T 形 D. V 形

35. SiF_4 分子的空间几何构型为( )。

A. 平面正方形 B. 变形四面体 C. 正四面体 D. 四方锥

36. BF_3分子具有平面正三角形构型，则硼原子的成键杂化轨道是(　　)。

A. sp^3　　B. sp^2　　C. sp　　D. sp^3不等性

37. 下列分子中几何构型为三角形的是(　　)。

A. ClF_3　　B. BF_3　　C. NH_3　　D. PCl_3

38. (0.82,0.31)下列离子或分子有顺磁性的是(　　)。

A. NO^+　　B. O_2^{2-}　　C. O_2　　D. N_2

39. (0.51,0.30)下列分子中存在单电子 π 键的是(　　)。

A. CO　　B. NO　　C. B_2　　D. NO^+

40. 下列分子或离子中，含有单电子 σ 键的是(　　)。

A. H_2　　B. Li_2^+　　C. B_2　　D. Be_2^+

41. (0.73,0.27)C_2^- 的分子轨道排布式正确的是(　　)。

A. $KK(\sigma_{2s})^2(\sigma_{2s}^*)^2(\pi_{2p})^4(\pi_{2p}^*)^1$　　B. $KK(\sigma_{2s})^2(\sigma_{2s}^*)^2(\pi_{2p})^4(\sigma_{2p})^1$

C. $KK(\sigma_{2s})^2(\sigma_{2s}^*)^2(\pi_{2p})^4(\sigma_{2p}^*)^1$　　D. $KK(\sigma_{2s})^2(\sigma_{2s}^*)^2(\sigma_{2p})^2(\pi_{2p})^3$

42. 根据分子轨道理论，下列分子或离子不可能存在的是(　　)。

A. B_2　　B. He_2^+　　C. Be_2　　D. O_2^{2+}

43. (0.67,0.35)在下列物质中，氧原子间化学键最不稳定的是(　　)。

A. O_2^{2-}　　B. O_2^-　　C. O_2　　D. O_2^+

44. (0.63,0.68)按照分子轨道理论，N_2^+ 中电子占有的能量最高的轨道是(　　)。

A. σ_{2p}　　B. σ_{2p}^*　　C. π_{2p}　　D. π_{2p}^*

45. 按照分子轨道理论，O_2^{2-} 中电子占有的能量最高的轨道是(　　)。

A. σ_{2p}　　B. σ_{2p}^*　　C. π_{2p}　　D. π_{2p}^*

46. (研)B_2分子中，两个硼原子的 2p 轨道可能组成的成键分子轨道总数是(　　)。

A. 1　　B. 2　　C. 3　　D. 4

47. 下列同核双原子分子具有顺磁性的是(　　)。

A. B_2　　B. C_2　　C. N_2　　D. F_2

48. (0.57,0.57)下列各组分子或离子中，均呈顺磁性的是(　　)。

A. B_2、O_2^{2-}　　B. He_2^+、B_2　　C. N_2^{2+}、O_2　　D. He_2^+、F_2

49. (0.51,0.27)下列各组分子或离子中，均呈反磁性的是(　　)。

A. B_2、O_2^{2-}　　B. C_2、N_2^{2-}　　C. O_2^{2-}、C_2　　D. B_2、N_2^{2-}

50. 下列各组分子或离子中，均含有三电子 π 键的是(　　)。

A. O_2、O_2^+、O_2^-　　B. N_2、O_2、O_2^-

C. B_2、N_2、O_2^-　　D. O_2^+、Be_2^+、F_2

51. (0.56,0.33)下列分子是极性分子的是(　　)。

A. BCl_3　　B. $SiCl_4$　　C. PCl_3　　D. CO_2

52. 下列说法正确的是(　　)。

A. 色散力仅存在于非极性分子之间

B. 相对分子质量小的物质，其熔沸点也高

C. 诱导力仅存在于极性分子与非极性分子之间

D. 取向力存在于极性分子与极性分子之间

53. (0.87,0.19)下列各组判断中,不正确的是(　　)。

A. CH_4、CO_2、BCl_3均为非极性分子

B. $CHCl_3$、HCl、H_2S均为极性分子

C. $CHCl_3$、HCl均为极性分子

D. CH_4、CO_2、BCl_3、H_2S均为非极性分子

54. (0.78,0.35)下列分子是极性分子的是(　　)。

A. BCl_3　B. CH_2Cl_2　C. PCl_5　D. $SiCl_4$

55. 下列各物质中,分子间取向力作用最强的是(　　)。

A. NH_3　B. CO　C. CO_2　D. SO_3

56. (0.41,0.22)下列各组化合物中,分子间作用力最大的是(　　)。

A. HI、HI　B. N_2、O_2　C. HCl、HCl　D. H_2、H_2

57. 由诱导偶极产生的分子间力属于(　　)。

A. 范德华力　B. 共价键　C. 离子键　D. 氢键

58. 下列物质在液态时,只需克服色散力就能沸腾的是(　　)。

A. HCl　B. NH_3　C. CH_2Cl_2　D. CS_2

59. 在液态 HCl 中,分子间作用力主要是(　　)。

A. 取向力　B. 诱导力　C. 色散力　D. 氢键

60. 下列物质中,沸点最高的是(　　)。

A. He　B. Ne　C. Ar　D. Kr

61. 分子间的取向力存在于(　　)。

A. 非极性分子间　B. 非极性分子和极性分子间

C. 极性分子间　D. 任何分子间

62. 下列物质的分子间不存在取向力的是(　　)。

A. $CHCl_3$　B. SO_2　C. CS_2　D. HCl

63. 下列物质中存在氢键的是(　　)。

A. HCl　B. H_3PO_4　C. CH_3F　D. C_2H_6

64. 下列各对分子之间形成氢键强度最大的是(　　)。

A. H_2O与CH_4　B. HCl与H_2O　C. HF与HBr　D. NH_3与HF

65. 下列物质中,熔、沸点最低的是(　　)。

A. HF　B. HCl　C. HBr　D. HI

66. (0.88,0.16)下列各化合物的分子间,氢键作用最强的是(　　)。

A. NH_3　B. H_2S　C. HCl　D. HF

67. HF 比同族元素氢化物熔、沸点高,这主要是由于 HF 分子间存在(　　)。

A. 取向力　B. 诱导力　C. 色散力　D. 氢键

68. (0.85,0.33)下列分子中,偶极矩为零的是(　　)。

A. PCl_3　　B. SO_2　　C. CO_2　　D. NH_3

69. (0.69,0.35)下列氟化物分子中,分子的偶极矩不为零的是(　　)。

A. PF_5　　B. BF_3　　C. IF_5　　D. XeF_4

70. (研)下列分子中,偶极矩最大的分子是(　　)。

A. BF_3　　B. NH_3　　C. PH_3　　D. SO_3

71. 下列关于化学键的叙述正确的是(　　)。

A. 化学键存在于原子之间,也存在于分子之间

B. 两个原子之间的相互作用叫作化学键

C. 离子键是阴、阳离子之间的吸引力

D. 化学键通常是指分子内相邻的两个或多个原子之间强烈的相互作用

72. 下列各物质中只存在 σ 键的是(　　)。

A. C_2H_4　　B. N_2　　C. PH_3　　D. CO_2

73. SF_2 分子的中心原子轨道杂化方式为(　　)。

A. sp　　B. sp^2　　C. sp^3　　D. sp^3d^2

74. (0.75,0.48)下列各组分子中,中心原子均发生 sp 杂化,分子空间构型均为直线形的是(　　)。

A. H_2S、CO_2　　B. CS_2、SO_2　　C. $HgCl_2$、CS_2　　D. H_2O、$HgCl_2$

75. 下列化合物中,既存在离子键和共价键,又存在配位键的是(　　)。

A. H_3PO_4　　B. $BaCl_2$　　C. NH_4F　　D. NaOH

76. 下列分子中中心原子存在孤对电子数最多的是(　　)。

A. CH_4　　B. PCl_3　　C. NH_3　　D. H_2O

77. 与氖原子的电子构型相同的阴、阳离子所产生的离子化合物是(　　)。

A. NaCl　　B. MgO　　C. KF　　D. $CaCl_2$

78. 下列化合物中仅有离子键的有(　　)。

A. $CuSO_4 \cdot 5H_2O$　　B. KCl　　C. NH_4Cl　　D. KNO_3

79. 下列分子中 C^a 与 C^b 键最长的是(　　),最短的是(　　)。

A. $H_3C^a—C^bH_2—CH_3$　　B. $H_2C^a═C^bH—CH_3$

C. $HC^a≡C^b—CH_3$　　D. $H_2C^a═C^b═CH_2$

80. 下列分子或离子中,键角最小的是(　　)。

A. NH_3　　B. NCl_3　　C. NF_3　　D. NO_3^-

三、判断题

1. (0.88,0.04)原子在基态时没有未成对电子,就一定不能形成共价键。(　　)

2. (0.43,0.51)极性键存在于一切异核多原子分子中。(　　)

3. 只有相同的原子轨道才能形成共价键。(　　)

4. CO 分子含有配位键。(　　)

5. (0.59,0.51)(研)在 CS_2、C_2H_2 分子中,均有 σ 键和 π 键。(　　)

6. 某原子所形成共价键的数目，等于该原子基态时未成对电子的数目。(　　)

7. (0.74,0.13)分子能够稳定存在的条件是成键轨道中的电子数大于反键轨道中的电子数。(　　)

8. N_2 分子中有叁键，氮气很不活泼，因此所有含有叁键的分子都不活泼。(　　)

9. 离子晶体中的化学键都是离子键。(　　)

10. 所有分子的共价键都具有饱和性与方向性，而离子键没有饱和性与方向性。(　　)

11. (0.95,0.04)杂化轨道的几何构型决定了分子的几何构型。(　　)

12. (0.84,0.20)对 AB_m 型分子(或离子)来说，当中心原子 A 的价电子对数为 m 时，分子的空间构型与电子对在空间的构型一致。(　　)

13. 凡是中心原子采用 sp^2 杂化方式形成的分子，必定是平面三角形构型。(　　)

14. 含有 120°键角的分子，其中心原子的杂化轨道方式均为 sp^2 杂化。(　　)

15. AB_2 型分子为 V 形时，A 原子必定是 sp^3 杂化。(　　)

16. 在 I_3^- 中，中心原子碘上有三对孤对电子。(　　)

17. AB_2 型分子为直线形时，A 原子必定是 sp 杂化。(　　)

18. (0.61,0.22)CH_4 分子中的 sp^3 杂化轨道是由 4 个 H 原子的 1s 原子轨道和 C 原子的 2p 原子轨道混合起来形成的。(　　)

19. (0.53,0.32)价层电子对互斥理论能解释分子的构型。(　　)

20. 根据价层电子对互斥理论，分子或离子的空间构型仅取决于中心原子与配位原子间的 σ 键数。(　　)。

21. (0.55,0.18)在共价化合物中，当中心原子采用杂化轨道成键时，其与配位原子形成的化学键既可以是 σ 键，也可以是 π 键。(　　)

22. OF_2 是直线形分子。(　　)

23. AsF_5 是三角双锥形分子。(　　)

24. SO_4^{2-}、ClO_4^-、PO_4^{3-} 的空间构型相同。(　　)

25. 根据价层电子对互斥理论，当中心原子采用 sp^3d 杂化轨道成键时，所有键角均为 90°。(　　)

26. 按照分子轨道理论，N_2^+ 和 N_2^- 的键级相等。(　　)

27. 由分子轨道理论可推知 O_2^- 是反磁性的，而 O_2^{2-} 是顺磁性的。(　　)

28. (0.69,0.16)弱极性分子之间的分子间力均以色散力为主。(　　)

29. 所有相邻分子间都有色散力。(　　)

30. 取向力只存在于极性分子之间，色散力只存在于非极性分子之间。(　　)

31. 稀有气体中以 He 的沸点最低，Rn 的沸点最高，这主要与它们的色散力有关。(　　)

32. (0.83,0.24)非极性分子存在瞬时偶极，因此它们之间也存在诱导力。(　　)

33. 只要分子中含有氢原子，则一定存在氢键。(　　)

34. 相同原子间双键的键能等于单键键能的两倍，叁键键能等于单键键能的三倍。(　　)

35. H_2 分子中的共价键具有饱和性和方向性。(　　)

总结与反思

1. ____________________

2. ____________________

3. ____________________

4. ____________________

5. ____________________

6. ____________________

7. ____________________

8. ____________________

9. ____________________

10. ____________________

第3章

晶 体 结 构

知识要点自我梳理

1. 晶体特征____

晶体参数____

离子晶体特征____

三种典型结构____

2. 原子晶体____

3. 分子晶体____

4. 金属晶体____

改性共价键理论____

能带理论____

结构特点____

5. 混合键型晶体________________

6. 离子极化________________

影响因素________________

对键型影响________________

对晶型影响________________

对性质影响________________

同步练习

一、填空题

1. 晶体具有________、________、________的宏观特征。

2. 据晶胞参数,晶体可分为________大晶系、________种晶格;按粒子间作用力,可分为________晶体、________晶体、________晶体、________晶体;据晶粒取向,晶体可分为________、________和________。

3. CsCl 型和 ZnS 型晶体中,正、负离子的配位数比分别为________和________;r_+/r_-的范围分别为________和________。每个 NaCl 晶胞中有________个 Na^+ 和________个 Cl^-。

4. 氧化钙晶体中晶格结点上的粒子为________和________;粒子间作用力为________,晶体类型为________。

5. CO_2,SiO_2,MgO,Ca 的晶体类型分别是________,________,________和________其中熔点最低的物质是________。

6. 在干冰、H_2O、CaO、SiO_2等晶体中,其粒子间力只存在范德华力的是________,只有离子键的是________。

7. 金属晶体中最常见的三种堆积方式是________、________和________,其中配位数为 8 的是________,配位数为 12 的是________,其中________与________的空间利用率相等,为________。________以 ABAB…方式堆积,________以 ABCABC…方式堆积。

8. 石墨为层状晶体,每一层中每个碳原子采用________杂化方式以共价键________相连,未杂化的________轨道之间形成________键,层与层之间以________而相互联结在一起。

9. NaCl 的熔点________于 RbCl 的，$CaCl_2$ 的熔点________于 NaC 的，MgO 的熔点________于 BaO 的熔点。NaCl、MgO、SrO、KCl 熔点由低到高的顺序为________________。

10. 离子极化中，通常阳离子只需要考虑________，阴离子只需要考虑________，但阳离子________时，两方面都需要考虑。离子极化作用加强将使化合物的键型由________向________过渡，化合物的晶型由________________向________________过渡，通常化合物的熔沸点________，颜色________。

11. O^{2-}、F^-、Na^+、Mg^{2+}、Al^{3+} 的核外电子排布为________，这些离子的半径由小到大的顺序为____。Mg^{2+}、Ca^{2+}、Sr^{2+}、Ba^{2+} 的离子半径由小到大的顺序为____。

12. O^{2-}，S^{2-}，Se^{2-} 的极化率由小到大的顺序为__________________；Li^+、Na^+、K^+、Rb^+、Cs^+ 的极化力由小到大的顺序为__________________；Fe^{3+} 的极化力比 Fe^{2+} 的极化力________。

二、选择题

1. 下列物质没有固定熔点的是(　　)。
   A. 水晶　　B. 金刚砂　　C. 玻璃　　D. 碘
2. 下列叙述中正确的是(　　)。
   A. 同一种物质的固体不可能有晶体和非晶体两种结构
   B. 晶体具有各向异性的特性，非晶体则各向同性
   C. 凡是固态物质都具有一定的熔点
   D. 晶体都具有很大的硬度
3. 不属于晶体宏观特征的是(　　)。
   A. 解离性　　B. 不对称性　　C. 镜面角守恒性　　D. 自限性
4. 下列离子晶体中，正、负离子的配位数都是 8 的是(　　)。
   A. NaF　　B. ZnO　　C. CsCl　　D. MgO
5. 已知 CaF_2 晶体为面心立方结构，则 Ca^{2+} 和 F^- 的配位数分别为(　　)。
   A. 4 和 8　　B. 12 和 6　　C. 6 和 12　　D. 8 和 4
6. 下列关于离子晶体的叙述中正确的是(　　)。
   A. 离子晶体的熔点是所有晶体中熔点最高的一类晶体
   B. 离子晶体通常均可溶于极性或非极性溶剂中
   C. 离子晶体中不存在单个小分子
   D. 离子晶体可以导电
7. 在分子晶体中，分子内原子之间的结合力是(　　)。
   A. 共价键　　B. 离子键　　C. 金属键　　D. 范德华力
8. 下列物质中属于分子晶体的是(　　)。
   A. 金刚砂　　B. 石墨　　C. 溴化钾　　D. 氯化碘
9. 下列物质属于离子晶体的是(　　)。
   A. SiC　　B. Cs_2O　　C. HCl　　D. CS_2
10. 下列物质的晶体属于原子晶体的是(　　)。

A. 晶体硅　　B. 晶体碘　　C. 冰　　D. 干冰

11. 分子晶体通常是(　　)。

A. 良好的导电体　　B. 相当硬的物质

C. 脆性物体　　D. 易挥发或熔点不高的物质

12. 下列物质的晶体,其晶格结点上粒子间以分子间力结合的是(　　)。

A. KBr　　B. CCl_4　　C. MgF_2　　D. SiC

13. 下列化学式能表示物质真实分子组成的是(　　)。

A. NaCl　　B. SiO_2　　C. S　　D. CO_2

14. 下列有关原子晶体的叙述中正确的是(　　)。

A. 原子晶体只能是单质

B. 原子晶体中存在单个分子

C. 原子晶体中原子之间以共价键相结合

D. 原子晶体中不存在杂化的原子轨道

15. 下列关于分子晶体的叙述中正确的是(　　)。

A. 分子晶体中只存在分子间力

B. 分子晶体晶格结点上排列的分子可以是极性分子或非极性分子

C. 分子晶体中分子间力作用较弱,因此不能溶解于水

D. 分子晶体在水溶液中不导电

16. 下列晶体熔化时,需破坏共价键作用的是(　　)。

A. HF　　B. Al　　C. KF　　D. SiO_2

17. 在金属晶体面心立方密堆积中,金属原子的配位数为(　　)。

A. 4　　B. 6　　C. 8　　D. 12

18. 下列晶体熔化时,需要破坏共价键的是(　　)。

A. Si　　B. HF　　C. KF　　D. Cu

19. 下列叙述中正确的是(　　)。

A. 金刚石的硬度很大,所以原子晶体的硬度一定大于金属晶体

B. 原子晶体都不导电

C. 离子晶体的熔点一定低于原子晶体

D. 金属晶体的熔点一定高于离子晶体

20. 下列各类物质中,熔点和沸点较低,又难溶于水的是(　　)。

A. 原子晶体　　B. 强极性分子型物质

C. 离子晶体　　D. 非极性分子型物质

21. 下列晶体属于层状晶体的是(　　)。

A. 石墨　　B. SiC　　C. SiO_2　　D. 干冰

22. 具有正四面体空间网状结构(原子以 sp^3 杂化轨道键合)的是(　　)。

A. 石墨　　B. 金刚石　　C. 干冰　　D. 铝

23. 下列离子中,极化率最大的是(　　)。

A. K^+　　B. Rb^+　　C. Br^-　　D. I^-

24. 下列氯化物熔点高低次序中错误的是(　　)。

A. LiCl<NaCl　　B. $BeCl_2>MgCl_2$

C. KCl>RbCl　　D. $ZnCl_2<BaCl_2$

25. 下列各组化合物在水中溶解度大小顺序中错误的是(　　)。

A. AgF>AgBr　　B. $CaF_2>CaCl_2$

C. $HgCl_2>HgI_2$　　D. CuCl<NaCl

26. 下列物质中熔点最高的是(　　)。

A. Na　　B. HI　　C. MgO　　D. NaF

27. 下列各种类型的离子中,极化能力最强的是(　　)。

A. 电荷多半径大的离子　　B. 正电荷多半径小的离子

C. 电荷少半径大的离子　　D. 电荷少半径小的离子

28. 离子极化作用的本质是(　　)。

A. 离子的取向作用　　B. 正负离子的静电作用

C. 弱的化学键作用　　D. 范德华力作用

29. 下列因素与离子的极化作用无关的是(　　)。

A. 离子半径　　B. 离子电荷

C. 离子的电子构型　　D. 电离能

三、判断题

1. 固体物质可以分为晶体和非晶体两类。(　　)

2. 晶胞的形状和大小可由 6 个参数表示,包括 3 条棱边的长度及其 3 条棱边夹角。(　　)

3. 所有无机盐都是离子晶体。(　　)

4. 氯化钠晶体的结构为正八面体。(　　)

5. 所有原子晶体的熔点均比离子晶体的熔点高。(　　)

6. 在常温、常压下,原子晶体物质的聚集状态只可能是固体。(　　)

7. 分子晶体的物质在任何情况下都不导电。(　　)

8. 分子晶体的特性之一是熔点均相对较低。(　　)

9. 原子晶体的特性之一是熔点高。(　　)

10. 半导体有满带和空带,但禁带宽度较窄。(　　)

11. 金属晶体中,体心立方堆积的金属原子配位数是 12。(　　)

12. 所有层状晶体均可作为润滑剂和导电体使用。(　　)

13. 石墨晶体层与层之间的主要结合力为金属键。(　　)

14. 阳离子主要体现极化作用,阴离子主要考虑变形性。(　　)

15. 离子极化可影响物质的键型、晶型、熔点及热稳定性,但不影响物质的溶解度和颜色。(　　)

总结与反思

1. ____

2. ____

3. ____

4. ____

5. ____

6. ____

7. ____

8. ____

9. ____

10. ____

第4章

配位化合物基础

知识要点自我梳理

1. 配合物组成与命名(填空题 1～6；选择题 1～24；判断题 1～4)

组成______

单齿配体______

多齿配体______

书写规则______

命名原则______

2. 配合物价键理论(填空题 7～20；选择题 25～40；判断题 5～23)

要点______

磁矩______

2 配位______

4 配位______

5 配位________________

6 配位________________

高低自旋________________

内、轨型________________

3. *晶体场理论(自学)

要点________________

分裂能________________

影响因素________________

八面体场________________

稳定化能________________

同步练习

一、填空题

1. (0.73,0.30)$[Co(en)_3]Cl_3$的名称为________________,中心离子及其化合价数为________________,配位体的结构简式是________,配位数是________。

2. (0.61,0.43)$[CrCl(NH_3)(en)_2]SO_4$的系统命名为________________,中心离子的电荷是________,配位体是____________,配位原子是________,配离子的空间构型是________。

3. 填写下表:

配合物	命名	中心离子	配位体	配位原子	配位数
$[CoCl_2(NH_3)_4]Cl$					
(0.78,0.52)$H[PtCl_3(NH_3)]$					
$K[Ag(CN)_2]$					
(0.55,0.43) $[Cd(CN)_4]^{2-}$					
$NH_4[Cr(NCS)_4(NH_3)_2]$					
$K[Cu(SCN)_2]$					
$K[PtCl_3(C_2H_4)]$					

4. 有两个化学组成为 $CrCl_3 \cdot 6H_2O$ 的配合物，Cr 的配位数均为 6，但它们的颜色不同。呈亮绿色者加入 $AgNO_3$ 溶液可沉淀析出 $\frac{2}{3}$ 的氯；呈紫色者加入 $AgNO_3$ 溶液可使全部氯沉淀析出，则亮绿色配合物的化学式为____________，紫色配合物的化学式为____________。

5. $CrCl_3 \cdot 6H_2O$ 可能存在的四种六配位配合物的化学式为：____________；____________；____________；____________。

6. (研)写出下列配合物的化学式：

(1) 六氟合铝(Ⅲ)酸____________；

(2) 二氯化三乙二胺合镍(Ⅱ)____________；

(3) 氯化二氯·四水合铬(Ⅲ)____________；

(4) 六氰合铁(Ⅱ)酸铵____________；

(5) 四异硫氰酸根合钴(Ⅱ)酸钾____________；

(6) 二氯化一亚硝酸根·三氨·二水合钴(Ⅲ)____________；

(7) (0.69,0.55)四氯合铂(Ⅱ)酸四氨合铂(Ⅱ)____________。

7. 下列配离子属高自旋的是______，属低自旋的是______。

(1) $[FeF_6]^{3-}$；(2)$[CoF_6]^{3-}$；(3)$[Mn(CN)_6]^{4-}$；(4)$[Co(NO_2)_6]^{3-}$；(5)$[Fe(CN)_6]^{3-}$。

8. $K_3[Fe(C_2O_4)_3]$中 Fe^{3+} 的配位数为______，配离子的空间构型为______。

9. (0.63,0.33) $K_3[Fe(CN)_6]$的命名为____________，中心离子 d 轨道上有______个电子，中心离子采用______杂化方式，配离子的几何构型是______。

10. 根据价键理论，填写下表：

配合物	形成体价电子构型	杂化类型	内界空间构型
$[Ni(CN)_4]^{2-}$			
$[Zn(CN)_4]^{2-}$			
$[Co(NO_2)_6]^{3-}$			

11. Ni^{2+} 可形成平面正方形、四面体形和八面体形配合物，在这几种构型的配合物中，Ni^{2+} 采用的杂化方式依次是______、______和______，其中磁矩为零的配合物相应的空间构型为______。

12. 配离子$[Co(NCS)_4]^{2-}$ 中有 3 个未成对电子，则此配离子的中心离子采用______杂化轨道成键，配离子的空间构型为______。

13. (0.48,0.54)已知$[Ni(CN)_4]^{2-}$ 配离子的磁矩是 0，则该配离子的空间构型应该是______，采取的杂化类型是______。

14. 常见的磁矩有 0、1.73、3.87、5.92，应用价键理论判定下列的磁矩(B. M.)值为：

(1) $[Cu(NH_3)_4]^{2+}$(平面正方形)________;(2) $[FeF_6]^{3-}$(八面体)________;
(3) $[Fe(CN)_6]^{4-}$(八面体)________;(4) $[Co(H_2O)_6]^{2+}$(八面体)________。

15. 指出下列配合物中未成对电子数。
(1) $[CrCl_6]^{3-}$ ________;(2) $[Cu(NH_3)_4]^{2+}$(平面正方形) ________;
(3) $[CoCl_4]^{2-}$(四面体形) ________;(4) $[Mn(CN)_6]^{4-}$ ________。

16. 根据价键理论填写下表:

配合物	磁矩/B. M.	形成体杂化类型	配合物空间结构
$Ni(CO)_4$	0		
$[Co(CN)_6]^{3-}$	0		
$[Mn(H_2O)_6]^{2+}$	5.92		

17. 已知$[Co(NH_3)_6]Cl_x$呈反磁性,$[Co(NH_3)_6]Cl_y$呈顺磁性,则 $x=$________,$y=$________。

18. 下列各对配离子稳定性大小的对比关系是(用“>”或“<”表示):
(1) $[Cu(NH_3)_4]^{2+}$________$[Cu(en)_2]^{2+}$; (2) $[FeF_6]^{3-}$________$[Fe(CN)_6]^{3-}$。

19. (研)(0.64,0.45)第四周期过渡元素 M^{2+} 最外层电子数为 16,则该离子为________,M 属于________族,M^{2+} 的两种配合物中$[MCl_4]^{2-}$和$[M(CN)_4]^{2-}$,前者是________磁性,其空间构型为________,M^{2+} 采取的杂化类型是________;后者是________磁性,其空间构型为________________,M^{2+} 采取的杂化类型是________。

20. (0.34,0.53)实验测得配合物$[CoCl_2(NH_3)_4]Cl$为反磁性($\mu=0$),其中心钴离子的杂化方式为________,配合物$[Fe(CN)_6]^{3-}$的 $\mu=2.0$ B. M.,则中心铁离子的杂化方式为________。

二、选择题

1. (0.79,0.30)在$[Co(C_2O_4)_2(en)]^-$中,中心离子 Co^{3+} 的配位数为( )。
A. 3 B. 4 C. 5 D. 6

2. 下列配合物中,中心离子氧化数为+3,配位数为 6 的是( )。
A. $K_4[Fe(CN)_6]$ B. $H_2[PtCl_6]$ C. $[Cr(en)_3]Cl_3$ D. $[Co(CN)_6]^{4-}$

3. (0.96,0.15)在 $K[CoCl_4(NH_3)_2]$中,Co 的氧化数和配位数分别是( )。
A. +2 和 4 B. +4 和 6 C. +3 和 6 D. +3 和 4

4. (研)关于中心原子的配位数,下列说法中不正确的是( )。
A. 在所有配合物中,配体的总数就是中心原子的配位数
B. 配体若都是单齿配体,则内界中配体的总数为中心原子的配位数
C. 与中心离子或原子直接以配位键结合的配位原子的总数叫作该中心离子或原子的配位数
D. 最常见的配位数为 6 和 4

5. 关于配位体,下列说法不正确的是( )。
A. 配体中与中心离子或原子直接以配位键结合的原子叫作配位原子
B. 配位原子是多电子原子,常见的是 C、N、O、S 等非金属原子

C. 只含一个配位原子的配位体称单齿配体

D. 含两个配位原子的配位体称螯合剂

6. 下列物质中，不能作为配位体的是（　　）。

A. NH_3　B. NH_4^+　C. $C_6H_5NH_2$　D. CH_3NH_2

7. 在配体 NH_3、H_2O、SCN^-、CN^- 中，通常配位能力最强的是（　　）。

A. SCN^-　B. NH_3　C. H_2O　D. CN^-

8. 下列八面体或正方形配合物，中心原子的配位数有错误的是（　　）。

A. $[PtCl(NO_2)(NH_3)_2]$

B. $[CoCl_2(NO_2)_2(en)_2]$

C. $K_2[Fe(CN)_5(NO)]$

D. $[PtClBr(NH_3)(Py)]$（Py：吡咯，C_4H_5N）

9. 对于配合物 $[Cu(NH_3)_4][PtCl_4]$，下列叙述中错误的是（　　）。

A. 前者是内界，后者是外界　B. 二者都是配离子

C. 前者为正离子，后者为负离子　D. 两种配离子构成一个配合物

10. 配离子 $[CoCl(NO_2)(NH_3)_4]^+$ 的正确名称是（　　）。

A. 氯·硝基·四氨钴（Ⅲ）离子　B. 氯·硝基·四氨钴离子

C. 一氯·一硝基·四氨合钴（Ⅲ）离子　D. 氯化硝基·四氨合钴（Ⅲ）离子

11. (0.91,0.22)配合物 $K[Au(OH)_4]$ 的正确名称是（　　）。

A. 四羟基合金化钾　B. 四羟基合金酸钾

C. 四羟基金酸钾　D. 四羟基合金（Ⅲ）酸钾

12. 配合物 $Cu_2[SiF_6]$ 的正确名称是（　　）。

A. 六氟硅酸铜　B. 六氟合硅（Ⅳ）酸亚铜

C. 六氟合硅（Ⅳ）化铜　D. 六氟硅酸铜（Ⅰ）

13. 配合物 $[CrCl_3(NH_3)_2(H_2O)]$ 的正确名称是（　　）。

A. 三氯化一水·二氨合铬（Ⅲ）　B. 三氯·二氨·一水合铬（Ⅲ）

C. 一水·二氨·三氯合铬（Ⅲ）　D. 二氨·一水·三氯合铬（Ⅲ）

14. 下列配合物中，形成体的配位数与配体总数相等的是（　　）。

A. $[Fe(en)_3]Cl_3$　B. $[CoCl_2(en)_2]Cl$

C. $[ZnCl_2(en)]$　D. $[Fe(OH)_2(H_2O)_4]$

15. (0.93,0.11)二羟基·四水合铝（Ⅲ）配离子的化学式是（　　）。

A. $[Al(OH)_2(H_2O)_4]^{2+}$　B. $[Al(OH)_2(H_2O)_4]^-$

C. $[Al(H_2O)_4(OH)_2]^-$　D. $[Al(OH)_2(H_2O)_4]^+$

16. 下列配合物中只含有单齿（基）配体的是（　　）。

A. $K_2[PtCl_2(OH)_2(NH_3)_2]$　B. $[Cu(en)_2]Cl_2$

C. $K_2[CoCl(NH_3)(en)_2]$　D. $[FeY]^-$　（注：Y 为 EDTA）

17. 下列配合物中，形成体的配位数与配体总数不相等的是（　　）。

A. $[CoCl_2(en)_2]Cl$　B. $[Fe(OH)_2(H_2O)_4]$

C. $[Cu(NH_3)_4]SO_4$　D. $[Ni(CO)_4]$

18. 在配合物 $[ZnCl_2(en)]$ 中，形成体的配位数和氧化值分别是（　　）。

A. 3,0　　B. 3,+2　　C. 4,+2　　D. 4,0

19. (0.70,0.47)对于配合物形成体的配位数,下列说法不正确的是(　　)。

A. 直接与形成体键合的配位体的数目

B. 直接与形成体键合的配位原子的数目

C. 形成体接受配位体的孤对电子的对数

D. 形成体与配位体所形成的配位键数

20. (0.52,0.34)当 0.01mol $CrCl_3 \cdot 6H_2O$ 在水溶液中用过量硝酸银处理时,有 0.02mol 氯化银沉淀析出,此样品中配离子的最可能表示式是(　　)。

A. $[Cr(H_2O)_6]^{2+}$　　B. $[CrCl(H_2O)_5]^{2+}$

C. $[CrCl_3(H_2O)_3]^{2+}$　　D. $[CrCl_2(H_2O)_4]^{+}$

21. 下列配合物中只含有多齿(基)配体的是(　　)。

A. $H[AuCl_4]$　　B. $[CrCl(NH_3)_5]Cl$

C. $[Co(C_2O_4)(en)_2]Cl$　　D. $[CoCl_2(NO_2)(NH_3)_3]$

22. 下列叙述中正确的是(　　)。

A. 配离子只能带正电荷

B. 中性配合物不存在内界

C. 配合物的内、外界都有可能存在配位键

D. 配合物的形成体只能为正离子,又称为中心离子

23. 下列叙述中错误的是(　　)。

A. 配合物必定是含有配离子的化合物

B. 配位键由配体提供孤对电子,形成体接受孤对电子而形成

C. 配合物的内界常比外界更不易解离

D. 配位键与共价键没有本质区别

24. (0.77,0.30)(研)下列叙述中正确的是(　　)。

A. 配合物中的配位键必定是由金属离子接受电子对形成的

B. 配合物都有内界和外界

C. 配位键的强度低于离子键或共价键

D. 配合物中,形成体与配位原子间以配位键结合

25. (0.72,0.25)(研)价键理论认为,决定配合物空间构型的主要是(　　)。

A. 配体对中心离子的影响与作用

B. 中心离子对配体的影响与作用

C. 中心离子(或原子)的原子轨道杂化

D. 配体中配位原子对中心原子的作用

26. (研)与简单二元化合物中心原子的轨道杂化相比,配位化合物形成体发生轨道杂化的不同在于(　　)。

A. 一定要有 d 轨道参与杂化

B. 一定要激发成对电子成单后杂化

C. 一定要有空轨道参与杂化

D. 一定要未成对电子偶合后让出空轨道杂化

27. (0.71,0.54) $[Ni(CN)_4]^{2-}$是平面四方形构型,中心离子的杂化轨道类型和 d 电子数分别是(　　)。

A. sp^2,d^7　　B. sp^3,d^8　　C. d^2sp^3,d^6　　D. dsp^2,d^8

28. (0.83,0.15)下列叙述中错误的是(　　)。

A. 一般地说,内轨型配合物较外轨型配合物稳定

B. ⅡB 族元素所形成的四配位配合物,几乎都是四面体构型

C. CN^-和 CO 作配体时,趋于形成内轨型配合物

D. 金属原子不能作为配合物的形成体

29. 下列叙述中错误的是(　　)。

A. Ni^{2+}形成六配位配合物时,只能采用sp^3d^2杂化轨道成键

B. Ni^{2+}形成四配位配合物时,可以采用dsp^2或sp^3杂化轨道成键

C. 中心离子采用sp^3d^2或d^2sp^3杂化轨道成键时,所形成的配合物都是八面体构型

D. 金属离子形成配合物后,其磁矩都要发生改变

30. 下列配离子中,不是八面体构型的是(　　)。

A. $[Fe(CN)_6]^{3-}$　　B. $[CrCl_2(NH_3)_4]^+$

C. $[CoCl_2(en)_2]^+$　　D. $[Zn(CN)_4]^{2-}$

31. (研)某金属离子所形成的八面体配合物,磁矩为$\mu=4.9$ B. M. 或 0 B. M.,则该金属最可能是下列中的(　　)。

A. Cr^{3+}　　B. Mn^{2+}　　C. Fe^{2+}　　D. Co^{2+}

32. 已知$[CoF_6]^{3-}$与Co^{3+}有相同的磁矩,则配离子的中心离子杂化轨道类型及空间构型为(　　)。

A. d^2sp^3,正八面体　　B. sp^3d^2,正八面体

C. sp^3d^2,正四面体　　D. d^2sp^3,正四面体

33. 下列离子或化合物中,具有顺磁性的是(　　)。

A. $[Ni(CN)_4]^{2-}$　　B. $[CoCl_4]^{2-}$　　C. $[Co(CN)_6]^{3-}$　　D. $[Fe(CN)_6]^{4-}$

34. $[NiCl_4]^{2-}$是顺磁性分子,则它的几何形状为(　　)。

A. 平面正方形　　B. 正四面体　　C. 正八面体　　D. 四方锥

35. 下列配离子属于反磁性的是(　　)。

A. $[Mn(CN)_6]^{4-}$　　B. $[Cu(en)_2]^{2+}$　　C. $[Fe(CN)_6]^{3-}$　　D. $[Co(CN)_6]^{3-}$

36. (0.64,0.55)下列离子中磁矩最大的是(　　)。

A. $[NiF_4]^{2-}$　　B. $[Ni(CN)_4]^{2-}$　　C. $[FeF_6]^{3-}$　　D. $[Fe(CN)_6]^{3-}$

37. $[CrCl_6]^{3-}$和$[Cu(NH_3)_4]^{2+}$的未成对电子数分别为(　　)。

A. 3,1　　B. 4,0　　C. 1,0　　D. 1,1

38. $[Fe(CN)_6]^{4-}$是内轨型配合物,则中心离子未成对电子数和杂化轨道类型为(　　)。

A. 4,sp^3d^2　　B. 4,d^2sp^3　　C. 0,sp^3d^2　　D. 0,d^2sp^3

39. $[Cu(en)_2]^{2+}$的稳定性比$[Cu(NH_3)_4]^{2+}$大得多,主要原因是前者(　　)。

A. 具有螯合效应　　B. 配位体比后者大

C. 配位数比后者小　　D. en 的相对分子质量比NH_3大

40. (0.71,0.54)已知$[Fe(C_2O_4)_3]^{3-}$的磁矩约为 5.75 B. M.,其空间构型及中心离子

的杂化类型是(　　)。

A. 八面体形，sp^3d^2　　B. 八面体形，d^2sp^3

C. 三角形，sp^2　　D. 三角锥形，sp^3

三、判断题

1. 配合物形成体的配位数是指直接和中心原子(或离子)相连的配体总数。(　　)

2. 配合物形成体是指接受配体孤对电子的原子或离子，即中心原子或离子。(　　)

3. 配合物中，提供孤对电子与形成体形成配位键的分子或离子称为配位体或配体。(　　)

4. 配位酸、配位碱以及配位盐的外界离子所带的电荷总数与相应配离子的电荷总数值相等，符号相反。(　　)

5. 价键理论认为，所有中心离子(或原子)都既能形成内轨型配合物，又能形成外轨型配合物。(　　)

6. 所有内轨型配合物都呈反磁性，所有外轨型配合物都呈顺磁性。(　　)

7. 通常外轨型配合物磁矩较大，内轨型配合物磁矩较小。(　　)

8. 按照价键理论可推知，中心离子的电荷数低时，只能形成外轨型配合物，中心离子电荷数高时，才能形成内轨型配合物。(　　)

9. 同一金属元素形成的配合物不可能具有不同的空间构型。(　　)

10. 内轨型配合物往往比外轨型配合物稳定，螯合物比简单配合物稳定，则螯合物必定是内轨型配合物。(　　)

11. $[Fe(CN)_6]^{3-}$和$[FeF_6]^{3-}$的空间构型都为八面体，但中心离子的轨道杂化方式不同。(　　)

12. $K_3[FeF_6]$和$K_3[Fe(CN)_6]$都呈顺磁性。(　　)

13. Fe^{2+}的六配位配合物都是反磁性的。(　　)

14. (0.55, 0.48) Ni^{2+}的四面体构型的配合物，必定是顺磁性的。(　　)

15. (0.84, 0.28)以CN^-为配体的配合物往往较稳定。(　　)

16. 所有Fe^{3+}的八面体配合物都属于外轨型配合物。(　　)

17. 磁矩大的配合物，其稳定性强。(　　)

18. (0.38, 0.58)所有Ni^{2+}的八面体配合物都属于外轨型配合物。(　　)

19. 价键理论能够较好地说明配合物的配位数、空间构型、磁性和稳定性，也能解释配合物的颜色。(　　)

20. 同一种金属元素配合物的磁性决定于该元素的氧化态，氧化态越高，磁矩就越大。(　　)

21. 不论配合物的中心离子采取d^2sp^3或是sp^3d^2杂化轨道成键，其空间构型均为八面体形。(　　)

22. 凡是配位数为4的分子，其中心原子均采用sp^3杂化轨道成键。(　　)

23. 金属离子形成配合物后，其磁矩都要发生改变。(　　)

总结与反思

1. ______________________________

2. ______________________________

3. ______________________________

4. ______________________________

5. ______________________________

6. ______________________________

7. ______________________________

8. ______________________________

9. ______________________________

10. ______________________________

第5章

化学反应的能量与方向

知识要点自我梳理

1. 热力学基本概念（填空题 1～6；选择题 1～8；判断题 1～5）

系统与环境______________________________

状态与状态函数______________________________

过程与途径______________________________

热与功______________________________

体积功______________________________

热力学第一定律______________________________

2. 理想气体（填空题 24～26；选择题 26～30；判断题 19～20）

状态方程______________________________

分压定律______________________________

3. 焓变(填空题 7～17；选择题 9～21；判断题 6～15；计算题 1,2)

反应进度________________

Q_p 与 Q_V ________________

$\Delta_f H_m^{\ominus}$ ________________

$\Delta_r H_m^{\ominus}$ 计算________________

盖斯定律________________

热化学反应方程式________________

4. 熵变(填空题 18～23；选择题 22～25；判断题 16～18；计算题 3)

自发性因素________________

熵________________

$\Delta_r S_m^{\ominus}$ 计算________________

5. 自由能变(填空题 27～31；选择题 31～39 ；判断题 21～28；计算题 4～11)

$\Delta_f G_m^{\ominus}$ ________________

$\Delta_r G_m^{\ominus}$ ________________

任意条件 $\Delta_r G$ ________________

反应方向判断________________

转变温度________________

同步练习

一、填空题

1. 状态函数的特征是其变化量只决定于________，而与变化的________无关。在热(Q)、功(W)、焓(H)和热力学能(U)中，________是状态函数，________不是状态函数。

2. (0.33,0.27)热力学第一定律 $\Delta U = Q + W$ 适用条件是____________，$Q_p = \Delta H$ 成立条件是________，$Q_V = \Delta U$ 成立条件是________________________。恒容反应热

与恒压反应热的关系是________________。

3. 热和功是体系发生变化时________________的两种形式，系统吸热，Q ________ 0；系统放热，Q ________ 0。环境对体系做功，W ________ 0；体系对环境做功，W ________ 0。定压下气体所做的体积功 $W=$ ________________。气体膨胀时，体积功 W ________ 0。若 NaOH 与 HCl 正好中和时，系统热量变化 akJ・mol^{-1}，则其热力学能变化 $\Delta U=$ ________ kJ・mol^{-1}。

4. (0.99,0.02)某过程中，体系从环境吸收热量 100J，对环境做功 20J，则体系的热力学能变化为________，环境的热力学能变化为________。

5. 对某体系做功 165J，该体系应________热量________J 才能使内能增加 100J。如果体系经过一系列变化又恢复到初始状态，则体系 ΔU ________ 0，ΔH ________ 0。

6. (0.83,0.22)273.15K、1.013×10^5 Pa 下，1mol 冰融化为水(忽略此过程体积变化)，则其 Q ________ 0，W ________ 0，ΔU ________ 0。(填“>”“<”或“=”)

7. (0.85,0.07)反应进度 ξ 的单位是________，反应方程式中反应物化学计量数 γ_B ________ 0，生成物 γ_B ________ 0。$\xi=1$mol 表示________________________________。

8. (0.64,0.33)$2KClO_3(s)$ ══ $2KCl(s)+3O_2(g)$，各物质化学计量数 $\gamma_{KClO_3}=$ ________，$\gamma_{KCl}=$ ________，$\gamma_{O_2}=$ ________，$\xi=0.5$mol 时，各物质物质的量的改变 $\Delta n_{KClO_3}=$ ________，$\Delta n_{KCl}=$ ________，$\Delta n_{O_2}=$ ________。

9. (0.94,0.08)$2H_2(g)+O_2(g)$ ══ $2H_2O(g)$，$\Delta_r H_m^\ominus=-483.64$kJ・$mol^{-1}$，则气态水 H_2O (g)的 $\Delta_f H_m^\ominus=$ ________ kJ・mol^{-1}。

10. (0.82,0.43)已知 $2HgO(s)$ ══ $2Hg(l)+O_2(g)$，$\Delta_r H_m^\ominus=181.4$kJ・$mol^{-1}$，则 $\Delta_f H_m^\ominus$[HgO(s)]为________________。

11. 反应 $2N_2(g)+O_2(g)\longrightarrow 2N_2O(g)$，在 298K 时，$\Delta_r H_m^\ominus=164.0$kJ・$mol^{-1}$，则反应的 ΔU 为________ kJ・mol^{-1}。

12. 假设一反应 $A(g)+B(g)\longrightarrow AB(g)$，A、B、AB 均为理想气体，在 25℃、100kPa 下体系放热 41.8kJ・mol^{-1}，而没有做功，则该过程的 $\Delta U=$ ____________，$\Delta H^\ominus=$ ____________。

13. 若要 $\Delta_r H_m^\ominus=\Delta_f H_m^\ominus$(AgBr，s)，对应的化学反应方程式是________________________________。

14. 已知 $H_2(g)+I_2(g)$ ══ $2HI(g)$，$\Delta_r H_m^\ominus=-25.9$kJ・$mol^{-1}$，

若反应写成 $2HI(g)$ ══ $H_2(g)+I_2(g)$，则 $\Delta_r H_m^\ominus=$ ________ kJ・mol^{-1}；

若反应写成 $1/2H_2(g)+1/2I_2(g)$ ══ $HI(g)$，则 $\Delta_r H_m^\ominus=$ ________ kJ・mol^{-1}。

15. 盖斯定律是指____，它反映了____________的性质。

16. 已知下列反应：① $2Cu_2O(s)+O_2(g)\longrightarrow 4CuO(s)$，$\Delta_r H_m^\ominus=-292$kJ・$mol^{-1}$；

② $CuO(s)+Cu(s)\longrightarrow Cu_2O(s)$，$\Delta_r H_m^\ominus=-11.3$kJ・$mol^{-1}$，

则反应 $2Cu(s)+O_2(g)\longrightarrow 2CuO(s)$的 $\Delta_r H_m^\ominus=$ ________ kJ・mol^{-1}。

17. (0.93,0.11)(0.93,0.11)反应：$N_2(g)+2O_2(g)$ ══ $2NO_2(g)$的 $\Delta_r H_m^\ominus=66.36$kJ・$mol^{-1}$，则 $NO_2(g)$的 $\Delta_f H_m^\ominus=$ ____________。

18. (0.58,0.55)已知 298K 时反应 $Ag_2O(s)$ ══ $2Ag(s)+1/2O_2(g)$的 $\Delta_r S_m^\ominus=66.7$J・$mol^{-1}$・$K^{-1}$，$\Delta_f H_m^\ominus(Ag_2O,s)=-31.1$kJ・$mol^{-1}$，则 Ag_2O 最低分解温度约

为________℃。

19. 熵的影响因素有____________、____________、____________、____________、____________等，纯物质完美晶体在____________时熵值为零。

20. 下列过程熵变的正负号分别是：

(1) 溶解少量盐于水中，$\Delta_r S_m^\ominus$ ________ 0；

(2) 纯碳和氧气反应生成 CO(g)，$\Delta_r S_m^\ominus$ ________ 0；

(3) 液态水蒸发变成 $H_2O(g)$，$\Delta_r S_m^\ominus$ ________ 0；

(4) $CaCO_3(s)$加热分解为 CaO(s)和 $CO_2(g)$，$\Delta_r S_m^\ominus$ ________ 0。

21. (0.92,0.08) 25℃，KNO_3在水中的溶解度是 $6mol \cdot dm^{-3}$，若将 1mol 固体 KNO_3 置于水中，则 KNO_3变成盐溶液过程 ΔG ________，ΔS ________。

22. (0.31,0.11)1mol 水在 100℃，气压 101.3kPa 的条件下完全蒸发为水蒸气，已知水的汽化热为 $41kJ \cdot mol^{-1}$，则 ΔG=________，ΔS=____________。

23. (0.94,0.11)下述三个反应，按 $\Delta_r S_m^\ominus$ 增加的顺序为：____________。

(1) $S(s)+O_2(g) \longrightarrow SO_2(g)$；

(2) $H_2(g)+O_2(g) \longrightarrow H_2O_2(l)$；

(3) $C(s)+H_2O(g) \longrightarrow CO(g)+H_2(g)$。

24. (0.55,0.24)恒定温度下，将 1.0L、204kPa 氮气与 2.0L 303kPa 氧气充入容积为 $3.0dm^3$，内有 100kPa 氮气的容器中，则 $p(N_2)$=________ kPa，$p(O_2)$=________ kPa，容器内总压力 p=________ kPa。

25. 27℃，将电解水所得到的含氢、氧混合气体干燥后储存于 $60.0dm^3$ 容器中，混合气体质量为 36.0g，则 $p(H_2)$=________ kPa，$p(O_2)$=________ kPa，p(总)=________ kPa，氢气的体积分数为________。

26. (0.93,0.07)某温度下，一容器中含有 2.0mol O_2，3.0mol N_2及 1.0mol Ar。如果混合气体的总压为 akPa，则 $p(O_2)$=________ kPa。

27. (0.98,0.08)已知在 25℃时

	CO(g)	$CO_2(g)$	$H_2O(g)$
$\Delta_f G_m^\ominus/(kJ \cdot mol^{-1})$	−137.2	−394.4	−228.6

则反应 $CO(g)+H_2O(g) = CO_2(g)+H_2(g)$，在 25℃下的 $\Delta_r G_m^\ominus$ 为____________。

28. (0.92,0.19)$\Delta_r G_m^\ominus$ 受温度影响显著，且在某些焓变和熵值条件下，温度的改变可能引起反应自发方向的改变。若某反应在高温时可自发进行，而低温时不能自发进行，则其反应 ΔH ________ 0 且 ΔS ________ 0。若某反应在低温时可自发进行，而高温时不能自发进行，则其 ΔH ________ 0 且 ΔS ________ 0。(填“大于”或“小于”)

29. 一定条件下，反应 $N_2+3H_2 = 2NH_3$ 与 $1/2N_2+3/2H_2 \longrightarrow NH_3$ 自由能变分别为 $\Delta_r G_m^\ominus(1)$、$\Delta_r G_m^\ominus(2)$，则 $\Delta_r G_m^\ominus(1)$、$\Delta_r G_m^\ominus(2)$的关系为____________。

30. 有 A、B、C、D 四个反应，在 298K 时，反应热力学数据如下表：

反应	A	B	C	D
$\Delta_r H_m^\ominus/(kJ \cdot mol^{-1})$	177.6	10.5	−126	−11.7
$\Delta_r S_m^\ominus/(J \cdot mol^{-1} \cdot K^{-1})$	160	−113	84.0	−105

则在标准态下，任何温度都能自发进行的反应是________，任何温度都不能自发进行的反应是________，温度高于________ K 可自发进行的反应是________。

31. 以反应 $2C(s)+O_2(g) \longrightarrow 2CO(g)$ 的 ΔG 为纵坐标，对 T 作图，直线斜率为________（填"正""负"或"零"），原因是________________________。

二、选择题

1. (0.77,0.22)下列函数均为状态函数的是(　　)。

A. H,G,W　　B. U,S,Q　　C. T,P,U　　D. G,S,W

2. (0.88,0.15)在定压下某气体膨胀吸收了 1.55kJ 的热，如果其热力学能增加了 1.32kJ，则该系统做功为(　　)。

A. 1.55kJ　　B. 1.32kJ　　C. 0.23kJ　　D. −0.23kJ

3. 对 $\Delta H=Q_p$，下列叙述中正确的是(　　)。

A. 因为 $\Delta H=Q_p$，所以 Q_p 也有状态函数的性质

B. 因为 $\Delta H=Q_p$，所以焓可被认为是体系所含的热量

C. 因为 $\Delta H=Q_p$，所以恒压过程中才有焓变 ΔH

D. 不做非体积功时，恒压过程体系所吸收的热量，全部用来增加体系的焓值

4. 下列各说法正确的是(　　)。

A. 热的物体比冷的物体含有更多的热量

B. 甲物体温度比乙物体高，表明甲物体热力学能比乙物体大

C. 热是一种传递中的能量

D. 同一体系，同一状态可能有多个热力学能值

5. (0.95,0.05)体系对环境做功 20kJ，并失去 10kJ 的热给环境，则体系内能的变化是(　　)。

A. +30kJ　　B. +10kJ　　C. −10kJ　　D. −30kJ

6. (0.80,0.22)某热力学系统完成一次循环过程，系统和环境有二次能量交换。第一次吸热 2.30kJ，环境对系统做功 50J；第二次放热 2.0kJ，则在该循环过程中系统第二次做的功为(　　)。

A. 54.3J　　B. −4.35kJ　　C. −0.35kJ　　D. −54.3J

7. 一封闭体系当状态从 A 到 B 发生变化时，经历两条不同途径，则(　　)。

A. $Q_1=Q_2$　　B. $W_1=W_2$

C. $\Delta U=0$　　D. $Q_1+W_1=Q_2+W_2$

8. 某恒容绝热箱中有 CH_4 和 O_2 混合气体，通电火花使其反应(电火花能可忽略)，该变化过程的(　　)。

A. $\Delta U=0, \Delta H=0$　　B. $\Delta U=0, \Delta H>0$

C. $\Delta U=0, \Delta H<0$　　D. $\Delta U<0, \Delta H>0$

9. 反应 $\frac{3}{2}H_2(g)+\frac{1}{2}N_2(g) \longrightarrow NH_3(g)$，当 $\xi=\frac{1}{2}$ mol 时，下面叙述中正确的是(　　)。

A. 消耗掉 $\frac{1}{2}$ mol N_2　　B. 消耗掉 $\frac{3}{2}$ mol H_2

C. 生成$\frac{1}{4}$mol NH_3　　D. 消耗掉 N_2、H_2共 1mol

10. (0.86,0.15)对反应 $N_2H_4(g)+O_2(g)=N_2(g)+2H_2O(l)$来说,$\Delta_r H_m$与 $\Delta_r U_m$的关系是(　　)。

A. $\Delta_r H_m = \Delta_r U_m$　　B. $\Delta_r H_m = \Delta_r U_m + 2RT$

C. $\Delta_r H_m = \Delta_r U_m - RT$　　D. 无法确定

11. (0.89,0.23)已知 298K,$\Delta_f H_m^{\ominus}(Fe_3O_4,s)=-1118.0kJ \cdot mol^{-1}$,$\Delta_f H_m^{\ominus}(H_2O,g)=-241.8kJ \cdot mol^{-1}$,则反应 $Fe_3O_4(s)+4H_2(g)=Fe(s)+4H_2O(g)$的 $\Delta_r H_m^{\ominus}=$(　　)。

A. $-150.8kJ \cdot mol^{-1}$　　B. $150.8kJ \cdot mol^{-1}$

C. $876.2kJ \cdot mol^{-1}$　　D. $-876.2kJ \cdot mol^{-1}$

12. 萘燃烧的化学反应方程式为:$C_{10}H_8(s)+12O_2(g)=10CO_2(g)+4H_2O(l)$,则 298K 时,$Q_p$和 Q_V的差值为(　　)$kJ \cdot mol^{-1}$。

A. -4.95　　B. 4.95　　C. -2.48　　D. 2.48

13. (0.52,0.40)298K 下,$H_2(g)+1/2O_2(g) \rightleftharpoons H_2O(l)$的 Q_p与 Q_V差(　　)$kJ \cdot mol^{-1}$。

A. -3.7　　B. 3.7　　C. 1.2　　D. -1.2

14. (0.54,0.42)298K 下,$2PbS(s)+3O_2(g)=2PbO(s)+2SO_2(g)$,$\Delta_r H_m^{\ominus}=-843.4kJ \cdot mol^{-1}$,则该反应的 Q_V值是(　　)$kJ \cdot mol^{-1}$。

A. 840.9　　B. -840.9　　C. -845.9　　D. 845.9

15. 下列物质标准摩尔生成焓为零的是(　　)。

A. C(金刚石)　　B. P_4(白磷,s)　　C. $O_3(g)$　　D. $I_2(g)$

16. (0.51,0.34)下列反应中,反应的标准摩尔焓变等于产物的标准摩尔生成焓的是(　　)。

A. $CaO(s)+CO_2(g)=CaCO_3(s)$　　B. $1/2H_2(g)+1/2Br_2(g)=HBr(g)$

C. $6Li(s)+N_2(g)=2Li_3N(s)$　　D. $K(s)+O_2(g)=KO_2(s)$

17. 已知:$C(s)+O_2(g)=CO_2(g)$,$\Delta_r H_m^{\ominus}(300K)=-393.5kJ \cdot mol^{-1}$

$Mg(s)+1/2O_2(g)=MgO(s)$,$\Delta_r H_m^{\ominus}(300K)=-601.8kJ \cdot mol^{-1}$

$Mg(s)+C(s)+3/2O_2(g)=MgCO_3(s)$,$\Delta_r H_m^{\ominus}(300K)=-1113kJ \cdot mol^{-1}$

则 $MgO(s)+CO_2(g)=MgCO_3(s)$的 $\Delta_r H_m^{\ominus}$ 为(　　)$kJ \cdot mol^{-1}$。

A. -235.4　　B. -58.85　　C. -117.7　　D. -1321.3

18. (0.88,0.29)已知反应 $2HgO(s)=2Hg(l)+O_2(g)$,$\Delta_f H_m^{\ominus}(HgO,s)=-90.7kJ \cdot mol^{-1}$,则该反应的 $\Delta_r H_m^{\ominus}$ 为(　　)。

A. $-90.7kJ \cdot mol^{-1}$　　B. $-181.4kJ \cdot mol^{-1}$

C. $90.7kJ \cdot mol^{-1}$　　D. $181.4kJ \cdot mol^{-1}$

19. (0.89,0.23)已知反应:

(1) $H_2(g)+Br_2(l)=2HBr(g)$,$\Delta_r H_m^{\ominus}=-72.80kJ \cdot mol^{-1}$;

(2) $N_2(g)+3H_2(g)=2NH_3(g)$,$\Delta_r H_m^{\ominus}=-92.22kJ \cdot mol^{-1}$;

(3) $NH_3(g)+HBr(g)=NH_4Br(s)$,$\Delta_r H_m^{\ominus}=-188.32kJ \cdot mol^{-1}$。

则 $NH_4Br(s)$的标准摩尔生成焓 $\Delta_f H_m^{\ominus}$ 为(　　)$kJ \cdot mol^{-1}$。

A. -176.20　　B. 176.20　　C. -270.83　　D. 270.83

20. (0.96,0.09)已知 HF(g)的标准摩尔生成焓 $\Delta_f H_m^\ominus = -565kJ \cdot mol^{-1}$,则反应 $H_2(g)+F_2(g) \longrightarrow 2HF(g)$的 $\Delta_r H_m^\ominus$ 为(　　)。

A. $565kJ \cdot mol^{-1}$　　B. $-565kJ \cdot mol^{-1}$

C. $1130kJ \cdot mol^{-1}$　　D. $-1130kJ \cdot mol^{-1}$

21. (0.76,0.40)下列物质在 0K 时的标准熵为零的是(　　)。

A. 理想溶液　　B. 理想气体　　C. 完美晶体　　D. 纯液体

22. (0.80,0.30)下列反应中,$\Delta_r S_m^\ominus$ 值最大的是(　　)。

A. $C(s)+O_2(g) = CO_2(g)$

B. $2SO_2(g)+O_2(g) = 2SO_3(g)$

C. $CaSO_4(s)+2H_2O(l) = CaSO_4 \cdot 2H_2O(s)$

D. $N_2(g)+3H_2(g) = 2NH_3(g)$

23. 下列反应中 $\Delta_r S_m^\ominus > 0$ 的是(　　)。

A. $2H_2(g)+O_2(g) = 2H_2O(g)$

B. $N_2(g)+3H_2(g) = 2NH_3(g)$

C. $NH_4Cl(s) = NH_3(g)+HCl(g)$

D. $CO_2(g)+2NaOH(aq) = Na_2CO_3(aq)+H_2O(l)$

24. 将固体 NH_4NO_3 溶于水中,溶液变冷,则该过程的 ΔG、ΔH、ΔS 符号依次为(　　)。

A. +,−,−　　B. +,+,−　　C. −,+,−　　D. −,+,+

25. (研)对于实际气体处于下列哪种情况时,其行为与理想气体相近(　　)。

A. 高温低压　　B. 高温高压　　C. 低温高压　　D. 低温低压

26. 温度为 T、体积为 V、总物质的量为 n 的理想气体混合物,其中组分 B 物质的量为 n_B,分体积为 V_B,则其分压 p_B 等于(　　)。

A. nRT/V　　B. n_BRT/V_B　　C. n_BRT/V　　D. nRT/V_B

27. 在温度相同、容积相等的两个密闭容器中,分别充有气体 A 和 B。若气体 A 的质量为气体 B 的二倍,气体 A 的相对分子质量为气体 B 的 0.5 倍,则 $p(A):p(B)=$(　　)。

A. 1∶4　　B. 1∶2　　C. 2　　D. 4

28. (0.95,0.06)某温度下,容器中含有 1.0mol O_2,2.0mol N_2 及 3.0mol H_2。如果混合气体的总压为 pkPa,则氧气的分压 $p(O_2)=$(　　)。

A. $p/3$kPa　　B. $p/6$kPa　　C. $p/4$kPa　　D. $p/5$kPa

29. 一恒容密闭容器装有互不发生反应的混合气体 A(g)和 B(g),此时总压力为 p,A 的分压为 p_A,向容器中充入稀有气体,使总压力为 $2p$,则此时 A 的分压为(　　)。

A. p_A　　B. $\frac{1}{2}p_A$　　C. $2p_A$　　D. $4p$

30. 同一条件下的同一反应,与反应方程式的写法无关的是(　　)。

A. $\Delta_r H_m^\ominus$　　B. $\Delta_f G_m^\ominus$　　C. $\Delta_r G_m^\ominus$　　D. $\Delta_r S_m^\ominus$

31. (0.76,0.40)下列热力学函数不为零的是(　　)。

A. $\Delta_f H_m^\ominus[Cl_2(g)]$　　B. $\Delta_f G_m^\ominus[Br_2(l)]$

C. $\Delta_f G_m^\ominus[Hg(l)]$　　D. $S_m^\ominus[H_2(g)]$

32. 对于反应 $CaO(s)+2CO_2(g)$ ══ $CaCO_3(s)$，其热力学标准态应为(　　)。

A. 100kPa、298K　　B. 100kPa

C. 100kPa、纯物质　　D. 100kPa、298K、纯物质

33. 关于熵，下列叙述中正确的是(　　)。

A. 0K 时，纯物质的完美晶体熵为零

B. 单质的 $\Delta_r S_m^\ominus$、$\Delta_f H_m^\ominus$、$\Delta_f G_m^\ominus$ 均等于零

C. 在一个反应中，随着生成物的增加，熵增大

D. $\Delta_r S_m^\ominus=0$ 的反应总是自发进行

34. 已知反应 $FeO(s)+C(s)$ ══ $CO(g)+Fe(s)$，$\Delta_r H_m^\ominus>0$，$\Delta_r S_m^\ominus>0$，下列说法正确的是(　　)。(假设 $\Delta_r H_m^\ominus$、$\Delta_r S_m^\ominus$ 不随温度变化而改变)

A. 低温下为自发过程，高温下为非自发过程

B. 高温下为自发过程，低温下为非自发过程

C. 任何温度下都为非自发过程

D. 任何温度下都为自发过程

35. (0.92,0.15)如果一化学反应在任意温度下都能自发进行，则该反应应满足的条件是(　　)。

A. $\Delta_r H_m<0$，$\Delta_r S_m<0$　　B. $\Delta_r H_m>0$，$\Delta_r S_m>0$

C. $\Delta_r H_m<0$，$\Delta_r S_m>0$　　D. $\Delta_r H_m>0$，$\Delta_r S_m<0$

36. 已知 M＋N ══ 2A＋2B，$\Delta_r G_m^\ominus(1)=-26.0\text{kJ}\cdot\text{mol}^{-1}$；2A＋2B ══ C，$\Delta_r G_m^\ominus(2)=48.0\text{kJ}\cdot\text{mol}^{-1}$，则在相同条件下，反应 C ══ M＋N 的 $\Delta_r G_m^\ominus(\text{kJ}\cdot\text{mol}^{-1})$为(　　)。

A. －4.0　　B. 4.0　　C. －22.0　　D. 22.0

37. 在恒温、恒压下，判断一个化学反应方向所用的热力学函数为(　　)。

A. ΔH　　B. ΔG　　C. $\Delta G^\ominus$　　D. $\Delta H^\ominus$

38. 下列叙述正确的是(　　)。

A. $\Delta_r G_m^\ominus<0$ 的反应一定能自发进行

B. 应用盖斯定律不仅可以计算 $\Delta_r H_m^\ominus$，还可以计算 $\Delta_r G_m^\ominus$，$\Delta_r S_m^\ominus$ 等

C. 对于 $\Delta_r S_m^\ominus>0$ 的反应，标准状态下低温时均能正向自发进行

D. 指定温度下，元素稳定单质的 $\Delta_f H_m^\ominus=0$、$\Delta_f G_m^\ominus=0$、$S_m^\ominus=0$

三、判断题

1. 热的物体比冷的物体含有更多的热量。(　　)

2. (0.82,0.02)尽管 Q 和 W 都是途径函数，但$(Q+W)$的数值与途径无关。(　　)

3. 系统与环境无热量交换的变化为绝热过程。(　　)

4. 绝热过程中，体系所做的功只由体系的始态和终态决定。(　　)

5. 状态函数是物质现有状态的性质，它与形成该状态的途径无关。(　　)

6. 化学计量数等于方程式中相应分子式前面的系数。(　　)

7. 反应进度表示化学反应进行的程度，1mol 反应进度指有 1mol 反应物发生了反应。(　　)

8. 对于同一化学反应方程式，反应进度的值与选用方程式何种物质物质的量的变化进

行计算无关。(　　)

9. (0.96,0.13)因为 $\Delta H=Q_p$,ΔH 是状态函数,Q_p 也是状态函数。(　　)

10. 298K 时,标准态下,由元素最稳定单质生成 1mol 某物质时的热效应,称为该物质的标准摩尔生成焓。(　　)

11. 需要加热才能进行的化学反应一定是吸热反应。(　　)

12. Fe(s)与 Cl_2(l)的 $\Delta_f H_m^\ominus$ 均为零。(　　)

13. (0.81,0.09)由于 $CaCO_3$ 分解反应吸热,故它的标准摩尔生成焓是负值。(　　)

14. 已知某温度标准态下,反应 $2KClO_3(s) \longrightarrow 2KCl(s)+3O_2(g)$,有 2.0mol $KClO_3$ 分解,放出热量 89.5kJ,则在此温度下该反应的 $\Delta_r H_m^\ominus=-44.75kJ\cdot mol^{-1}$。(　　)

15. (0.98,0.04)在 298K 时,最稳定纯态单质的 $\Delta_f H_m^\ominus$、$\Delta_f G_m^\ominus$、$S_m^\ominus$ 均为零。(　　)

16. (0.88,0.22)反应产物的分子数比反应物多,该反应的 $\Delta S>0$。(　　)

17. 凡是 $\Delta S>0$ 的过程就是自发过程。(　　)

18. (0.68,0.17)冰在室温下自动融化成水,是熵增起了主要作用。(　　)

19. 理想气体状态方程不仅适于单一组分理想气体,也适于理想气体混合物。(　　)

20. (0.91,0.07)混合气体中,i 组分的分压力为 $p_i=\dfrac{n_i RT}{V_i}$。(　　)

21. 273K、101.325kPa 下,水凝结为冰,其过程的 $\Delta S<0$,$\Delta G=0$。(　　)

22. (0.85,0.25)焓、熵、自由能均为状态函数,它们的绝对数值大小均不可知。(　　)

23. 温度变化对 ΔH、ΔS、ΔG 影响均较小。(　　)

24. 凡 $\Delta G>0$ 的过程都不能进行。(　　)

25. 反应的 $\Delta_r G_m^\ominus$ 可以用来判断反应的方向与限度。(　　)

26. 如果一反应 $\Delta_r H_m^\ominus$ 和 $\Delta_r S_m^\ominus$ 都是负值,表示这个反应无论如何无法进行。(　　)

27. (研)$\Delta_f H_m^\ominus(Br_2,g)=0$。(　　)

28. (研)在 373K,101.325kPa 压力下,$\Delta_f G_m^\ominus(H_2O,l)=\Delta_f G_m^\ominus(H_2O,g)$。(　　)

四、计算题

1. 设有 10molN_2(g)和 20molH_2(g)在合成氨装置中混合,反应后有 5.0mol NH_3(g)生成,试分别按下列反应方程式中各物质的化学计量数和物质的量的变化,计算反应进度,由此可得到什么结论?

(1) $1/2N_2(g)+3/2H_2(g)=\!=\!=NH_3(g)$;

(2) $N_2(g)+3H_2(g)=\!=\!=2NH_3(g)$。

2. 已知：$NH_3(aq)+HCl(aq)$═══$NH_4Cl(aq)$，$\Delta_r H_m^{\ominus}=-39.92kJ \cdot mol^{-1}$

$NH_4Cl(s)$═══$NH_4Cl(aq)$，$\Delta_r H_m^{\ominus}=+25.47kJ \cdot mol^{-1}$

$\Delta_f H_m^{\ominus}[NH_3(aq)]=-80.29kJ \cdot mol^{-1}$，$\Delta_f H_m^{\ominus}[HCl(aq)]=-167.16kJ \cdot mol^{-1}$

试用 Hess 定律推导 $\Delta_f H_m^{\ominus}[NH_4Cl(s)]$的计算公式并计算。

3. 373K 时，水的蒸发热为 $40.58kJ \cdot mol^{-1}$。计算在 1.013×10^5Pa，373K 下，1mol 水汽化过程的 ΔU 和 ΔS(假定水蒸气为理想气体，液态水的体积可忽略不计)。

4. 1mol 理想气体在 350K 和 152KPa 条件下，经恒压至体积为 35.0L，此过程放出了 1260J 热，试计算：(0.84，0.13)(1)起始体积；(0.82，0.29)(2)终态温度；(0.51，0.60)(3)体系做功；(0.48，0.64)(4)热力学能变化；(0.54，0.54)(5)焓变。

5. CO 是汽车尾气的主要污染源，有人设想以加热分解的方法来消除，即：$CO(g)═══C(s)+1/2O_2(g)$，试从热力学角度通过计算判断该想法能否实现。

	CO(g)	C(s)	$O_2(g)$
$\Delta_f H_m^\ominus/(kJ\cdot mol^{-1})$	−110.5	0	0
$\Delta_f G_m^\ominus/(kJ\cdot mol^{-1})$	−137.2	0	0
$S_m^\ominus/(J\cdot mol^{-1}\cdot K^{-1})$	197.7	5.74	205.1

6. (0.50，0.16)已知 Ag_2CO_3 的热分解在 298.15K 的热力学数据如下：

$$Ag_2CO_3(s)═══Ag_2O(s)+CO_2(g)$$

	$Ag_2CO_3(s)$	$Ag_2O(s)$	$CO_2(g)$
$\Delta_f H_m^\ominus/(kJ\cdot mol^{-1})$	−505.8	−30.05	−393.509
$S_m^\ominus/(J\cdot mol^{-1}\cdot K^{-1})$	167.4	121.3	213.74

如果空气压力 $p=101.325kPa$，其中所含 CO_2 的体积分数 $\psi(CO_2)=0.030\%$。试计算

此条件下将潮湿的 Ag_2CO_3 固体在 110℃的烘箱中烘干时热分解反应的摩尔吉布斯(Gibbs)自由能变。问此条件下 $Ag_2CO_3(s)$ 的热分解反应能否自发进行？有何办法阻止 Ag_2CO_3 的热分解？

7. 在标准状态下，合成氨反应：$N_2(g)+3H_2(g)=\!=\!=2NH_3(g)$ 进行所允许的最高温度是多少？已知 298.15 K 时有关热力学数据如下表所示：

物质	$\Delta_f H_m^\ominus/(kJ\cdot mol^{-1})$	$S_m^\ominus/(J\cdot mol^{-1}\cdot K^{-1})$
$N_2(g)$	0	191.6
$H_2(g)$	0	130.7
$NH_3(g)$	−46.11	192.5

8. SO_3 分解反应：　　$2SO_3(g)=\!=\!=2SO_2(g)+O_2(g)$，计算：

	$2SO_3(g)$	$2SO_2(g)$	$O_2(g)$
$\Delta_f H_m^\ominus/(kJ\cdot mol^{-1})$	−395.7	−296.8	
$\Delta_f G_m^\ominus/(kJ\cdot mol^{-1})$	−371.1	−300.2	
$S_m^\ominus/(J\cdot mol^{-1}\cdot K^{-1})$	256.8	248.2	205.1

(1) 25℃、标准状态下的 $\Delta_r G_m^\ominus$，并判断该条件下反应能否自发进行。

(2) 100g 气态 $SO_3(g)$ 在此条件下分解的标准自由能变。

(3) 估计该反应 $\Delta_r S_m^\ominus$ 的符号。

(4) 在标准态下，$SO_3(g)$发生分解反应的最低温度。

9. 甲醇的分解反应：$CH_3OH(l)$ ══ $CH_4(g)+1/2O_2(g)$，计算：

	$CH_3OH(l)$	$CH_4(g)$	$O_2(g)$
$\Delta_f H_m^\ominus/(kJ \cdot mol^{-1})$	−238.7	−74.81	
$\Delta_f G_m^\ominus/(kJ \cdot mol^{-1})$	−166.3	−50.72	
$S_m^\ominus/(J \cdot mol^{-1} \cdot K^{-1})$	126.8	186.3	205.1

(1) 25℃时，此反应能否自发进行？

(2) 1000K 时，此反应能否自发行？

10. 反应 $2NO_2(g) \rightleftharpoons N_2O_4(g)$，298.15K，$\Delta_r G_m^\ominus = -4.77kJ \cdot mol^{-1}$。

(1) 当混合物 $p(NO_2)=2.67\times10^4 Pa$，$p(N_2O_4)=1.07\times10^5 Pa$，反应向什么方向进行？

(2) 当混合物 $p(NO_2)=1.07\times10^5 Pa$，$p(N_2O_4)=2.67\times10^4 Pa$，反应向什么方向进行？

11. (0.88,0.19)根据石灰石在 298.15K 的以下数据计算石灰石的最低分解温度。

	$CaCO_3(s)$	$=CaO(s)$	$+CO_2(g)$
$\Delta_f H_m^\ominus/(kJ \cdot mol^{-1})$	−1206.9	−635.1	−393.5
$\Delta_f G_m^\ominus/(kJ \cdot mol^{-1})$	1128.8	−604.2	−394.4
$S_m^\ominus/(J \cdot mol^{-1} \cdot K^{-1})$	92.9	39.7	213.6

总结与反思

1. ____________________

2. ____________________

3. ____________________

4. ____________________

5. ____________________

6. ____________________

7. ____________________

8. ____________________

9. ____________________

10. ____________________

第6章

化学反应的速率与限度

知识要点自我梳理

1. 化学反应速率(填空题 1～18；选择题 1～14；判断题 1～11；计算题 1～2)

恒容反应速率______________________________

质量作用定律______________________________

基元反应______________________________

速率方程______________________________

阿伦尼乌斯方程______________________________

温度影响______________________________

2. 化学反应速率理论

过渡态______________________________

碰撞理论______________________________

3. 化学平衡常数(填空题 19～25；选择题 15～23；判断题 12；计算题 3～4)

平衡____

经验平衡常数____

标准平衡常数____

4. 平衡的移动与反应限度(填空题 26～40；选择题 24～40；判断题 13～22；计算题 5～9)

K 与 G ____

K 与 T ____

反应方向____

影响因素____

同步练习

一、填空题

1. (0.93,0.18)若反应 $A_2+B_2 \longrightarrow 2AB$ 的速率方程为 $v=kc(A_2)c(B_2)$时，则此反应的反应级数是________。

2. (0.46,0.38)基元反应是指________________________，若 $aA+bB = xX+yY$ 是基元反应，则速率方程为________________，A 物质的反应级数为________级。

3. 质量作用定律仅适用于________反应；反应速率常数 k 的单位与元反应方程式中的________有关。

4. 已知两个基元反应：$NO_2+CO = NO+CO_2$，$2NO_2 = 2NO+O_2$，它们的反应速率方程分别为____________________，____________________。

5. (0.82,0.24)反应 $2NO(g)+Br_2(g) = 2NOBr(g)$反应机制为：

(1) $NO(g)+Br_2(g) = NOBr_2(g)$(慢)；

(2) $NOBr_2(g)+NO(g) = 2NOBr(g)$(快)。

(1)、(2)两步反应均属________反应，该反应速率方程为________________________，总反应级数为________级。

6. (0.84,0.10)反应 $A(g)+2B(g) = C(g)$的速率方程为 $v=kc_Ac_B^2$，反应级数为________级，当 B 的浓度增加至原来的 3 倍时，反应速率将增大至原来的________倍；当反应容器的体积增大到原体积的 3 倍时，反应速率将增大________倍，该反应________(填“一定”或“不一定”)为基元反应。

7. 基元反应：$aA(g)+bB(g) = C(g)$的 $\Delta_r H_m^\ominus<0$，若 A 的浓度增加一倍，则反应速率

增加到原来的四倍，而B的浓度增加一倍，则反应速率增加到原来的二倍，则 a=________，b=________，该反应的速率方程为________________，反应的总级数为________。

8. 某气相反应 $2A(g)+B(g)=C(g)$ 为元反应，实验测得当A、B的起始浓度分别为 $0.010mol\cdot dm^{-3}$ 和 $0.0010mol\cdot dm^{-3}$ 时，反应速率为 $5.0\times10^{-9}mol\cdot dm^{-3}\cdot s^{-1}$，则该反应的速率方程为________________，反应级数为________，反应速率常数 k 为______________。

9. 对于化学反应 $NO_2(g)+O_3(g)=NO_3(g)+O_2(g)$，于25℃测得数据如下：

序号	起始浓度/($mol\cdot dm^{-3}$)		最初生成 O_2 的速率/($mol\cdot dm^{-3}\cdot s^{-1}$)
	NO_2	O_3	
1	5.0×10^{-5}	1.0×10^{-5}	0.022
2	5.0×10^{-5}	2.0×10^{-5}	0.044
3	2.5×10^{-5}	2.0×10^{-5}	0.022

则该反应的反应级数为________，速率常数为________________，速率方程为______________。

10. 反应：$A+B=C$ 的初始浓度和反应速率为：

$c(A)/(mol\cdot dm^{-3})$	1.00	2.00	3.00	1.00	1.00
$c(B)/(mol\cdot dm^{-3})$	1.00	1.00	1.00	2.00	3.00
$v/(mol\cdot dm^{3}\cdot s^{-1})$	0.15	0.30	0.45	0.15	0.15

此反应的速率方程为________________，反应级数为________。

11. (0.86,0.33)若 $A=2B$ 反应的活化能为 E_a，而反应 $2B=A$ 的活化能为 E'_a，则加催化剂后，E_a 的减少与 E'_a 减少的值________；在一定温度范围内，若反应物的浓度增大，则 E_a ________。

12. 由实验得知，反应 $A+B=C$ 的反应速率方程为：$v=k[c(A)]^{1/2}c(B)$，当A的浓度增大时，反应速率________，反应速率常数________；升高温度，反应速率________，反应速率常数________。

13. 通常活化能大的反应，其反应速率________；加入正催化剂可使反应速率________，这主要是因为活化能________，因而活化分子__________的缘故。

14. 反应 $2NO_2(g)=2NO(g)+O_2(g)$ 是基元反应，正反应活化能为 $114kJ\cdot mol^{-1}$，$\Delta_r H_m^{\ominus}=113kJ\cdot mol^{-1}$，其正反应的速率方程为________________，逆反应的活化能为__________。

15. (0.72,0.49) 298K，101.325kPa 时，反应 $O_3+NO=O_2+NO_2$ 活化能为 $10.7kJ\cdot mol^{-1}$，ΔH 为 $-193.8\ kJ\cdot mol^{-1}$，则其逆反应的活化能为________ $kJ\cdot mol^{-1}$。

16. (0.64,0.51)反应：$2N_2O_5(g)=4NO_2(g)+O_2(g)$，已知338K时，$k_1=4.87\times10^{-3}/s$，318K时，$k_2=4.98\times10^{-4}/s$，则该反应的活化能 E_a=________ $kJ\cdot mol^{-1}$。

17. (0.86,0.26)反应 $2NO+Cl_2\longrightarrow 2NOCl$ 为基元反应，其速率方程为________________，总反应是________级反应。

18. 已知基元反应 A、B、C、D、E 活化能如下表：

活化能	A	B	C	D	E
正反应活化能/$(kJ \cdot mol^{-1})$	70	16	40	20	20
逆反应活化能/$(kJ \cdot mol^{-1})$	20	35	45	80	30

在相同温度时：正反应是吸热反应的是________；放热最多的反应是________；

正反应速率常数最大的反应是________；反应可逆程度最大的反应是________。

19. 反应 $MnO_2(s)+4H^+(aq)+2Cl^-(aq) \rightleftharpoons Mn^{2+}(aq)+Cl_2(g)+2H_2O(l)$ 标准平衡常数 $K^\ominus$ 的表达式为________________；反应 $Zn(s)+2H^+(aq) \rightleftharpoons Zn^{2+}(aq)+H_2(g)$ 的 $K^\ominus$ 表达式为________________。

20. (0.88,0.24)某温度时，反应 $CO_2(g)+H_2(g) \rightleftharpoons CO(g)+H_2O(g)$ 的 $K_1^\ominus=2.0$，反应 $2CO_2(g) \rightleftharpoons 2CO(g)+O_2(g)$ 的 $K_2^\ominus=1.4\times10^{-12}$，则反应 $2H_2(g)+O_2(g) \rightleftharpoons 2H_2O(g)$ 的 $K^\ominus=$________，其 $K^\ominus$ 的表达式为________________。

21. (0.87,0.34)已知 1273 K 时，

(1) $FeO(s)+CO(g) \rightleftharpoons Fe(s)+CO_2(g)$，$K_1^\ominus=0.403$；

(2) $FeO(s)+H_2(g) \rightleftharpoons Fe(s)+H_2O(g)$，$K_2^\ominus=0.669$。

则反应 $CO_2(g)+H_2(g) \rightleftharpoons CO(g)+H_2O(g)$ 的 $K^\ominus=$________________。

22. 温度一定时，反应 $C(s)+2N_2O(g) \rightleftharpoons CO_2(g)+2N_2(g)$ 的标准平衡常数 $K^\ominus=4.0$，则反应 $2C(s)+4N_2O(g) \rightleftharpoons 2CO_2(g)+4N_2(g)$ 的 $K^\ominus=$________________；

反应 $CO_2(g)+2N_2(g) \rightleftharpoons C(s)+2N_2O(g)$ 的 $K^\ominus=$________________。

23. (0.85,0.30)已知 823K 时反应

(1) $CoO(s)+H_2(g) \rightleftharpoons Co(s)+H_2O(g)$，$K_{p_1}=67$；

(2) $CoO(s)+CO(g) \rightleftharpoons Co(s)+CO_2(g)$，$K_{p_2}=490$。

则反应(3) $CO_2(g)+H_2(g) \rightleftharpoons CO(g)+H_2O(g)$，$K_{p_3}=$________。

24. (0.91,0.19)已知高温下，(1)$CO_2(g)+H_2(g) \rightleftharpoons CO(g)+H_2O(g)$，$K_1^\ominus=2.0$；

(2) $FeO(s) \rightleftharpoons Fe(s)+1/2O_2(g)$，$K_2^\ominus=4.3\times10^{-7}$；

(3) $H_2O(g) \rightleftharpoons H_2(g)+1/2O_2(g)$，$K_3^\ominus=5.1\times10^{-7}$。

则 $CO_2(g) \rightleftharpoons CO(g)+1/2O_2(g)$ 的 $K^\ominus=$________；

$FeO(s)+CO(g) \rightleftharpoons Fe(s)+CO_2(g)$ 的 $K^\ominus=$________。

25. (0.54,0.58)在 25℃ 下的 $Cl_2(l)$ 的 $\Delta_f G_m^\ominus=4.79kJ \cdot mol^{-1}$，则 25℃ 时反应 $Cl_2(g) \rightleftharpoons Cl_2(l)$ 的平衡常数 $K^\ominus=$________。

26. (0.98,0.05)由 N_2 和 H_2 化合生成 NH_3 的反应中，$\Delta_r H_m^\ominus<0$，当达到平衡后，再适当降低温度则正反应速率将________，逆反应速率将________，平衡将向________方向移动；平衡常数将________。

27. PCl_5 的分解反应为：$PCl_5(g) \rightleftharpoons PCl_3(g)+Cl_2(g)$，在 $5.0dm^3$ 密闭容器内盛有 1.0mol PCl_5。某温度下，平衡时有 0.75mol 分解，则其分解百分数为________，PCl_5 的浓度为________ $mol \cdot dm^{-3}$。

28. 在一密闭容器中充入 $N_2(g)$ 和 $H_2(g)$，当反应 $N_2(g)+3H_2(g) \rightleftharpoons 2NH_3(g)$ 于某温度达到平衡时，测得平衡时各物质浓度 $c(N_2)=2.5mol \cdot dm^{-3}$，$c(H_2)=6.5mol \cdot dm^{-3}$，$c(NH_3)=3.8mol \cdot dm^{-3}$；则 N_2 和 H_2 的起始浓度分别为__________和__________。

29. 1.0dm^{3}密闭容器中加入0.20mol A,某温度下A分解,$A(s) \rightleftharpoons B(g)+2C(g)$。平衡时,$p(B)=40.0kPa$,则$p(C)=$________kPa;$p(总)=$________kPa。

30. 当系统达到平衡时,若改变平衡状态的任一条件(如浓度、压力、温度),平衡就向________的方向移动,这条规律称为________。对于一个处于平衡状态的气体反应,$\Delta n \neq 0$,改变压力,$K^\ominus$________,平衡________,若$\Delta n=0$,改变压力,$K^\ominus$________,平衡________。

31. 在一定温度和压力下,将一定量的PCl_5气体注入体积为1.0dm^{3}的容器中,平衡时有50%分解为气态PCl_3和Cl_2。若增大体积,分解率将________;若保持体积不变,加入Cl_2使压力增大,分解率将________。

32. 反应:$A(aq)+B(aq) \rightleftharpoons C(aq)+D(aq)$的$\Delta_r H_m^\ominus<0$,平衡后,升高温度平衡将________移动,C、D的浓度将________。

33. 某反应的$\Delta_r H_m^\ominus<0$,那么当温度升高时此反应的$K^\ominus$将________;反应物浓度增加时,则$K^\ominus$将________。

34. 已知反应$2NO(g)+2CO(g) \rightleftharpoons N_2(g)+2CO_2(g)$的$\Delta_r H_m^\ominus=-746kJ \cdot mol^{-1}$,理论上为使NO和CO转化率增大,则应采用________压力或________温度(升高或降低)。

35. 已知反应:$C(s)+CO_2(g) \rightleftharpoons 2CO(g)$,在1500K时,$K^\ominus=1.6\times10^3$;在1273K时,$K^\ominus=1.4\times10^2$;那么该反应是________热反应,温度为1400K时的$K^\ominus$比1.4×10^2________(填"大"或"小")。

36. 反应:$2Cl_2(g)+2H_2O(g) \rightleftharpoons 4HCl(g)+O_2(g)$的$\Delta_r H_m^\ominus>0$,将$Cl_2$、$H_2O(g)$、HCl、$O_2$混合,反应达到平衡后(没指明时,$T$、$V$不变),若分别:

(1) 升高温度,$p(HCl)$将________;

(2) 加入氮气,$p(HCl)$将________;

(3) 加入催化剂,$n(HCl)$将________;

(4) 降低温度,$n(Cl_2)$将________。

37. 对处于平衡状态的化学反应,改变某一反应物浓度,$K^\ominus$________(是否变化),平衡________(是否移动);改变温度,$K^\ominus$________。

38. 合成氨反应$N_2+3H_2 \rightleftharpoons 2NH_3$,$\Delta_r H_m^\ominus=-46kJ \cdot mol^{-1}$,反应达平衡后,升高温度,$N_2$生成$NH_3$的转化率会________,引入$H_2$,$N_2$生成$NH_3$的转化率会________,恒压下引入稀有气体,$N_2$生成$NH_3$的转化率会________,恒容下引入稀有气体,$N_2$生成$NH_3$的转化率会________。

39. $2H_2(g)+O_2(g) = 2H_2O(g)$,$\Delta_r H_m^\ominus=-483.64kJ \cdot mol^{-1}$,则$H_2O(g)$的$\Delta_f H_m^\ominus=$________$kJ \cdot mol^{-1}$。当反应达平衡时,压缩混合气体,平衡向________移动;升高温度,平衡向________移动;恒压下引入惰性气体,平衡向________移动;恒容下引入惰性气体,平衡________移动;加入催化剂,平衡________移动(填"是"或"否")。

40. (0.86,0.34)一定温度下,反应$PCl_5(g) \rightleftharpoons PCl_3(g)+Cl_2(g)$达到平衡后,维持温度和体积不变,向容器中加入一定量的惰性气体,平衡将________移动。

二、选择题

1. (0.91,0.08)对于$A(g)+2B(g) = 3C(g)$的反应,若$v(B)=1.0\times10^{-3} mol \cdot dm^{-3} \cdot s^{-1}$,

则用产物 C 表示该反应的反应速率 v 为(　　)。

A. $0.67\times10^{-3}\,mol\cdot dm^{-3}\cdot s^{-1}$　　B. $1.0\times10^{-3}\,mol\cdot dm^{-3}\cdot s^{-1}$

C. $1.5\times10^{-3}\,mol\cdot dm^{-3}\cdot s^{-1}$　　D. $2.0\times10^{-3}\,mol\cdot dm^{-3}\cdot s^{-1}$

2. (0.85,0.21)某反应速率方程是 $v=kc^x(A)c^y(B)$，当 $c(A)$减少 50%时，v 降低至原来的 1/4；当 $c(B)$增大至原来的 2 倍时，v 增大至原来的 1.41 倍，则 x、y 分别为(　　)。

A. $x=0.5, y=1$　　B. $x=2, y=0.7$

C. $x=2, y=0.5$　　D. $x=2, y=2$

3. 已知反应：$aA+bB \rightleftharpoons cC+dD$，当 c_A、c_B 各增大 1 倍时，该反应的反应速率增大到原来的 4 倍，则该反应的反应级数等于(　　)。

A. 1　　B. 2　　C. 3　　D. 4

4. 对于基元反应 $A+2B \xrightarrow{k} C$，若将该反应的速率方程写为如下形式：$-\frac{dc_A}{dt}=k_Ac_Ac_B^2$，$-\frac{dc_B}{dt}=k_Bc_Ac_B^2$，$+\frac{dc_C}{dt}=k_Cc_Ac_B^2$，则 k_A、k_B、k_C 间的关系正确的是(　　)。

A. $k_A=\frac{1}{2}k_B=k_C$　　B. $k_A=k_B=k_C$　　C. $k_A=2k_B=k_C$　　D. $2k_A=k_B=k_C$

5. (0.76,0.38) $2A+2B=C$，速率方程为 $v=kc_{(A)}[c_{(B)}]^2$，则 A 物质反应级数为(　　)。

A. 4　　B. 3　　C. 1　　D. 2

6. 从化学动力学角度，零级反应当反应物浓度减小时，反应速率是(　　)。

A. 与反应物原始浓度呈相反的变化

B. 随反应物原始浓度的平方根而变化

C. 随反应物原始浓度的平方而变化

D. 不受反应物浓度的影响

7. (0.96,0.09)复杂反应的反应速率取决于(　　)。

A. 最快一步的反应速率　　B. 最慢一步的反应速率

C. 几步反应的平均速率　　D. 任意一步的反应速率

8. 下列各种叙述中，错误的是(　　)。

A. 质量作用定律适用于基元反应

B. 在一定条件下，每一化学反应都有各自的速率方程

C. 复杂反应的速率方程有时与质量作用定律相符合

D. 复杂反应的每一步反应的速率方程都不符合质量作用定律

9. (0.82,0.30)对于反应 $H_2(g)+I_2(g)=2HI(g)$，测得速率方程为 $v=kc(H_2)c(I_2)$，下列判断可能错误的是(　　)。

A. 反应对 H_2、I_2 来说均是一级反应　　B. 反应的总级数是 2

C. 反应一定是基元反应　　D. 反应不一定是基元反应

10. 反应速率常数 k 是(　　)。

A. 量纲为 1 的常数

B. 单位为 $mol\cdot dm^{-3}\cdot s^{-1}$

C. 单位为 $mol^2\cdot dm^{-3}\cdot s^{-1}$

D. 温度一定时，与反应级数相关的常数

11. 反应 $2NO+2H_2 \longrightarrow N_2+2H_2O$ 分两步进行：

(1) $2NO+H_2 \longrightarrow N_2+H_2O_2$，慢；

(2) $H_2O_2+H_2 \longrightarrow 2H_2O$，快。

下列各反应速率方程正确的是(　　)。

A. $v=k[c(NO)]^{3/2}c(H_2)$　　B. $v=kc(H_2O_2)c(H_2)$

C. $v=k(H_2O_2)[c(H_2)]^2$　　D. $v=k[c(NO)]^2c(H_2)$

12. (0.72，0.25)对于某化学反应，下列哪种情况下反应速率越大(　　)。

A. $\Delta_r H_m^\ominus$ 越负　　B. $\Delta_r G_m^\ominus$ 越负

C. $\Delta_r S_m^\ominus$ 越正　　D. 活化能 E_a 越小

13. 关于活化能的描述正确的是(　　)。

A. 活化分子具有的能量就是反应的活化能

B. 正逆反应的活化能绝对值相等，符号相反

C. 通常情况下，活化能越小，反应速率越慢

D. 活化能与反应的历程有关

14. 对于催化剂特性的描述，不正确的是(　　)。

A. 催化剂只能改变反应达到平衡的时间而不能改变平衡状态

B. 催化剂不能改变平衡常数

C. 催化剂在反应前后其化学性质和物理性质皆不变

D. 加入催化剂不能实现热力学上不可能进行的反应

15. 一个气相反应：$mA(g)+nB(g) \rightleftharpoons qC(g)$ 达平衡时(　　)。

A. $\Delta_r G_m^\ominus=0$　　B. $J_p=1$

C. $J_p=K_p^\ominus$　　D. 反应物分压和等于产物分压和

16. (0.96，0.06)已知下列反应的平衡常数：

$$H_2(g)+S(s) \rightleftharpoons H_2S(g),K_1^\ominus$$

$$O_2(g)+S(s) \rightleftharpoons SO_2(g),K_2^\ominus$$

则反应：$H_2(g)+SO_2(g) \rightleftharpoons O_2(g)+H_2S(g)$ 的平衡常数为(　　)。

A. $K_1^\ominus-K_2^\ominus$　　B. $K_1^\ominus \cdot K_2^\ominus$　　C. $K_2^\ominus/K_1^\ominus$　　D. $K_1^\ominus/K_2^\ominus$

17. (0.92，0.11)下列反应达平衡时，$2SO_2(g)+O_2(g) \rightleftharpoons 2SO_3(g)$，保持体积不变，加入惰性气体 He，使总压力增加一倍，则(　　)。

A. 平衡向左移动　　B. 平衡向右移动

C. 平衡不发生移动　　D. 条件不充足，不能判断

18. 乙酸铵在水中存在着如下平衡：

$$NH_3+H_2O \rightleftharpoons NH_4^++OH^- \quad K_1$$

$$HAc+H_2O \rightleftharpoons Ac^-+H_3O^+ \quad K_2$$

$$NH_4^++Ac^- \rightleftharpoons HAc+NH_3 \quad K_3$$

$$2H_2O \rightleftharpoons H_3O^++OH^- \quad K_4$$

以上四个反应平衡常数之间的关系是(　　)。

A. $K_3=K_1K_2K_4$　　B. $K_4=K_1K_2K_3$

C. $K_3K_2=K_1K_4$　　D. $K_3K_4=K_1K_2$

19. (0.88,0.26)已知反应 $A(g)+2B(l) \rightleftharpoons 4C(g)$ 的平衡常数 $K^{\ominus}=0.123$，则反应 $2C(g) \rightleftharpoons 1/2A(g)+B(l)$ 的平衡常数 $K^{\ominus}=$(　　)。

A. 8.13　　B. 2.85　　C. 0.123　　D. −0.246

20. (0.78,0.46)某温度时，化学反应 $A+\frac{1}{2}B \rightleftharpoons \frac{1}{2}A_2B$ 的平衡常数 $K=1\times10^4$，那么在相同温度下，反应 $A_2B \rightleftharpoons 2A+B$ 的平衡常数为(　　)。

A. 1×10^4　　B. 1×10^0　　C. 1×10^{-4}　　D. 1×10^{-8}

21. (0.97,0.04)下列反应的平衡常数可以用 $K_p=1/p_{H_2}$ 表示的是(　　)。

A. $H_2(g)+S(g) \rightleftharpoons H_2S(g)$　　B. $H_2(g)+S(s) \rightleftharpoons H_2S(g)$

C. $H_2(g)+S(s) \rightleftharpoons H_2S(s)$　　D. $H_2(l)+S(s) \rightleftharpoons H_2S(s)$

22. (0.90,0.19)反应 $H_2(g)+Br_2(g) \rightleftharpoons 2HBr(g)$，已知：800K，$K^{\ominus}=3.8\times10^5$；1000K，$K^{\ominus}=1.8\times10^3$，则此反应是(　　)。

A. 吸热反应　　B. 放热反应

C. 无热效应的反应　　D. 无法确定是吸热反应还是放热反应

23. (0.72,0.22)在一定条件下，一个反应达到平衡的特征是(　　)。

A. 各反应物和生成物的浓度相等　　B. 各物质浓度不随时间改变而改变

C. $\Delta_r G_m^{\ominus}=0$　　D. 正逆反应速率常数相等

24. 下列说法不正确的是(　　)。

A. 若标准态下反应 $\Delta_r G_m^{\ominus}<0$，则标准态下反应能正向自发进行

B. 催化剂可提高化学反应的速率

C. 反应速率常数的大小与反应物及生成物的浓度无关

D. 在一定温度下，反应的活化能越大，反应速率越快

25. (0.80,0.22)反应 $A(g) \rightleftharpoons C(g)$(反应开始时无 C 存在)，在 400K 时平衡常数 $K^{\ominus}=0.5$。当平衡时，体系总压力为 100kPa 时，A 的转化率是(　　)。

A. 66.7%　　B. 50%　　C. 33.3%　　D. 15%

26. 下列叙述中正确的是(　　)。

A. 反应物的转化率不随起始浓度而变

B. 一种反应物的转化率随另一种反应物的起始浓度而变

C. 平衡常数不随温度变化

D. 平衡常数随起始浓度不同而变化

27. (0.89,0.27)某温度时，反应 $CaCO_3(s) \rightleftharpoons CaO(s)+CO_2(g)$，$K^{\ominus}=0.498$，则平衡时 CO_2 分压为(　　)。

A. 50.5kPa　　B. 49.8kPa

C. 71.5kPa　　D. 取决于 $CaCO_3$ 的量

28. 21.8℃，反应 $NH_4HS(s) \rightleftharpoons NH_3(g)+H_2S(g)$ 标准平衡常数 $K_p^{\ominus}=0.070$，平衡时混合气体的总压是(　　)。

A. 7.0kPa　　B. 26kPa　　C. 53kPa　　D. 126kPa

29. 已知反应 $AB_2(aq) \rightleftharpoons A(s)+2B(aq)$ 在某温度下 $K^{\ominus}=0.10$，当总压力为 100kPa

时,若反应从下述情况开始,预计反应能向正方向进行的是(　　)。

A. 1.0dm^3容器中,$n_{AB_2}=n_B=1mol$

B. 1.0dm^3容器中,$n_{AB_2}=2.0$,$n_B=0.4mol$

C. 2.0dm^3容器中,$n_{AB_2}=1.0$,$n_B=0.5mol$

D. 2.0dm^3容器中,$n_{AB_2}=n_B=1mol$

30. 对于一个化学反应,下列说法正确的是(　　)。

A. $\Delta_r S_m^\ominus$ 越小,反应速率越快　　B. $\Delta_r H_m^\ominus$ 越小,反应速率越快

C. 活化能越大,反应速率越快　　D. 活化能越小,反应速率越快

31. (0.97,0.06)已知某化学反应是吸热反应,欲使此化学反应的速率常数和标准平衡常数都增加,则反应条件是(　　)。

A. 恒温下增加反应物浓度　　B. 升高温度

C. 恒温下加催化剂　　D. 恒温下改变总压力

32. 已知 $3O_2(g) \rightleftharpoons 2O_3(g)$反应的 $\Delta_r H_m^\ominus=288.7kJ\cdot mol^{-1}$,有利于上述化学反应进行的条件是(　　)。

A. 高温低压　　B. 高温高压　　C. 低温低压　　D. 低温高压

33. (0.91,0.17)反应 $A(g) \rightleftharpoons B(g)+2C(g)$在 1$dm^3$容器中进行,温度为 T 时,反应前体系压力为 20.26kPa,反应完毕,体系总压力为 40.52kPa,A 的转化率为(　　)。

A. 25%　　B. 50%　　C. 75%　　D. 100%

34. (0.97,0.13)某温度时,下列反应已达平衡:$CO(g)+H_2O(g) \rightleftharpoons CO_2(g)+H_2(g)$ $\Delta_r H_m^\ominus=-41.2kJ\cdot mol^{-1}$,为提高 CO 转化率可采用(　　)。

A. 压缩容器体积,增加总压力　　B. 扩大容器体积,减少总压力

C. 升高温度　　D. 降低温度

35. (0.97,0.12)(研)反应 $H_2(g)+Br_2(g) \rightleftharpoons 2HBr(g)$的 $K_c=1.86$。若将 3mol H_2,4mol Br_2和 5mol HBr 放在 10dm^3烧瓶中,则(　　)。

A. 反应将向生成更多的 HBr 方向进行

B. 反应向消耗 H_2的方向进行

C. 反应已经达到平衡

D. 反应向生成更多 Br_2的方向进行

36. (研)下列叙述正确的是(　　)。

A. 在复合反应中,反应级数与反应分子数必定相等

B. 通常,反应活化能越小,反应速率常数越大,反应越快

C. 加入催化剂,使正反应和逆反应的活化能减小相同的倍数

D. 反应温度升高,活化分子数减低,反应加快

37. (研)合成氨反应达到平衡时,有 $a$mol N_2,$b$mol H_2,$c$molNH_3,则 NH_3在反应混合物中的体积分数应为(　　)。

A. $\Delta_r S_m^\ominus \times 100\%$　　B. $\frac{c}{a+b+c}\times 100\%$

C. $\frac{c}{a+b-0.5c}\times 100\%$　　D. $\frac{c}{a+3b-2c}\times 100\%$

38. (研)分几步完成的化学反应的总平衡常数是(　　)。

A. 各步平衡常数之和　　B. 各步平衡常数之平均值

C. 各步平衡常数之差　　D. 各步平衡常数之积

39. (研)某一反应的活化能为 $65kJ \cdot mol^{-1}$,则其逆反应的活化能为(　　)。

A. $65kJ \cdot mol^{-1}$　　B. $-65kJ \cdot mol^{-1}$

C. $0.0154kJ \cdot mol^{-1}$　　D. 无法确定

40. (研)已知反应 $C(s)+H_2O(g) \rightleftharpoons CO(g)+H_2(g)$ 的 $\Delta_r H_m^\ominus = 131.3kJ \cdot mol^{-1}$,为增大水煤气的产率,应采取的措施是(　　)。

A. 增大压力　　B. 升高温度　　C. 加催化剂　　D. 降低温度

41. (0.90,0.23)在 523 K 时,$PCl_5(g) \longrightarrow PCl_3(g)+Cl_2(g)$,$K_p^\ominus=1.85$,则反应的 $\Delta_r G_m^\ominus(kJ \cdot mol^{-1})$ 为(　　)。

A. 2.67　　B. −2.67　　C. 26.38　　D. −2670

三、判断题

1. (0.79,0.25)质量作用定律是一个普遍的规律,适用于任何化学反应。(　　)

2. (0.85,0.14)对于同一化学方程式,反应进度的值与选用反应式何种物质的量变化进行计算无关。(　　)

3. (0.96,−0.02)增大系统压力,反应速率一定增大。(　　)

4. 速率方程中,若各物质浓度的方次数与方程式中对应物质的系数吻合,则该反应一定是基元反应。(　　)

5. 任一化学反应的速率方程,都可根据化学反应方程式直接写。(　　)

6. (0.93,0.07)所有反应的速率都随时间而改变。(　　)

7. 反应速率系数 k 的量纲为 1。(　　)

8. 对大多数反应而言,升高温度吸热反应的速率增大,而放热反应的速率却减小。(　　)

9. 升高温度反应速率加快的主要原因是由于增加了反应物中活化分子的百分数。(　　)

10. 反应的焓变值越大,反应速率越快。(　　)

11. 反应物浓度增大,反应速率必定增大。(　　)

12. 标准平衡常数等于标准态下达平衡时的反应商。(　　)

13. (0.85,0.35)一个化学反应 $\Delta_r G_m^\ominus$ 值越负,自发进行倾向越大,反应速率越快。(　　)

14. 对反应 $2A(g)+B(g) \rightleftharpoons 2C(g)$($\Delta_r H_m^\ominus < 0$)而言,增加压力使 A、B、C 的浓度均增加,正逆反应速率增加,但正反应速率增加的倍数大于逆反应速率增加的倍数,所以平衡向右移动。(　　)

15. (0.99,−0.02)对有气体参与的可逆反应,压力的改变不一定会引起平衡移动。(　　)

16. 某物质 298K 时分解率为 15%,373K 时分解率为 30%,由此可知该物质的分解反应为放热反应。(　　)

17. (0.99,0.01)化学平衡发生移动时,标准平衡常数一定改变。(　　)

18. 恒温下,当一化学平衡发生移动时,虽然其平衡常数不发生变化,但转化率却会改变。(　　)

19. 反应前后分子数相等的反应,改变体系的总压力对平衡没有影响。(　　)

20. 催化剂只能改变反应的活化能，而不能改变 $\Delta_r H_m^\ominus$。（　　）

21. 加正催化剂不仅可以加快正反应速率，也可以加快逆反应速率，还可以提高反应的产率。（　　）

22. (0.91,0.11)因为 $\Delta_r G_m^\ominus(T) = -2.303RT\lg K^\ominus$，所以温度升高，$K^\ominus$ 减小。（　　）

四、计算题

1. 实验表明，反应 $2NO(g)+Cl_2(g)$ ══ $2NOCl(g)$ 满足质量作用定律。

(1) 写出该反应的速率方程。

(2) 该反应的总反应级数是多少？

(3) 其他条件不变，如果将容器的体积增加至原来的 2 倍，反应速率如何变化？

(4) 如容器的体积不变，将 NO 的浓度增加至原来的 3 倍，反应速率又将如何变化？

2. 反应：O_3+NO_2 ══ O_2+NO_3，实验测得 25℃时浓度和反应速率的数据如下：

实验序号	起始浓度/($mol \cdot dm^{-3}$)		生成 O_2 的速率/($mol \cdot dm^{-3} \cdot s^{-1}$)
	NO_2	O_3	
1	5.0×10^{-5}	1.0×10^{-5}	0.022
2	5.0×10^{-5}	2.0×10^{-5}	0.044
3	2.5×10^{-5}	2.0×10^{-5}	0.022

(1) 求对不同反应物的反应级数。

(2) 计算反应的速率常数。

(3) 写出反应的速率方程。

3. 298K，反应 $SbCl_3(g)+Cl_2(g) \rightleftharpoons SbCl_5(g)$，$\Delta_f G_m^{\ominus}(SbCl_5, g)=-334.3kJ \cdot mol^{-1}$，$\Delta_f G_m^{\ominus}(SbCl_3, g)=-301.1kJ \cdot mol^{-1}$。(1)(0.68,0.38)计算 298K 时该反应的 $K^{\ominus}$。

(2) (0.30,0.37)298K 时，1.0dm^3 容器中，当 $n(SbCl_3)=n(Cl_2)=0.10mol$，$n(SbCl_5)=2.00mol$ 时，判断反应进行的方向。

4. (0.43,0.65)已知反应 $CuBr_2(s) \rightleftharpoons CuBr(s)+1/2Br_2(g)$ 的下列两个平衡态：(1)$T_1=450K$，$p_1=0.6798kPa$；(2)$T_2=550K$，$p_2=67.98kPa$。试计算反应的标准热力学数据 $\Delta_r H_m^{\ominus}(298K)$、$\Delta_r S_m^{\ominus}(298K)$、$\Delta_r G_m^{\ominus}(298K)$及标准平衡常数 $K^{\ominus}(298K)$。

5. 已知 298K 下汽车尾气的无害化反应及其相关热力学数据如下：

	$CO(g)$	+	$NO(g) \longrightarrow$	$CO_2(g)$	+	$\frac{1}{2}N_2(g)$
$\Delta_f H_m^{\ominus}/(kJ \cdot mol^{-1})$	-110.5		90.2	-393.5		
$S_m^{\ominus}/(J \cdot mol^{-1} \cdot K^{-1})$	197.7		210.8	213.7		191.6

求：(1) (0.84,0.28)$\Delta_r G_m^{\ominus}$；

(2) (0.66,0.49)$K^{\ominus}$,并判断自发反应的方向。

6. (0.54,0.48)已知反应 $2NO(g)+F_2(g) \rightleftharpoons 2NOF(g)$，$\Delta_r H_m^{\ominus}=-312.96kJ \cdot mol^{-1}$，298K 时$K_p^{\ominus}=1.37\times10^{48}$,求 500K 的 $K_p^{\ominus}$,并分析温度对该反应的影响。

7. $10.0dm^3$容器，H_2、I_2和HI混合气体，698K时反应$H_2(g)+I_2(g)\rightleftharpoons 2HI(g)$达平衡，系统中有0.10mol H_2、0.10mol I_2和0.74mol HI。若保持温度不变，再向容器中加入0.50mol HI，重新达到平衡时，H_2、I_2和HI的分压各是多少？

8. 将1.0mol N_2O_4置于密闭容器，按下式分解：$N_2O_4(g)\rightleftharpoons 2NO_2(g)$，在25℃、100kPa下达平衡，测得$N_2O_4$的转化率为50.2%，计算：

(1)(0.60,0.61)$K^{\ominus}$是多少？(2)(0.41,0.68)25℃、1000kPa达平衡时，N_2O_4的转化率及N_2O_4和NO_2的分压是多少？(3)(0.92,0.19)由计算说明压力对平衡的影响。

9. 523K，等摩尔 PCl_3、Cl_2 装入 5.0dm^3 容器，平衡时 $p_{PCl_5}=100kPa$，$K^{\ominus}=0.767$，求：(1)(0.76，0.34)开始装入 PCl_3、Cl_2 的物质的量？(2)(0.66，0.57)PCl_3 的平衡转化率？

总结与反思

1. ______

2. ______

3. ______

4. ______

5. ______

6. ______

7. ______

8. ______

9. ______

10. ______

第7章

酸 碱 平 衡

知识要点自我梳理

1. 质子理论（填空题 1～4；选择题 1～5；判断题 1～4）

酸、碱____

两性____

共轭____

2. 弱电解质解离（填空题 5～18；选择题 6～19；判断题 5～13；计算题 1,3,4(1)(3)(6)）

$K_a^{\ominus}$ ____

解离度____

稀释定律____

pH 近似计算____

H_2S 的 pH 计算____

H_3PO_4 与 PO_4^{3-} 的 pH 计算____

3. 盐溶液 pH 计算（填空题 19～23；选择题 20～23；判断题 14；计算题 2,4 (2),5)

强酸弱碱盐________________

强碱弱酸盐________________

弱酸弱碱盐________________

4. 酸碱平衡移动（填空题 24～28；选择题 24～29；判断题 15～17)

温度影响________________

同离子效应________________

盐效应________________

同离子效应计算________________

5. 缓冲溶液（填空题 29～32；选择题 30～40；判断题 18～20；计算题 4(5)(7),7,8,9)

特性________________

pH________________

缓冲能力________________

缓冲范围________________

配制原则________________

同步练习

一、填空题

1. 根据酸碱质子理论，CO_3^{2-} 是________，其共轭________是________；$[Fe(H_2O)_6]^{3+}$、$H_2PO_4^-$ 均为________，其共轭酸分别是________________、________，共轭碱分别是________________、________。

2. 酸碱质子理论中的反应均为________，在水溶液中能够稳定存在的最强碱是________，最强酸是________。

3. 已知 $CN^-(aq)+HSO_4^-(aq) \rightleftharpoons HCN(aq)+SO_4^{2-}(aq)$，则正反应中酸为________，碱为________，逆反应中酸为________，碱为________。

4. 运用酸碱质子理论，反应 $HClO_2(aq)+NO_2^-(aq) \rightleftharpoons HNO_2(aq)+ClO_2^-(aq)$ 中，强

酸是________，其共轭碱是________，弱酸是________，其共轭碱是________。

5. 弱电解质达到解离平衡后，生成的离子浓度之积与未解离弱电解质浓度之比称为________________，已解离物质的量与总物质的量之比称为________________。其中，前者仅受________影响，而后者同时受________________影响。

6. 25℃时，$K_w^\ominus=1.0\times10^{-14}$，100℃时$K_w^\ominus=5.4\times10^{-13}$，25℃时，$K_a^\ominus(HAc)=1.8\times10^{-5}$，并且忽略$K_a^\ominus(HAc)$随温度的变化，则25℃时，$K_b^\ominus(Ac^-)=$________，100℃时，$K_b^\ominus(Ac^-)=$________，后者是前者的________倍。

7. 已知298K时，浓度为$0.010mol\cdot dm^{-3}$的某一元弱酸溶液的pH为4.00，则该酸的解离常数等于________；将该酸溶液稀释后，其pH将变________，解离度α将变________，其$K_a^\ominus$将________。

8. 在相同体积、相同浓度的HAc和HCl溶液中，所含$c(H^+)$________；若用同一浓度的NaOH溶液分别中和这两种酸溶液，则达到化学计量点时，所消耗的NaOH的体积________，此时两溶液的pH________，其中pH较大的溶液是________。

9. $0.1mol\cdot dm^{-3}$ Na_3PO_4溶液中的全部物种有________________________，该溶液的pH________（填"大于""小于"或"等于"）7，$3c(Na^+)$________（填"大于""小于"或"等于"）$c(PO_4^{3-})$，$K_{b1}^\ominus(PO_4^{3-})=$________________。

10. (0.69,0.56)已知$H_2C_2O_4$的$K_{a1}^\ominus(H_2C_2O_4)=5.4\times10^{-2}$，$K_{a2}^\ominus(H_2C_2O_4)=5.3\times10^{-5}$，则$HC_2O_4^-$的$K_b^\ominus$为____________，在$0.10mol\cdot dm^{-3}$ $H_2C_2O_4$溶液中，$c(C_2O_4^{2-})$为________。

11. 二元弱酸(碱)近似看作一元弱酸(碱)的条件是____________________。

12. (研)稀释定律的数学表达式是__________，适用条件是____________________。

13. (0.71,0.36)室温$0.20mol\cdot dm^{-3}$ HCOOH溶液解离度为3.2%，其解离常数=________。

14. (0.52,0.57)(研)要使$0.1dm^3$ $4.0mol\cdot dm^{-3}$的$NH_3\cdot H_2O$的解离度增大1倍，需加入水至________dm^3。

15. (0.49,0.43)欲使$1cm^3$ $0.6mol\cdot dm^{-3}$ HF溶液解离度增加到原来的2倍，应将原溶液稀释到________cm^3。

16. pH=4.00的强酸性溶液与pH=12.00的强碱性溶液等体积混合后pH为________。

17. (0.82,0.41)HX的解离常数$K_a^\ominus(HX)=6.0\times10^{-7}$，在$0.6mol\cdot dm^{-3}$ HX和$0.9mol\cdot dm^{-3}$ NaX溶液中的pH=________。

18. (0.72,0.39)欲配制pH=9.56的NH_4Cl和$NH_3\cdot H_2O$的混合溶液，配制时需控制NH_4Cl和$NH_3\cdot H_2O$的物质的量浓度比为________。($NH_3\cdot H_2O$的$pK_b^\ominus=4.74$)

19. 已知$K_a^\ominus(HAc)=1.8\times10^{-5}$，$K_b^\ominus(NH_3\cdot H_2O)=1.8\times10^{-5}$，NaCl、$NH_4Ac$溶液中，不发生水解、水溶液呈中性的是____；发生双水解、水溶液呈中性的是________，原因为________________________。

20. $CuCl_2$为____________，水溶液呈________性。水解的化学方程式是________________________，离子方程式为________________________。

21. 同浓度NH_4Ac、NaCN、$(NH_4)_2SO_4$、HCl、NaOH溶液中，pH由大到小的顺序为________________________。

22. (0.99,0.04)组成盐的酸或碱越弱,水解程度越________。

23. $(NH_4)_2S$ 以及正三价金属离子与________弱酸形成的盐完全水解,方程式中间用________表示。其他盐的水解方程式中间用________连接。

24. (0.84,0.26)同离子效应使弱电解质的解离度________,盐效应使弱电解质的解离度________;低浓度时,后一种效应较前一种效应________得多。

25. 在氨水中加入 NH_4Cl,$NH_3 \cdot H_2O$ 的解离度________、pH ________;

加入 NaCl,$NH_3 \cdot H_2O$ 的解离度________、pH ________;

加入 HCl,$NH_3 \cdot H_2O$ 的解离度________、pH ________;

加入 NaOH,$NH_3 \cdot H_2O$ 的解离度________、pH ________;

加入 H_2O,$NH_3 \cdot H_2O$ 的解离度________、pH ________。

26. (0.88,0.25) HAc 在等浓度 NaCl、NaAc、H_2O 中解离度的大小顺序为________________。

27. 在 $0.10 mol \cdot dm^{-3}$ HAc 溶液中,若不考虑水,则浓度最大的物种是________,浓度最小的物种是________。加入少量的 $NH_4Ac(s)$后,HAc 的解离度将________,这种现象叫作________________。

28. 实验室配制 $SnCl_2$ 溶液时,必须先使其溶于少量________后再稀释至所需浓度,这是由于____________________。

29. 常见的缓冲对类型为弱酸及其对应盐、________________和多元________________;缓冲溶液中的缓冲对必为____________________________关系。

30. 缓冲溶液的缓冲范围可表示为________________,缓冲比为________________,且当缓冲比为________时,缓冲能力最强,距之越远,缓冲能力越________。

31. 欲用磷酸盐配制缓冲溶液,若以 Na_2HPO_4 为酸,缓冲对是________________,可配制成 pH 为________至________的缓冲溶液;若以 Na_2HPO_4 为碱,缓冲对是________________,可配制 pH 为________至________的缓冲溶液。(已知 H_3PO_4:$K_{a1}^{\ominus}=7.1\times10^{-3}$,$K_{a2}^{\ominus}=6.3\times10^{-8}$,$K_{a3}^{\ominus}=4.2\times10^{-13}$)

32. 缓冲溶液 pH 主要由________或________决定,但在一定范围内可由________微调。

二、选择题

1. 根据酸碱质子理论,下列各组物质均只可为酸的是( ),均只可为碱的是( ),既均可为酸、又均可为碱的是( )。

A. HS^-、HAc、NH_4^+、Na^+ B. HSO_4^-、H_2O、HPO_4^{2-}、$H_2PO_4^-$

C. HF、NH_4^+、H_2SO_4、H_3O^+ D. PO_4^{3-}、F^-、CO_3^{2-}、OH^-

2. (研) (0.90,0.07)根据酸碱质子理论,下列说法正确的是( )。

A. 同一种物质不能同时起酸和碱的作用

B. 酸只能为中性物质

C. 碱可以是阳离子

D. 碱性溶液不含 H^+

3. 根据酸碱质子理论，下列叙述中不正确的是(　　)。

A. 化学反应的方向是强酸与强碱反应生成弱酸和弱碱

B. 没有盐的概念

C. 酸越强，其共轭碱也越强

D. 解离反应、水解反应及中和反应均为质子转移反应

4. (研)若酸碱反应 $HA+B^- \rightleftharpoons HB+A^-$ 的 $K^{\ominus}=10^{-4}$，则酸性(　　)。

A. HB 强于 HA　　B. HA 强于 HB

C. HA 等于 HB　　D. 无法比较

5. (研)下列各物种中，属于 $N_2H_5^+$ 的共轭碱的是(　　)。

A. N_2H_4　　B. N_2H_5OH　　C. $N_2H_6^{2+}$　　D. NH_3

6. 在 H_2S 饱和水溶液中，下列浓度关系正确的是(　　)。

A. $2c(S^{2-})\approx c(H^+)$　　B. $c(HS^-)\approx c(H^+)$

C. $c(H_2S)\approx c(H^+)+c(HS^-)$　　D. $c(S^{2-})\approx c(H_2S)$

7. 下列说法不正确的是(　　)。

A. 用 NaOH 中和 pH 相同、体积相等的 HAc 和 HCl，所需 NaOH 的量相等

B. 用 HCl 溶液中和 pH 相同、体积相等的 $Ba(OH)_2$ 和 NaOH，所需 HCl 的量相等

C. 用 NaOH 中和物质的量浓度相同、体积相等的 HAc 和 HCl，所需 NaOH 的量相等

D. 用 HCl 中和物质的量浓度和体积相同的 KOH 和氨水所需 HCl 的量相等

8. 下列叙述中正确的是(　　)。

A. 电解质的解离度表示该电解质在溶液中解离程度的大小

B. 电解质在溶液中都是全部解离的，故解离度为 100%

C. 浓度为 1×10^{-9} mol · dm^{-3} 的盐酸溶液，pH＝9

D. 中和等体积 pH 相同的 HCl 及 HAc 溶液，所需的 NaOH 的量相同

9. (0.88,0.24)将 0.10mol · dm^{-3} HAc 加水稀释至原体积的 2 倍时，其 H^+ 浓度和 pH 变化趋势各为(　　)。

A. 增加、减小　　B. 减小、增加　　C. 增大、增大　　D. 减小、减小

10. (0.77,0.02)在一定范围内稀释草酸溶液，草酸根的浓度将(　　)。

A. 增大　　B. 不变　　C. 减小　　D. 不确定

11. H_2S 水溶液中，浓度最大的是(　　)。

A. H^+　　B. S^{2-}　　C. HS^-　　D. H_2S

12. 弱酸的强度主要与(　　)有关。

A. 浓度　　B. 解离度　　C. 解离常数　　D. 溶解度

13. (研)将物质的量浓度相等的 NaOH 和 HAc 溶液等体积混合后，有关离子物质的量浓度间必存在的关系是(　　)。

A. $c(Na^+)>c(Ac^-)>c(H^+)>c(OH^-)$

B. $c(Na^+)>c(Ac^-)>c(OH^-)>c(H^+)$

C. $c(Na^+)=c(Ac^-)>c(OH^-)>c(H^+)$

D. $c(Na^+)=c(Ac^-)>c(H^+)>c(OH^-)$

14. (研)(0.83,0.25)恒温下,某种溶液的一级解离常数约为 1.7×10^{-5},并有 1.3%解离成离子,该溶液的浓度约为(　　)$mol\cdot dm^{-3}$。

A. 0.01　　B. 0.10　　C. 1.0　　D. 2.0

15. (0.78,0.40)已知 $0.01mol\cdot dm^{-3}$的弱酸 HA 溶液有 1%的解离,它的解离常数约为(　　)。

A. 10^{-2}　　B. 10^{-6}　　C. 10^{-4}　　D. 10^{-5}

16. 某水溶液(25℃)pH 为 4.5,则此水溶液中 OH^- 的浓度(单位: $mol\cdot dm^{-3}$)为(　　)。

A. $10^{-4.5}$　　B. $10^{4.5}$　　C. $10^{-11.5}$　　D. $10^{-9.5}$

17. (0.87,0.23)下列溶液中,pH 最小的是(　　)。

A. $0.010mol\cdot dm^{-3}$ HCl　　B. $0.010mol\cdot dm^{-3}$ H_2SO_4

C. $0.010mol\cdot dm^{-3}$ HAc　　D. $0.010mol\cdot dm^{-3}$ $H_2C_2O_4$

18. 已知 $0.010mol\cdot dm^{-3}$某一元弱酸的 pH=4.55,则可推得该酸 $K_a^\ominus$ 为(　　)。

A. 5.8×10^{-2}　　B. 9.8×10^{-3}　　C. 7.9×10^{-8}　　D. 8.6×10^{-7}

19. (0.69,0.25)已知 $0.1mol\cdot dm^{-3}$一元弱酸 HR 的 pH=4.0,则 $0.1mol\cdot dm^{-3}$ NaR 溶液的 pH 是(　　)。

A. 9.0　　B. 10.0　　C. 11.0　　D. 12.0

20. (0.88,0.17)下列关于盐类水解的论述不正确的是(　　)。

A. 弱酸弱碱盐水解,溶液呈中性

B. 多元弱酸盐的水解是分步进行的

C. 加碱可以抑制弱酸盐的水解

D. 盐溶液越稀,越易水解

21. 配制 $SbCl_3$ 水溶液的正确方法应该是(　　)。

A. 先称量 $SbCl_3$ 固体于烧杯中,加入适量的水,加热搅拌溶解

B. 先称量 $SbCl_3$ 固体于烧杯中,加入适量盐酸,加热搅拌溶解,再补加适量的水

C. 先在水中加入足量 HNO_3,再加入 $SbCl_3$ 固体溶解

D. 先把 $SbCl_3$ 加入水中,再加 HCl 溶解

22. 浓度均为 $0.10mol\cdot dm^{-3}$ 的 NH_4Cl、NaCN、NH_4CN 溶液 pH 由大到小的顺序是(　　)。

A. $NH_4Cl>NaCN>NH_4CN$　　B. $NaCN>NH_4Cl>NH_4CN$

C. $NaCN>NH_4CN>NH_4Cl$　　D. $NH_4Cl>NH_4CN>NaCN$

23. 相同浓度的下列盐溶液的 pH,由小到大的顺序是 NaA、NaB、NaC、NaD(A、B、C、D 都为弱酸根),则各对应酸在同 c、同 T 时,解离度最大的酸是(　　)。

A. HA　　B. HB　　C. HC　　D. HD

24. (0.97,0.22)在稀 HAc 溶液中,加入等物质的量的固体 NaAc,混合溶液中不变的量是(　　)。

A. HAc 的解离度　　B. HAc 的解离平衡常数

C. pH　　D. OH^-的浓度

25. (0.79,0.24)在下列溶液中,HAc 解离度最大的是(　　)。

A. $0.1mol\cdot dm^{-3}$ NaAc

B. 0.1mol・dm^{-3} KCl 与 0.2mol・dm^{-3} NaCl 混合液

C. 0.2mol・dm^{-3} NaCl

D. 0.1mol・dm^{-3} NaAc 和 0.1mol・dm^{-3} KCl 混合液

26. 在下列溶液(设浓度相等)中，HAc 解离度最大的是(　　)。

A. HCl　　B. NaAc　　C. H_2O　　D. NaCl

27. 为了使 NH_3 的离解度增大，应采用的方法中较显著的为(　　)。

A. 增加 NH_3 的浓度　　B. 减小 NH_3 的浓度

C. 加入 NH_4Cl　　D. 加入 NaOH

28. 根据平衡移动原理，在 0.10mol・dm^{-3} HAc 溶液中，下列说法不正确的是(　　)。

A. 加入浓 HAc，由于反应物浓度增加，平衡向右移动，结果 HAc 解离度增大

B. 加入少量 NaOH 溶液，因为发生中和反应，平衡向右移动，结果 HAc 解离度增大

C. 用水稀释解离度增大

D. 加入少量 HCl 溶液，因为发生同离子效应，HAc 的解离度减少

29. 0.10mol・dm^{-3} HAc 在 0.10mol・dm^{-3} NaAc 中的解离度为(　　)。

A. $10K_a^\ominus$ %　　B. $1000K_a^\ominus$ %　　C. $100K_a^\ominus$ %　　D. $K_a^\ominus$ %

30. (0.92,0.09)下列各组混合液，可用作缓冲溶液的是(　　)。

A. 0.2mol・dm^{-3} HCl 与 0.1mol・dm^{-3} $NH_3 \cdot H_2O$ 等体积混合

B. 0.1mol・dm^{-3} HAc 与 0.2mol・dm^{-3} NaOH 等体积混合

C. 0.2mol・dm^{-3} HAc 与 0.1mol・dm^{-3} NaOH 等体积混合

D. 0.1mol・dm^{-3} HCl 与 0.2mol・dm^{-3} NaOH 等体积混合

31. (0.84,0.16)下列哪种溶液可用作缓冲溶液(　　)。

A. HAc＋HCl (少量)　　B. HAc＋NaOH (少量)

C. HAc＋NaCl (少量)　　D. HAc＋KCl (少量)

32. 用纯水将下列溶液稀释 10 倍时，其中 pH 变化最小的是(　　)。

A. 0.1mol・dm^{-3} HAc

B. 0.1mol・dm^{-3} $NH_3 \cdot H_2O$

C. 0.1mol・dm^{-3} NaAc

D. 0.1mol・dm^{-3} HAc＋0.1mol・dm^{-3} NaAc

33. 下列溶液中缓冲能力最大的是(　　)。

A. 0.1dm^3 0.10mol・dm^{-3} 氨水

B. 0.1dm^3 0.10mol・dm^{-3} NH_4Cl

C. 0.5dm^3 0.10mol・dm^{-3} 氨水与 0.1dm^3 0.50mol・dm^{-3} NH_4Cl 混合液

D. 0.5dm^3 0.20mol・dm^{-3} 氨水与 0.1dm^3 0.20mol・dm^{-3} NH_4Cl 混合液

34. (0.74,0.66)将等体积等浓度的 $K_2C_2O_4$ 和 KHC_2O_4 水溶液混合后，溶液的 pH 等于(　　)。

A. $pK_{a1}^\ominus(H_2C_2O_4)$　　B. $pK_{a2}^\ominus(H_2C_2O_4)$

C. $\frac{1}{2}(pK_{a1}^\ominus + pK_{a2}^\ominus)$　　D. $pK_{a2}^\ominus - pK_{a1}^\ominus$

35. 用 HSO_3^- [$K_a^\ominus(HSO_3^-) = 6.2\times10^{-8}$]和 SO_3^{2-} 配制的缓冲溶液的 pH 范围(　　)。

A. 10～12　　B. 6.2～8.2　　C. 2.4～4.0　　D. 2～4

36. (0.88,0.37)欲配制 pH=6.50 的缓冲溶液,最好选用(　　)。

A. $(CH_3)_2AsO_2H$ ($K_a^\ominus=6.40\times10^{-7}$)　　B. $ClCH_2COOH$ ($K_a^\ominus=1.40\times10^{-3}$)

C. CH_3COOH ($K_a^\ominus=1.76\times10^{-5}$)　　D. HCOOH ($K_a^\ominus=1.77\times10^{-4}$)

37. (研)(0.68,0.65)已知 H_2CO_3: $K_{a1}^\ominus=4.4\times10^{-7}$, $K_{a2}^\ominus=5.6\times10^{-11}$,欲配制 pH=9.95 的缓冲溶液,应使 $NaHCO_3$ 和 Na_2CO_3 的物质的量之比为(　　)。

A. 2∶1　　B. 1∶1　　C. 1∶2　　D. 1∶3.9×10^{-3}

38. (0.10,0.05)将 0.01mol NaOH 加到下列溶液中,NaOH 溶解后,溶液的 pH 变化最小的是(　　)。已知 $K_a^\ominus$(HAc) = 1.8×10^{-5}, H_3PO_4: $K_{a1}^\ominus=7.1\times10^{-3}$, $K_{a2}^\ominus=6.3\times10^{-8}$, $K_{a3}^\ominus=4.8\times10^{-13}$。

A. $0.10dm^3$ $0.01mol\cdot dm^{-3}$ H_3PO_4　　B. $0.10dm^3$ $0.01mol\cdot dm^{-3}$ HNO_3

C. $0.10dm^3$ $0.2mol\cdot dm^{-3}$ HAc　　D. $0.10dm^3$ $0.2mol\cdot dm^{-3}$ HNO_3

39. (研)已知 H_3PO_4: $K_{a1}^\ominus=7.1\times10^{-3}$, $K_{a2}^\ominus=6.3\times10^{-8}$, $K_{a3}^\ominus=4.8\times10^{-13}$。$Na_2HPO_4$ 和 Na_3PO_4 固体溶解在水中,其物质的量浓度相同,这时溶液的 $c(H^+)$应是(　　)。

A. 7.1×10^{-3}　　B. 6.3×10^{-8}　　C. 4.8×10^{-13}　　D. 4.3×10^{-10}

40. (0.52,0.46)已知 H_3PO_4: $K_{a1}^\ominus=7.1\times10^{-3}$, $K_{a2}^\ominus=6.3\times10^{-8}$, $K_{a3}^\ominus=4.8\times10^{-13}$。由 $HPO_4^{2-}-PO_4^{3-}$ 组成缓冲溶液,缓冲能力最大时,pH=(　　)。

A. 2.1　　B. 7.2　　C. 7.2±1　　D. 12.3

三、判断题

1. (0.95,0.09)一种酸的酸性越强,其共轭碱的碱性也越强。(　　)

2. 在 H_2S 水溶液中共存 H_2S-HS^-、HS^--S^{2-}、H_2S-S^{2-} 三种共轭酸碱对。(　　)

3. PO_4^{3-} 的碱性比 HPO_4^{2-} 的强。(　　)

4. 多元弱酸中的共轭关系是:$K_{a1}^\ominus\times K_{b1}^\ominus=K_w^\ominus$、$K_{a2}^\ominus\times K_{b2}^\ominus=K_w^\ominus$。(　　)

5. 氨水的浓度越小,解离度越大,因此溶液中 OH^- 浓度也越大。(　　)

6. 将氨水和 NaOH 溶液的浓度各稀释为原来的 1/2,则两种溶液中 $c(H^+)$分别减小为原来的 1/2。(　　)

7. (0.70,0.16) $1.0\times10^{-5}mol\cdot dm^{-3}$ HCN 中,$c(H^+)=\sqrt{cK_a^\ominus}=\sqrt{4.93\times10^{-10}\times1.0\times10^{-5}}=7.0\times10^{-8}mol\cdot dm^{-3}$,因此呈碱性。(　　)

8. 两种酸的水溶液的 pH 相同,则这两种酸的浓度必相同。(　　)

9. 相同温度下,纯水及 $0.1mol\cdot dm^{-3}$ HCl、$0.1mol\cdot dm^{-3}$ NaOH 中,水的离子积都相同。(　　)

10. 麻黄素($C_{10}H_{15}NO$)是一种一元弱碱,常用作充血药物,室温时其 $K_b^\ominus=1.4\times10^{-4}$,而 $K_b^\ominus(NH_3\cdot H_2O)=1.8\times10^{-5}$,所以等浓度的麻黄碱碱性强于等浓度的氨水。(　　)

11. (0.79,0.19)因为氢氟酸的解离度大于醋酸的解离度,因此氢氟酸的酸性强于醋酸。(　　)

12. (1.00,0.00)在一定温度下,改变溶液的 pH,水的离子积不变。(　　)

13. $1.0\times10^{-5}mol\cdot dm^{-3}$ 的盐酸溶液冲稀 1000 倍,溶液的 pH 等于 8.0。(　　)

14. 水溶液呈中性的盐必为强酸强碱盐。(　　)

15. (0.91,0.17)HAc 溶液中加入 HCl,因同离子效应,HAc 的解离度减小,溶液的 pH 增加。(　　)

16. HAc 溶液中,加入 NaAc 会使 $K_a^{\ominus}$(HAc)减小。(　　)

17. (0.97,0.09)盐效应时,因弱电解质解离平衡右移,解离度增大,因此解离平衡常数增大。(　　)

18. (0.50,0.30)缓冲对必为共轭酸碱对,其中共轭酸必为抗碱成分。(　　)

19. (0.92,0.14)有一个由 $HAc\text{-}Ac^-$ 组成的缓冲溶液,若溶液中 $c(HAc)>c(Ac^-)$,则该缓冲溶液抵抗外来酸的能力大于抵抗外来碱的能力。(　　)

20. (0.90,0.07)将 $20cm^3$ $0.1mol\cdot dm^{-3}$ HAc 与 $10cm^3$ $0.1mol\cdot dm^{-3}$ NaAc 混合,因为此时 HAc、NaAc 浓度相等,所以 $pH=pK_a^{\ominus}(HAc)$。(　　)

四、计算题

1. (研) 次氯酸广泛应用于水处理行业,并用作游泳池中的消毒剂,现已知 $0.150mol\cdot dm^{-3}$ 的 HClO 溶液的 pH 为 4.18,求 HClO 的 $K_a^{\ominus}$(HClO)。

2. 计算溶液 pH。已知 $K_{a}^{\ominus}(HCN)=6.2\times10^{-10}$，$K_{a1}^{\ominus}(H_2C_2O_4)=5.4\times10^{-2}$，$K_{a2}^{\ominus}(H_2C_2O_4)=5.3\times10^{-5}$。

(1) $0.10mol\cdot dm^{-3}$ NaCN；

(2) $0.10mol\cdot dm^{-3}$ $K_2C_2O_4$。

3.(0.62,0.57,研)身体在运动过程中产生的乳酸(HL)可由血液中的 $H_2CO_3-NaHCO_3$ 缓冲对快速去除。(1)求 $HL+HCO_{3-}$ ══ $H_2CO_3+L^-$ 的平衡常数 K。(2)如果血液中$[H_2CO_3]=1.4\times10^{-3}mol\cdot dm^{-3}$，$[HCO_3^-]=2.7\times10^{-3}mol\cdot dm^{-3}$，求此时血液的 pH。(已知：$K_{a1}^{\ominus}(H_2CO_3)=4.2\times10^{-7}$，$K_{a2}^{\ominus}(H_2CO_3)=5.6\times10^{-11}$，$K_{a}^{\ominus}(HL)=1.4\times10^{-4}$)

4.（研）计算下列各混合液的 pH。$K_a^\ominus(HAc)=1.8\times10^{-5}$，$K_b^\ominus(NH_3\cdot H_2O)=1.8\times10^{-5}$，$K_{a1}^\ominus(H_2C_2O_4)=5.4\times10^{-2}$，$K_{a2}^\ominus(H_2C_2O_4)=5.3\times10^{-5}$。

（1）$0.50mol\cdot dm^{-3}$ HAc $0.20dm^3$ 与 $0.50mol\cdot dm^{-3}$ NaOH $0.30dm^3$；

（2）$0.20mol\cdot dm^{-3}$ HAc $0.050dm^3$ 与 $0.20mol\cdot dm^{-3}$ NaOH $0.050dm^3$；

（3）$0.20mol\cdot dm^{-3}$ NH_4Cl $0.050dm^3$ 与 $0.20mol\cdot dm^{-3}$ NaOH $0.050dm^3$；

（4）$0.20mol\cdot dm^{-3}$ $0.050dm^3$ NH_4Cl 与 $0.20mol\cdot dm^{-3}$ NaOH $0.025dm^3$；

（5）$1.0mol\cdot dm^{-3}$ $H_2C_2O_4$ $0.020dm^3$ 与 $1.0mol\cdot dm^{-3}$ NaOH $0.030dm^3$；

（6）（0.66，0.56）$0.1mol\cdot dm^{-3}$ HCl 与 $0.1mol\cdot dm^{-3}$ $NH_3\cdot H_2O$ 等体积混合；

（7）（0.79，0.59）$0.2mol\cdot dm^{-3}$ HAc 与 $0.1mol\cdot dm^{-3}$ NaOH 等体积混合。

5.（0.76，0.42）计算 $0.10mol\cdot dm^{-3}$ NH_4Cl 溶液的 pH，已知 $NH_3\cdot H_2O$ 的 $K_b^\ominus=1.8\times10^{-5}$。

6.（研）(0.64,0.65)在 0.05mol·dm^{-3} KHC_2O_4溶液中加入等体积的 0.1mol·dm^{-3} $K_2C_2O_4$溶液后，求混合液的 pH。（已知 $K_{a1}^{\ominus}(H_2C_2O_4)=5.4\times10^{-2}$，$K_{a2}^{\ominus}(H_2C_2O_4)=5.3\times10^{-5}$）

7.（研）怎样用 1.0dm^{-3} 0.10mol·dm^{-3} NaH_2PO_4和 Na_2HPO_4固体，配制 pH=7 的缓冲溶液？（已知 H_3PO_4：$K_{a1}^{\ominus}=7.1\times10^{-3}$，$K_{a2}^{\ominus}=6.3\times10^{-8}$，$K_{a3}^{\ominus}=4.8\times10^{-13}$）

8. 今有三种酸$(CH_3)_2As_2O_2H$、$ClCH_2COOH$、CH_3COOH，它们的标准解离常数分别为 6.4×10^{-7}、1.4×10^{-5}、1.8×10^{-5}，问：

(1) 欲配制 pH=6.50 的缓冲溶液，选用何种酸最佳？

(2) 欲配制 1dm^3 上述溶液，需该酸与 NaOH 的质量比为多少？

9. 1.0dm^3含0.10mol HAc和0.10mol NaAc的混合液，已知$pK_a^\ominus=4.75$，求：
(1) 混合液的pH；
(2) 加入0.01mol盐酸(总体积不变)溶液的pH；
(3) 加入0.01mol NaOH(总体积不变)溶液的pH；
(4) 加水1dm^3后溶液的pH。

总结与反思

1. ____________________

2. ____________________

3. ____________________

4. ____________________

5. ____________________

6. ____________________

7. ____________________

8. ____________________

9. ____________________

10. ____________________

第8章

沉淀溶解平衡

知识要点自我梳理

1. 溶解度(填空题 1～8；选择题 1～8 ；判断题 1～9；计算题 1,2)

s(单位)________________

溶度积常数________________

二者关系________________

2. 影响因素(填空题 9～15；选择题 9～19；判断题 10～16；计算机 3,4)

温度________________

同离子效应________________

盐效应________________

其他________________

3. 溶度积规则(填空题 16～26；选择题 20～29；判断题 17～21；计算题 5～8)

J 与 *K* ________________

沉淀生成________________

沉淀完全________________

4. 沉淀溶解

多重平衡________________

判断方法________________

5. 分步沉淀

分离条件________________

先沉淀依据________________

沉淀转化________________

同步练习

一、填空题

1. $1dm^3$饱和溶液中溶有________的量称为溶解度，溶解度小于________g的物质称为难溶物。$BaSO_4$为难溶物，且在溶液中________解离，故称为________溶性________电解质。

2. 橙红色的锑酸铅$Pb_3(SbO_4)_2$是一种难溶强电解质，常用作绘制油画的颜料，锑酸铅在水中溶解解离的离子方程式为________________，溶度积常数表达式为________________。

3. 沉淀溶解平衡时，正反应速率________逆反应速率，反应自由能变________0，离子积________溶度积。（填"大于""等于"或"小于"）

4. 下列难溶电解质的溶度积常数表示式分别为$K_{sp}^{\ominus}(BaS)=$________________，$K_{sp}^{\ominus}(PbCl_2)=$________________，$K_{sp}^{\ominus}(Ag_2CrO_4)=$________________。

5. (0.76,0.43)(研)已知Ag_2CrO_4的$K_{sp}^{\ominus}=1.12\times10^{-12}$，则其溶解度为________$mol\cdot dm^{-3}$，饱和溶液中$Ag^+$的浓度为________$mol\cdot dm^{-3}$，$CrO_4^{2-}$的浓度为________$mol\cdot dm^{-3}$。

6. (0.78,0.44) PbI_2在水中的溶解度为$1.2\times10^{-3}mol\cdot dm^{-3}$，其$K_{sp}^{\ominus}=$________。

7. 在$CaCO_3(K_{sp}^{\ominus}=4.9\times10^{-9})$，$CaF_2(K_{sp}^{\ominus}=1.5\times10^{-10})$，$Ca_3(PO_4)_2(K_{sp}^{\ominus}=2.1\times10^{-33})$的饱和溶液中，$Ca^{2+}$浓度由大到小的顺序是________________。

8. (研)已知$Sn(OH)_2$，$Al(OH)_3$，$Ce(OH)_4$的$K_{sp}^{\ominus}$分别为5.0×10^{-27}，1.3×10^{-33}，2.0×10^{-28}，则它们的饱和溶液的pH由小到大的顺序是________________。

9. 同离子效应为在难溶电解质溶液中加入与之________________的离子，结果使其

$K_{sp}^{\ominus}$________,溶解度________,而且增加电荷数________________的离子,溶解度减小的更显著。

10. (0.84,0.26)盐效应为在难溶电解质溶液中加入与之________________的离子,结果使其溶解度________,$K_{sp}^{\ominus}$________。

11. 向 AgI 饱和溶液中:(填"变大""变小"或"不变")

(1) 加入固体 $AgNO_3$,则 $c(I^-)$________,$c(Ag^+)$________。

(2) 若改加更多的 AgI,则 $c(Ag^+)$将________,$c(I^-)$________。

12. (研)已知 $K_{sp}^{\ominus}(PbI_2)=7.1\times10^{-9}$,$PbI_2$溶于 0.01mol·$dm^{-3}$ KI 溶液,其溶解度为________ mol·dm^{-3}。

13. AgCl(s)在(1)水、(2)0.01mol·dm^{-3} $CaCl_2$ 溶液、(3)0.01mol·dm^{-3} NaCl 溶液、(4)0.05mol·dm^{-3} $AgNO_3$溶液中,溶解度最大的是________,最小的是________。

14. $PbSO_4$ 中加入 Na_2SO_4,可发生同离子效应和盐效应。当加入量较少时,则以________效应为主,将导致 $PbSO_4$的溶解度________;而加入量较大时,则以________效应为主,将导致 $PbSO_4$的溶解度________。

15. 含有 $CaCO_3$ 固体的水溶液中达到溶解平衡时,该溶液为________溶液,溶液中$[c(Ca^{2+})/c^{\ominus}]$和$[c(CO_3{}^{2-})/c^{\ominus}]$的乘积________ $K_{sp}^{\ominus}(CaCO_3)$。当加入少量 Na_2CO_3(s)后,$CaCO_3$的溶解度将________,这种现象称为________________。当加入少量 NaCl(s)后,$CaCO_3$的溶解度将________,这种现象称为________________。

16. 沉淀完全的标准是____________________,两种离子完全分离的判断标准是____。

17. 沉淀的转化即为________________________,转化的条件是__________________。

18. (0.84,0.30)在 0.1mol·dm^{-3} KCl 和 0.1mol·dm^{-3} K_2CrO_4混合溶液中,逐滴加入 $AgNO_3$溶液,首先产生的沉淀是____________________。已知 $K_{sp}^{\ominus}(AgCl)=1.77\times10^{-10}$,$K_{sp}^{\ominus}(Ag_2CrO_4)=1.12\times10^{-12}$。

19. AgCl 的溶度积等于 1.8×10^{-10},在 $c(Cl^-)$为 6.0×10^{-3}mol·dm^{-3}的溶液中开始生成 AgCl 沉淀时 $c(Ag^+)$是____________________ mol·dm^{-3}。

20. (0.76,0.23)(研)某溶液中含有 Ag^+、Pb^{2+}、Ba^{2+}离子,浓度均为 0.10mol·dm^{-3},往溶液中滴 K_2CrO_4 试剂,各离子开始沉淀顺序为____________________。已知 $K_{sp}^{\ominus}(Ag_2CrO_4)=1.1\times10^{-12}$,$K_{sp}^{\ominus}(BaCrO_4)=1.8\times10^{-10}$,$K_{sp}^{\ominus}(PbCrO_4)=2.8\times10^{-13}$。

21. 由 ZnS 转化为 CuS 的平衡常数应表示为______________________________。

22. 反应 $Na_2S+Ag_2CrO_4 \rightleftharpoons Ag_2S+Na_2CrO_4$的离子方程式是__________________,标准平衡常数为____________________,反应方向是自________向________。(用"左"或"右"表示)($K_{sp}^{\ominus}(Ag_2CrO_4)=1.12\times10^{-12}$、$K_{sp}^{\ominus}(Ag_2S)=1.6\times10^{-49}$)

23. 欲使沉淀溶解,需设法降低________________,使 J________ $K_{sp}^{\ominus}$。例如,使沉淀中的某离子生成________或________。

24. 在 $CaCO_3$沉淀中加入 HCl 溶液,现象为____________________,其离子反应式为______________________________,这种现象称为沉淀的酸溶解,其实质是生成了____________________。

25. (研) $BaCO_3$与 HAc 反应的平衡常数为____________________。(已知 $BaCO_3$的溶

度积常数为 $K_{sp}^{\ominus}$，HAc 及 H_2CO_3 的一、二级解离常数分别为 $K_a^{\ominus}$、$K_{a1}^{\ominus}$、$K_{a2}^{\ominus}$）

26.（0.71，0.55）某硫酸铜溶液里 Cu^{2+} 的浓度为 0.020mol・dm^{-3}，如果生成氢氧化铜（$K_{sp}^{\ominus}=2.2\times10^{-20}$）沉淀，应调整溶液的 pH 使之大于________。欲使铜离子沉淀完全，应使溶液的 pH 大于________。

二、选择题

1. 向 AgCl 饱和溶液中加水，下列叙述正确的是（　　）。

A. AgCl 的溶解度增大，$K_{sp}^{\ominus}$ 不变

B. AgCl 的溶解度、$K_{sp}^{\ominus}$ 均不变

C. AgCl 的 $K_{sp}^{\ominus}$ 增大，溶解度不变

D. AgCl 的溶解度、$K_{sp}^{\ominus}$ 均增大

2. $Sr_3(PO_4)_2$ 的溶度积 $K_{sp}^{\ominus}$ 表达式是（　　）。

A. $K_{sp}^{\ominus}=c(Sr^{2+})\,c(PO_4^{3-})$　　B. $K_{sp}^{\ominus}=c(3Sr^{2+})\,c(2PO_4^{3-})$

C. $K_{sp}^{\ominus}=\left[\dfrac{c(Sr^{2+})}{c^{\ominus}}\right]^3\left[\dfrac{c(PO_4^{3-})}{c^{\ominus}}\right]^2$　　D. $K_{sp}^{\ominus}=c(Sr_3{}^{2+})\,c[(PO_4)_2^{3-}]$

3. 下列说法中错误的是（　　）。

A. 温度一定时，当溶液中 Ag^+ 和 Cl^- 浓度的乘积等于 $K_{sp}^{\ominus}$ 值时，此溶液为 AgCl 饱和溶液

B. 向饱和 AgCl 水溶液中加入 KI，则白色 AgCl 沉淀转化为 AgI 沉淀，即 AgCl 溶解，说明 $K_{sp}^{\ominus}$(AgCl) 值增大

C. 虽然 AgI 溶液导电能力很弱，但其仍为强电解质

D. 温度一定，则 AgCl 饱和溶液中，Ag^+ 和 Cl^- 浓度的乘积是一个常数

4. Fe_2S_3 的溶度积 $K_{sp}^{\ominus}$ 与溶解度 s 之间的关系为（　　）。

A. $K_{sp}^{\ominus}=s^2$　　B. $K_{sp}^{\ominus}=5s^2$　　C. $K_{sp}^{\ominus}=81s^3$　　D. $K_{sp}^{\ominus}=108s^5$

5.（研）（0.71，0.47）已知 $K_{sp}^{\ominus}(Ag_3PO_4)=8.7\times10^{-17}$，其在水中的溶解度 $s=$（　　）mol・dm^{-3}。

A. 9.7×10^{-5}　　B. 4.2×10^{-5}　　C. 1.3×10^{-4}　　D. 7.3×10^{-5}

6.（0.67，0.55）已知 298K 时，$K_{sp}^{\ominus}(SrF_2)=2.5\times10^{-9}$，则此时 SrF_2 饱和溶液中，$c(F^-)$ 为（　　）。

A. 5.0×10^{-5} mol・dm^{-3}　　B. 3.5×10^{-5} mol・dm^{-3}

C. 1.4×10^{-3} mol・dm^{-3}　　D. 1.7×10^{-3} mol・dm^{-3}

7. 已知 $K_{sp}^{\ominus}(AB)=4.0\times10^{-10}$，$K_{sp}^{\ominus}(A_2B)=3.2\times10^{-11}$，则二者在水中的溶解度关系为（　　）。

A. $s(AB)>s(A_2B)$　　B. $s(AB)<s(A_2B)$

C. $s(AB)=s(A_2B)$　　D. 不确定

8. 一定温度时 $Zn(OH)_2$ 饱和溶液的 pH=8.3，则此时 $Zn(OH)_2$ 的 $K_{sp}^{\ominus}$ 为（　　）。

A. 8.0×10^{-18}　　B. 4.0×10^{-18}　　C. 3.2×10^{-17}　　D. 4.0×10^{-12}

9.（0.63，0.30）（研）容器内壁覆盖有 $CaSO_4$，加入 1.5mol・dm^{-3} Na_2CO_3 溶液 1.0dm^3，由 $CaSO_4$ 转化成 $CaCO_3$ 的 Ca^{2+} 质量为（　　）。（$K_{sp}^{\ominus}(CaCO_3)=2.8\times10^{-9}$，

$K_{sp}^{\ominus}(CaSO_4)=9.1\times10^{-6}$，$M_{Ca}=40$)

A. 2.4×10^2g　　B. 4.8×10^2g　　C. 60g　　D. 1.5g

10. 洗涤 $BaSO_4$ 沉淀时，为了减少沉淀的损失，应用(　　)洗涤。

A. H_2O　　B. 稀 Na_2SO_4　　C. 稀 H_2SO_3　　D. 稀 HCl

11. (0.74,0.44)欲使 $CaCO_3$ 溶液中的 Ca^{2+} 浓度增大，可采用的方法是(　　)。

A. 加入 $1.0mol\cdot dm^{-3}\ Na_2CO_3$　　B. 加入 $2.0mol\cdot dm^{-3}$ NaOH

C. 加 H_2O　　D. 降低溶液的 pH

12. (0.63,0.23)(研)已知 $Mg(OH)_2\ K_{sp}^{\ominus}=1.8\times10^{-11}$，则其饱和溶液的 pH 为(　　)。

A. 3.48　　B. 3.78　　C. 10.52　　D. 10.22

13. $PbSO_4$(s)在 $1dm^3$ 含有相同摩尔数的下列物质溶液中溶解度最大的是(　　)。

A. $Pb(NO_3)_2$　　B. Na_2SO_4　　C. NH_4Ac　　D. $CaSO_4$

14. 下列溶液中，$SrCO_3$ 溶解度最大的是(　　)。

A. $0.10mol\cdot dm^{-3}$ HAc　　B. $0.010mol\cdot dm^{-3}$ HAc

C. $0.010mol\cdot dm^{-3}\ SrCl_2$　　D. $1.0mol\cdot dm^{-3}\ Na_2CO_3$

15. 已知 $K_{sp}^{\ominus}[Mg(OH)_2]=1.8\times10^{-11}$，向 $Mg(OH)_2$ 饱和液加入 $MgCl_2$ 至 $c(Mg^{2+})=0.010mol\cdot dm^{-3}$，则该溶液 pH 为(　　)。

A. 5.26　　B. 4.37　　C. 8.75　　D. 9.63

16. CaF_2 的 $K_{sp}^{\ominus}=5.3\times10^{-9}mol\cdot dm^{-3}$，在 $c(F^-)$ 为 $3.0mol\cdot dm^{-3}$ 的溶液中 Ca^{2+} 可能的最高浓度是(　　)。

A. $1.8\times10^{-9}mol\cdot dm^{-3}$　　B. $1.8\times10^{-10}mol\cdot dm^{-3}$

C. $5.9\times10^{-10}mol\cdot dm^{-3}$　　D. $5.9\times10^{-9}mol\cdot dm^{-3}$

17. 在含有 $Mg(OH)_2$ 沉淀的饱和溶液中加入固体 NH_4Cl 后，则 $Mg(OH)_2$ 沉淀(　　)。

A. 溶解　　B. 增多　　C. 不变　　D. 无法判断

18. 当 $Mg(OH)_2$ 固体在水中建立平衡时 $Mg(OH)_2 \rightleftharpoons Mg^{2+}+2OH^-$ 时，为使 $Mg(OH)_2$ 固体量减少，需要加入少量的(　　)。

A. $NH_3\cdot H_2O$　　B. $MgSO_4$　　C. NH_4NO_3　　D. NaOH

19. $BaSO_4$ 的相对分子质量为 233，$K_{sp}^{\ominus}(BaSO_4)=1.0\times10^{-10}$，把 1.0mmol 的 $BaSO_4$ 配成 $10dm^3$ 溶液，$BaSO_4$ 没有溶解的量是(　　)。

A. 0.0021g　　B. 0.021g　　C. 0.21g　　D. 2.1g

20. (0.91,0.19)离子分步沉淀时，沉淀先后顺序为(　　)。

A. $K_{sp}^{\ominus}$ 小者先沉淀　　B. 被沉淀离子浓度大者先沉淀

C. 溶解度小者先沉淀　　D. 所需沉淀剂浓度最小者先沉淀

21. (0.94,0.20)已知 $K_{sp}^{\ominus}(Ag_2CrO_4)=1.1\times10^{-12}$，当溶液中 $c(CrO_4^{2-})=6.0\times10^{-3}mol\cdot dm^{-3}$ 时，开始生成 Ag_2CrO_4 沉淀所需 Ag^+ 最低浓度为(　　)$mol\cdot dm^{-3}$。

A. 6.8×10^{-6}　　B. 1.4×10^{-5}　　C. 9.7×10^{-7}　　D. 6.8×10^{-5}

22. (0.82,0.31)(研)已知 $K_{sp}^{\ominus}(BaSO_4)=1.1\times10^{-10}$，$K_{sp}^{\ominus}(BaCO_3)=5.1\times10^{-9}$，下列判断正确的是(　　)。

A. 因为 $K_{sp}^{\ominus}(BaSO_4)<K_{sp}^{\ominus}(BaCO_3)$，所以不能把 $BaSO_4$ 转化为 $BaCO_3$

B. 因为 $BaSO_4+CO_3^{2-} \rightleftharpoons BaCO_3+SO_4^{2-}$ 的标准平衡常数很小，所以 $BaSO_4$ 沉淀不

能转化为 $BaCO_3$ 沉淀

C. 改变 CO_3^{2-} 浓度，能使溶解度较小的 $BaSO_4$ 沉淀转化为溶解度较大的 $BaCO_3$ 沉淀

D. 改变 CO_3^{2-} 浓度，不能使溶解度较小的 $BaSO_4$ 沉淀转化为溶解度较大的 $BaCO_3$ 沉淀

23. 在含有 Pb^{2+} 和 Cd^{2+} 溶液中通入 H_2S，生成 PbS 和 CdS 沉淀时的 $c(Pb^{2+})/c(Cd^{2+})=($ $)$。

A. $K_{sp}^{\ominus}(PbS)\cdot K_{sp}^{\ominus}(CdS)$　　B. $K_{sp}^{\ominus}(CdS)/K_{sp}^{\ominus}(PbS)$

C. $K_{sp}^{\ominus}(PbS)/K_{sp}^{\ominus}(CdS)$　　D. $[K_{sp}^{\ominus}(PbS)\cdot K_{sp}^{\ominus}(CdS)]^{1/2}$

24. 为使锅垢中难溶于酸的 $CaSO_4$ 转化为易溶于酸的 $CaCO_3$，常用 Na_2CO_3 处理，反应式为 $CaSO_4+CO_3^{2-} \rightleftharpoons CaCO_3+SO_4^{2-}$，此反应的标准平衡常数为(　　)。

A. $K_{sp}^{\ominus}(CaCO_3)/K_{sp}^{\ominus}(CaSO_4)$　　B. $K_{sp}^{\ominus}(CaSO_4)/K_{sp}^{\ominus}(CaCO_3)$

C. $K_{sp}^{\ominus}(CaSO_4)\cdot K_{sp}^{\ominus}(CaCO_3)$　　D. $[K_{sp}^{\ominus}(CaSO_4)\cdot K_{sp}^{\ominus}(CaCO_3)]^{1/2}$

25. (研)下列说法正确的是(　　)。

A. 某离子沉淀完全是指全部生成了沉淀

B. 含有多种离子的溶液中，溶度积小的沉淀者一定先沉淀

C. 溶液中组成难溶电解质的离子积大于它的溶度积时，就会产生沉淀

D. 用水稀释含有 AgCl 固体的溶液时，AgCl 的溶度积不变，溶解度增大

26. AgCl 和 Ag_2CrO_4 的溶度积分别为 1.8×10^{-10} 和 1.1×10^{-12}，若用难溶盐在溶液中的浓度来表示其溶解度，则下面的叙述中正确的是(　　)。

A. AgCl 和 Ag_2CrO_4 的溶解度相等

B. 由 $K_{sp}^{\ominus}$ 的大小可以判断溶解度：AgCl 大于 Ag_2CrO_4

C. 不能由 $K_{sp}^{\ominus}$ 的大小直接判断溶解能力的大小

D. 都是难溶盐，溶解度无意义

27. (0.63,0.57)(研)已知：$K_{sp}^{\ominus}(AgCl)=1.8\times10^{-10}$，$K_{sp}^{\ominus}(Ag_2CrO_4)=2.0\times10^{-12}$。在含 Cl^- 和 CrO_4^{2-} 浓度均为 $0.3mol\cdot dm^{-3}$ 的溶液中，加 $AgNO_3$ 应是(　　)。

A. Ag_2CrO_4 先沉淀，Cl^- 和 CrO_4^{2-} 能完全分离开

B. AgCl 先沉淀，Cl^- 和 CrO_4^{2-} 不能完全分离开

C. AgCl 先沉淀，Cl^- 和 CrO_4^{2-} 能完全分离开

D. Ag_2CrO_4 先沉淀，Cl^- 和 CrO_4^{2-} 不能完全分离开

28. (研)向同浓度的 Cu^{2+}、Zn^{2+}、Hg^{2+}、Mn^{2+} 离子混合溶液中通入 H_2S 气体，则产生沉淀的先后次序是(　　)。($K_{sp}^{\ominus}$：CuS—6.0×10^{-37}，HgS—4.0×10^{-53}，MnS—2.5×10^{-13}，ZnS—2.0×10^{-25})

A. CuS、HgS、MnS、ZnS　　B. HgS、CuS、ZnS、MnS

C. MnS、ZnS、CuS、HgS　　D. HgS、ZnS、CuS、MnS

29. (0.72,0.20)$\Delta_f G_m^{\ominus}(Pb^{2+},aq)=-24.4kJ\cdot mol^{-1}$，$\Delta_f G_m^{\ominus}(I^-,aq)=-51.93kJ\cdot mol^{-1}$，

$\Delta_f G_m^\ominus(PbI_2, s) = -173.6 kJ \cdot mol^{-1}$，则 298K 时，$PbI_2$ 的 $pK_{sp}^\ominus$ 值是（　　）。

A. −7.95　　B. 7.95　　C. 18.3　　D. 15.9

三、判断题

1. 由于 AgCl 饱和溶液的导电性很弱，所以它是弱电解质。（　　）

2. 将两种分别含有 Ag^+、CrO_4^{2-} 的溶液混合，生成了 Ag_2CrO_4 沉淀。此时溶液中 $c(Ag^+) = 4.7 \times 10^{-6} mol \cdot dm^{-3}$，$c(CrO_4^{2-}) = 5.0 \times 10^{-2} mol \cdot dm^{-3}$，则 $K_{sp}^\ominus(Ag_2CrO_4) = 1.1 \times 10^{-12}$。（　　）

3. (0.97,0.13) $K_{sp}^\ominus(Ag_2CrO_4) = 1.12 \times 10^{-12}$，$K_{sp}^\ominus(AgCl) = 1.77 \times 10^{-10}$，所以 AgCl 的溶解度大于 Ag_2CrO_4 的溶解度。（　　）

4. 难溶强电解质的 $K_{sp}^\ominus$ 与温度有关。（　　）

5. 沉淀溶解平衡意为沉淀和溶解的速率相等。（　　）

6. 已知难溶强电解质 AB_2 饱和溶液中，$c(A^{2+}) = x mol \cdot dm^{-3}$，$c(B^-) = y mol \cdot dm^{-3}$，则其溶度积常数 $K_{sp}^\ominus = 4xy^2$。（　　）

7. (0.96,0.10) $K_{sp}^\ominus(AgBr) = 5.35 \times 10^{-13}$、$K_{sp}^\ominus(AgCl) = 1.77 \times 10^{-10}$，所以 AgCl 的溶解度大于 AgBr 的溶解度。（　　）

8. 两种难溶强电解质，其中 $K_{sp}^\ominus$ 小的溶解度一定小。（　　）

9. (0.62,0.34) 溶解度小的物质先沉淀。（　　）

10. 同离子效应使难溶强电解质的溶解度和溶度积减小。（　　）

11. Ag_2CrO_4 在 $0.001 mol \cdot dm^{-3}$ $AgNO_3$ 中的溶解度较在 $0.001 mol \cdot dm^{-3}$ K_2CrO_4 中小，已知 $K_{sp}^\ominus(Ag_2CrO_4) = 1.12 \times 10^{-12}$。（　　）

12. (0.87,0.25)（研）溶液中多种离子可生成沉淀时，缓慢加入沉淀剂，溶解度小的物质先沉淀。（　　）

13. 溶液中存在两种可以与同一沉淀剂生成沉淀的离子，则 $K_{sp}^\ominus$ 小的一定先生成沉淀。（　　）

14. 离子浓度和沉淀类型相同时，$K_{sp}^\ominus$ 小的一定先生成沉淀。（　　）

15. （研）所加沉淀剂越多，沉淀越完全。（　　）

16. 溶液中多种离子可生成沉淀时，缓慢加入沉淀剂，浓度大的离子先沉淀。（　　）

17. 利用沉淀法分离两种离子即为一种离子沉淀完全，另一离子尚未沉淀。（　　）

18. 沉淀完全则溶液中该离子浓度为零。（　　）

19. (0.99,0.02) 沉淀生成的条件是 $J > K_{sp}^\ominus$，溶解的条件是 $J < K_{sp}^\ominus$。（　　）

20. （研）已知 $K_{sp}^\ominus(BaSO_4) = 1.08 \times 10^{-10}$，$K_{sp}^\ominus(BaSO_3) = 5.0 \times 10^{-10}$，$K_{sp}^\ominus(BaCO_3) = 2.6 \times 10^{-9}$。向含 SO_4^{2-}、SO_3^{2-}、CO_3^{2-} 的溶液中滴加 $BaCl_2$，则生成沉淀的先后顺序为 $BaSO_4$、$BaSO_3$、$BaCO_3$。（　　）

21. （研）AgCl 的 $K_{sp} = 1.8 \times 10^{-10}$，在任何含 AgCl 固体的溶液中，$c(Ag^+) = c(Cl^-)$ 且 Ag^+ 与 Cl^- 浓度的乘积等于 $1.8 \times 10^{-10} (mol \cdot dm^{-3})^2$。（　　）

四、计算题

1. 根据下列难溶化合物在水中的溶解度，计算 $K_{sp}^{\ominus}$：

(1) AgI：1.08μg/0.50dm^3；

(2) PbF_2：0.04665g/100g。

2. 25℃时，$Mg(OH)_2$饱和溶液的 pH=10.51，求 $Mg(OH)_2$的 $K_{sp}^{\ominus}$。

3. 求 $Cu(OH)_2$在下列条件下的溶解度。(已知 $K_{sp}^{\ominus}[Cu(OH)_2]=2.2\times10^{-20}$)

(1) 纯水；(2) 0.10mol·dm^{-3} $CuSO_4$；(3) 0.010mol·dm^{-3} $Ba(OH)_2$。

4. (0.51,0.58)(研)在 0.10dm^3 0.20$mol \cdot dm^{-3}$ $MnCl_2$ 溶液中加入等体积的 0.010$mol \cdot dm^{-3}$ $NH_3 \cdot H_2O$,问在此 $NH_3 \cdot H_2O$ 中加入多少 g 固体 NH_4Cl,才不至于生成 $Mn(OH)_2$ 沉淀?(已知 $K_{sp}^{\ominus}[Mn(OH)_2]=1.9\times10^{-13}$,$K_b^{\ominus}(NH_3 \cdot H_2O)=1.8\times10^{-5}$,$NH_4Cl$ 相对分子质量:53.5)

5. 某酸性溶液中含有 Fe^{3+} 和 Fe^{2+},浓度均为 1.0$mol \cdot dm^{-3}$,向该溶液中加碱(忽略体积变化),使其 pH=3.00,问此时能否生成 $Fe(OH)_3$、$Fe(OH)_2$ 沉淀,平衡时溶液中残存的 Fe^{3+} 和 Fe^{2+} 浓度各为多少?(已知 $K_{sp}^{\ominus}[Fe(OH)_3]=2.6\times10^{-39}$,$K_{sp}^{\ominus}[Fe(OH)_2]=4.9\times10^{-17}$)

6. (0.65,0.46)(研)0.20mol·dm^{-3} $MgCl_2$溶液中杂质 Fe^{3+} 的浓度为 0.10mol·dm^{-3},欲除之,pH 应控制在何范围?(已知 $K_{sp}^{\ominus}[Fe(OH)_3]=2.6\times10^{-39}$,$K_{sp}^{\ominus}[Mg(OH)_2]=1.8\times10^{-11}$)

7. (0.82,0.40)(研)某混合液中,$c(Mn^{2+})=0.20mol\cdot dm^{-3}$、$c(Ni^{2+})=0.30mol\cdot dm^{-3}$,若通入 H_2S 气体至饱和($c(H_2S)=0.10mol\cdot dm^{-3}$),何种离子先析出?(0.34,0.55)欲使二者分离,应如何控制 pH?(已知 $K_{sp}^{\ominus}(MnS)=2.5\times10^{-13}$,$K_{sp}^{\ominus}(NiS)=1.1\times10^{-21}$,$K_{a1}^{\ominus}(H_2S)=1.0\times10^{-7}$,$K_{a2}^{\ominus}(H_2S)=1.0\times10^{-13}$)

8. (研)将 NaCl 溶液逐滴加到 0.020mol·dm^{-3} Pb^{2+} 溶液中。已知 $K_{sp}^{\ominus}(PbCl_2)=1.6\times10^{-5}$：

(1) 当 $c(Cl^-)=3.0\times10^{-4}$ mol·dm^{-3}时，有无 $PbCl_2$沉淀生成？

(2) 当 $c(Cl^-)$为多大时，开始生成 $PbCl_2$沉淀？

(3) 当 $c(Cl^-)=6.0\times10^{-2}$ mol·dm^{-3}时，$c(Pb^{2+})$为多大时才生成沉淀？

(4) 当 $c(Cl^-)$为多大时，Pb^{2+}可以沉淀完全？

总结与反思

1. ______________________________

2. ______________________________

3. ______________________________

4. ______________________________

5. ______________________________

6. ______________________________

7. ______________________________

8. ______________________________

9. ______________________________

10. ______________________________

第9章

氧化还原反应与电化学

知识要点自我梳理

1. 氧化还原反应基本概念(填空题 1～4,选择题 1～7)

氧化数________________

氧化、还原反应及氧化、还原剂________________

氧化还原电对________________

氧化还原反应配平________________

2. 原电池(填空题 5～10,选择题 8～10,判断题 1～6)

两极反应________________

电极类型________________

原电池表示________________

3. 标准电极电势(填空题 11,选择题 11～15,判断题 7～8)

标准氢电极________________

$E^{\ominus}$(Ox/Red)与 $\Delta_r G_m^{\ominus}$ 关系________

$E^{\ominus}$(Ox/Red)数据使用注意________

4. 非标准电极电势(填空题 12～15,选择题 16～23,判断题 9～12)

能斯特方程________

书写注意________

浓度影响________

生成沉淀或弱电解质影响________

电动势的能斯特方程________

E(Ox/Red)与 $\Delta_r G_m$ 关系________

5. 电极电势的应用(填空题 16～30,选择题 24～44,判断题 13～22,计算题 1～9)

推断正负极________

求电动势________

浓差电池________

判断氧化、还原性强弱________

反应方向判断________

反应先后判断________

反应程度判断________

求 $K_{sp}^{\ominus}$ 及 $K_a^{\ominus}$________

衍生电对与母电对标准电极电势关系________

6. 元素电势图(填空题 31～35,选择题 45～48,计算题 10)

计算标准电极电势________

判断歧化反应________

同步练习

一、填空题

1. $S_2O_3^{2-}$、$S_4O_6^{2-}$ 中硫原子的氧化数分别为________、________。

2. 分析下列物质中带下划线元素的氧化值：$H_2\underline{C}_2O_4$ ________、$\underline{C}H_4$ ________、$\underline{C}H_3Cl$ ________、$\underline{C}Cl_4$ ________、$H\underline{C}HO$ ________、$H_2\underline{O}_2$ ________、$K_2[\underline{Pt}Cl_6]$________。

3. 配平下列反应方程式：

(1) ________ $As_2S_3(s)$ + ________ $ClO_3^-(aq) \longrightarrow$ ________ $Cl^-(aq)$ + ________ $H_2AsO_4^-(aq)$ + ________ $SO_4^{2-}(aq)$ （酸性介质）

(2) ________ $Br_2(l)$ + ________ $IO_3^-(aq) \longrightarrow$ ________ $Br^-(aq)$ + ________ $IO_4^-(aq)$ （酸性介质）

(3)（研）________ P + ________ NaOH + ________ $H_2O \longrightarrow$ ________ NaH_2PO_2 + ________ PH_3

4.（研）反应 $As_2O_3 + HNO_3 \longrightarrow H_3AsO_4 + NO$ 配平后，NO 的化学计量数为________，反应 $ClO^- + CrO_2^- \longrightarrow Cl^- + CrO_4^{2-}$（碱性介质）配平后，$CrO_2^-$ 的化学计量数为________。

5.（研）在原电池中，流出电子的电极为________，接受电子的电极为________，在正极发生的是________反应，在负极发生的是________反应。

6. 在标准状态下，以反应 $H_2 + 2Fe^{3+} = 2H^+ + 2Fe^{2+}$ 组成原电池，负极材料用________，电极反应为____________________，正极材料为________，电极反应为____________________。该电池的电池符号为____________________。

7. 在由标准电对组成的原电池中，$E^{\ominus}$ 值大的电对为________极，$E^{\ominus}$ 值小的电对为________极；电对的 $E^{\ominus}$ 值越大，其氧化态________性越强，电对的 $E^{\ominus}$ 值越小，其还原态________性越强。

8. 若标准态下反应 $Ni + Cu^{2+} = Ni^{2+} + Cu$ 在原电池中进行，其电池符号和电动势表示式分别是____________________，____________________。

9. (0.86, 0.15)锌电极的 $E^{\ominus}(Zn^{2+}/Zn) = -0.763V$，其与标准氢电极组成原电池，试写出：

(1) 原电池符号____________________；

(2) 正极反应____________________；

(3) 负极反应____________________；

(4) 电池反应____________________；

(5) 平衡常数____________________。

10. (0.75, 0.27)（研）已知 $E^{\ominus}(MnO_4^-/Mn^{2+}) = 1.51V$，$E^{\ominus}(Cl_2/Cl^-) = 1.36V$，由电对 MnO_4^-/Mn^{2+}、Cl_2/Cl^- 组成原电池，则正极反应为____________________，

负极反应为____________，电池符号为________________________，对应电池反应为____________________________，$E^{\ominus}_{池}$=______，反应的 $K^{\ominus}$=__________，$\Delta_r G^{\ominus}_m$=__________。

11. (0.36,0.47)已知 $E^{\ominus}(I_2/I^-)=0.54V$，$E^{\ominus}(Fe^{3+}/Fe^{2+})=0.771V$，在标准状态下，$2Fe^{3+}+2I^- \longrightarrow 2Fe^{2+}+I_2$ 的反应方向为______，将上述反应设计为原电池，电池符号为________________________。

12. (研)电极电势的绝对大小无法测量，某电对的标准电极电势 $E^{\ominus}$ 是将其与______电极组成原电池，由测定该电池电动势得到电极电势的相对值，在实际测定中，常以______电极为基准，与待测电极组成原电池测定之。

13. (研)铁比铜活泼，这是因为______电对的标准电极电势 $E^{\ominus}$______于 $E^{\ominus}(Cu^{2+}/Cu)$，三氯化铁溶液腐蚀铜，这是因为______电对的 $E^{\ominus}$______于 $E^{\ominus}(Cu^{2+}/Cu)$。

14. (研)已知：$E^{\ominus}(Cl_2/Cl^-)=1.36V$，$E^{\ominus}(BrO_3^-/Br^-)=1.52V$，$E^{\ominus}(I_2/I^-)=0.54V$，$E^{\ominus}(Sn^{4+}/Sn^{2+})=0.154V$，则在 Cl_2、Cl^-、BrO_3^-、Br^-、I_2、I^-、Sn^{4+}、Sn^{2+} 各物种中最强的氧化剂是______，最强的还原剂是______，以 I^- 作还原剂，能被其还原的物种分别是______和______。

15. 根据 $E^{\ominus}(PbO_2/PbSO_4)>E^{\ominus}(MnO_4^-/Mn^{2+})>E^{\ominus}(Sn^{4+}/Sn^{2+})$，可以判断在组成电对的六种物质中，氧化性最强的是______，还原性最强的是______。

16. (研)欲把 Fe^{2+} 氧化到 Fe^{3+}，而又不引入其他金属元素，可以采用的切实可行的氧化剂为：(1)______；(2)______；(3)______。

已知：$E^{\ominus}(F_2/F^-)=2.87V$、$E^{\ominus}(Cl_2/Cl^-)=1.36V$、$E^{\ominus}(Br_2/Br^-)=1.07V$、$E^{\ominus}(I_2/I^-)=0.54V$、$E^{\ominus}(Fe^{3+}/Fe^{2+})=0.771V$、$E^{\ominus}(Cr_2O_7^{2-}/Cr^{3+})=1.33V$、$E^{\ominus}(H_2O_2/H_2O)=1.763V$。

17. (0.46,0.65)298K 下，实验测得铜锌原电池标准电动势 $E^{\ominus}_{池}=1.10V$，求电池反应：$Zn(s)+Cu^{2+}(aq) \longrightarrow Zn^{2+}(aq)+Cu(s)$ 的 $\Delta_r G^{\ominus}_m$____________，若已知 $\Delta_f G^{\ominus}_m(Zn^{2+},aq)=-147.06kJ \cdot mol^{-1}$，计算 $\Delta_f G^{\ominus}_m(Cu^{2+},aq)$ 为____________。

18. 写出下列氧化还原反应对应的 Nernst 方程。

(1) $MnO_4^-+8H^++5e \longrightarrow Mn^{2+}+4H_2O$

____，

(2) $O_2(g)+2H_2O(l)+4e \longrightarrow 4OH^-$

____。

19. 已知 $E^{\ominus}(Br_2/Br^-)=1.065V$，在 $c(Br^-)=1.0\times10^{-2}mol \cdot dm^{-3}$ 时，$E[Br_2(l)/Br^-]$=______。

20. 298.15K 下，$p(O_2)=10kPa$，pH=6.00 的溶液中，电对 O_2/OH^- 的电极电势 $E(O_2/OH^-)$=______。(已知 $E^{\ominus}(O_2/OH^-)=0.401V$)

21. 随着溶液 pH 增加，下列电对 $Cr_2O_7^{2-}/Cr^{3+}$、MnO_4^-/MnO_4^{2-}、$Fe(OH)_3/Fe(OH)_2$ 的电极电势值将分别______、______、______。(填"增大""减小"或"不变")

22. 下列氧化剂 $Cl_2(g)$、ClO_3^-、Fe^{3+}，随溶液 H^+ 浓度增加：

(1) 其氧化性增强的是____________；

(2) 其氧化性不变的是____________________。

23. 电池(−)Pt|H_2(1×10^5Pa)|H^+(0.001mol·dm^{-3})‖H^+(1mol·dm^{-3})|H_2(1×10^5Pa)|Pt(+)属于____________________电池,该电池的电动势为____________________,电池反应为____________________。

24. (0.37,0.72)(研)已知 $E^\ominus(Cu^{2+}/Cu)=0.34V$,要使反应 $Cu+2H^+ = Cu^{2+}+H_2$ 能够实现,$c(H^+)$最小为________。

25. 查表得 $E^\ominus(Cu^{2+}/Cu)=0.34V$,$E^\ominus(Zn^{2+}/Zn)=-0.763V$,则 298K 时反应:$Zn(s)+Cu^{2+}(aq) = Zn^{2+}(aq)+Cu(s)$的平衡常数 $K^\ominus$ 为________。

26. 已知下列反应所处的状态完全相同:

(1) $Cl_2(g)+2Br^-(aq) = Br_2(l)+2Cl^-(aq)$;

(2) $\frac{1}{2}Cl_2(g)+Br^-(aq) = \frac{1}{2}Br_2(l)+Cl^-(aq)$

则$\frac{z_1}{z_2}=$________,$\frac{E^\ominus_{池1}}{E^\ominus_{池2}}=$________,$\frac{E_{池1}}{E_{池2}}=$________,$\frac{\lg K_1^\ominus}{\lg K_2^\ominus}=$________。

27. (研)若原电池(−)Fe|$Fe^{2+}(c_1)$‖$Fe^{2+}(c_2)$|Fe(+)能自发放电,则 Fe^{2+} 的浓度 c_1 比 c_2________,$E^\ominus_池=$________V,放电停止,$E_池=$________V,相应氧化还原反应的$K^\ominus=$________。

28. (研)已知 $K_{sp}^\ominus[Fe(OH)_3]<K_{sp}^\ominus[Fe(OH)_2]$,$K_{sp}^\ominus(PbI_2)<K_{sp}^\ominus(PbCl_2)$,试比较下列电对 $E^\ominus$ 的相对大小:

(1) $E^\ominus[Fe(OH)_3/Fe(OH)_2]$________ $E^\ominus(Fe^{3+}/Fe^{2+})$;

(2) $E^\ominus(PbI_2/Pb)$________ $E^\ominus(PbCl_2/Pb)$;

(3) $E^\ominus(PbI_2/Pb)$________ $E^\ominus(Pb^{2+}/Pb)$;

(4) $E^\ominus(Pb^{2+}/Pb)$________ $E^\ominus(PbCl_2/Pb)$。

29. 已知半反应:$Ag^++e \longrightarrow Ag$,$E^\ominus(Ag^+/Ag)=0.799V$

$AgI(s)+e \longrightarrow Ag+I^-$,　$E^\ominus(AgI/Ag)=-0.152V$

则 $K_{sp}^\ominus(AgI)=$____________________。

30. 在 298K,100kPa 下,在酸性溶液中,$E_A^\ominus(H^+/H_2)=$________V,在碱性溶液中,$E_B^\ominus(H_2O/H_2)=$________V。

31. (0.59,0.47)根据元素电势图:$BrO_4^- \xrightarrow{1.76V} BrO_3^- \xrightarrow{1.50V} HBrO \xrightarrow{1.61V} Br_2 \xrightarrow{1.07V} Br^-$ 其中能发生歧化反应的物质是________,$E^\ominus(BrO_3^-/Br^-)=$________。

32. 已知 $E^\ominus(Cu^{2+}/Cu^+)=0.1607V$,$E^\ominus(Cu^{2+}/Cu)=0.3394V$,则 $E^\ominus(Cu^+/Cu)=$________V,铜元素的电势图为________________________________,Cu^+ 在水中________歧化。

33. (0.77,0.57)已知金元素电势图:$Au^{3+} \xrightarrow{1.36V} Au^+ \xrightarrow{1.83V} Au$,则 $E^\ominus(Au^{3+}/Au)=$________。

34. 已知 $E_A^\ominus$:$Cr_2O_7^{2-} \xrightarrow{1.36V} Cr^{3+} \xrightarrow{-0.41V} Cr^{2+} \xrightarrow{-0.86V} Cr$,则 $E^\ominus(Cr_2O_7^{2-}/Cr^{2+})=$________V。$Cr^{2+}$ 能否发生歧化反应________。

35. 某金属 M 在酸性介质中的元素电势图:$MO_3 \xrightarrow{0.5V} M_2O_5 \xrightarrow{0.2V} MO_2 \xrightarrow{0.7V} M^{3+} \xrightarrow{0.1V} M$,

判断以下氧化还原反应能否发生，如能发生写出离子反应方程式，如不能写出原因：

(1) MO_2和 M 在 $1mol \cdot dm^{-3}$的 HCl 溶液中________________；

(2) MO_3和 M^{3+}在 $1mol \cdot dm^{-3}$的 HCl 溶液中________________。

二、选择题

1. 有关氧化数的叙述，不正确的是(　　)。

   A. 氧化数是指某元素的一个原子的表观电荷数

   B. 氢的氧化数并非一定是+1，氧的氧化数并非一定是−2

   C. 氧化数可为整数或分数

   D. 氧化数在数值上与化合价相同

2. 下列化合物中，氧呈现+2 价氧化态的是(　　)。

   A. Cl_2O_5　　B. $HClO_3$　　C. $HClO_2$　　D. F_2O

3. (研)下列反应配离子作为氧化剂的是(　　)。

   A. $[Ag(NH_3)_2]Cl + KI \rightleftharpoons AgI\downarrow + KCl + 2NH_3$

   B. $2[Ag(NH_3)_2]OH + CH_3CHO \rightleftharpoons CH_3COOH + 2Ag\downarrow + 4NH_3 + H_2O$

   C. $[Cu(NH_3)_4]^{2+} + S^{2-} \rightleftharpoons CuS\downarrow + 4NH_3$

   D. $3[Fe(CN)_6]^{4-} + 4Fe^{3+} \rightleftharpoons Fe_4[Fe(CN)_6]_3$

4. (研)H_2O_2既可作氧化剂又可作还原剂，下列叙述中错误的是(　　)。

   A. H_2O_2可被氧化生成 O_2

   B. H_2O_2可被还原生成 H_2O

   C. pH 变小，H_2O_2的还原性也增强

   D. pH 变小，H_2O_2的氧化性增强

5. 下列水做氧化剂的半反应为(　　)。

   A. $O_2 + 4H^+ + 4e \longrightarrow 2H_2O$　　B. $2H^+ + 2e \longrightarrow H_2$

   C. $O_2 + 2H_2O + 4e \longrightarrow 4OH^-$　　D. $H_2O + e \longrightarrow 1/2H_2 + OH^-$

6. $K_2Cr_2O_7 + HCl \longrightarrow KCl + CrCl_3 + Cl_2 + H_2O$ 配平后，方程式中 Cl_2的系数是(　　)。

   A. 1　　B. 2　　C. 3　　D. 4

7. 某氧化剂 $YO(OH)_2^+$ 中元素 Y 的价态为+5，如果还原 7.16×10^{-4}mol $YO(OH)_2^+$ 溶液使 Y 至较低价态，则需用 $0.066mol \cdot dm^{-3}$的 Na_2SO_3溶液 $26.98cm^3$。则还原产物中 Y 元素的氧化态为(　　)。

   A. −2　　B. −1　　C. 0　　D. +1

8. 电池反应：$PbSO_4 + Zn = Zn^{2+}(0.02mol \cdot dm^{-3}) + Pb + SO_4^{2-}(0.1mol \cdot dm^{-3})$，原电池符号为(　　)。

   A. $(-)Zn|Zn^{2+}(0.02mol \cdot dm^{-3}) \| SO_4^{2-}(0.1mol \cdot dm^{-3})|PbSO_4(s)|Pb(+)$

   B. $(-)Pt|SO_4^{2-}(0.1mol \cdot dm^{-3})|PbSO_4 \| Zn^{2+}(0.02mol \cdot dm^{-3})|Zn(+)$

   C. $(-)Zn^{2+}|Zn \| SO_4^{2-}|PbSO_4|Pt(+)$

   D. $(-)Zn|Zn^{2+}(0.02mol \cdot dm^{-3})|SO_4^{2-}(0.1mol \cdot dm^{-3})|PbSO_4(s)|Pt(+)$

9. (研)发生下面反应$\frac{1}{2}H_2(s) + AgCl(s) = H^+(aq) + Cl^-(aq) + Ag(s)$的原电池

为(　　)。

A. (−)Ag | AgCl(s) | KCl(c_1) ‖ $AgNO_3$(c_2) | Ag (+)

B. (−)Pt | H_2(p) | HCl(c_1) ‖ $AgNO_3$(c_2) | Ag (+)

C. (−)Pt | H_2(p) | HCl(c_1) ‖ KCl(c_2) | AgCl(s) | Ag (+)

D. (−)Pt | H_2(p) | KCl(c) ‖ AgCl(s) | Ag (+)

10. (0.56,0.34)将下列反应设计成原电池时,不需加惰性电极的是(　　)。

A. $H_2 + Cl_2 = 2HCl$

B. $2Fe^{3+} + Cu = 2Fe^{2+} + Cu^{2+}$

C. $Ag^{+} + Cl^{-} = AgCl$

D. $2Hg^{2+} + Sn^{2+} + 2Cl^{-} = Hg_2Cl_2 + Sn^{4+}$

11. 标准氢电极是在(　　)情况下测定的。

A. $p(H_2)=100kPa, pH=0$

B. $p(H_2)=100kPa, pH=1$

C. $p(H_2)=100kPa, pH=7$

D. $p(H_2)=1kPa, pH=7$

12. 已知 $E^{\ominus}(Cl_2/Cl^-)=+1.358V$,在下列电极反应中,标准电极电势为 1.358V 的电极反应是(　　)。

A. $Cl_2 + 2e \longrightarrow 2Cl^-$　　B. $2Cl^- - 2e \longrightarrow Cl_2$

C. $1/2Cl_2 + e \longrightarrow Cl^-$　　D. 都是

13. (研)已知 $E^{\ominus}(Cr_2O_7^{2-}/Cr^{3+}) > E^{\ominus}(Fe^{3+}/Fe^{2+}) > E^{\ominus}(Cu^{2+}/Cu) > E^{\ominus}(Fe^{2+}/Fe)$,则上述诸电对各物种最强的氧化剂和最强的还原剂分别为(　　)。

A. $Cr_2O_7^{2-}, Fe^{2+}$　　B. Fe^{3+}, Cu　　C. $Cr_2O_7^{2-}, Fe$　　D. Cu^{2+}, Fe

14. 电对 MnO_4^-/Mn^{2+}、Fe^{3+}/Fe^{2+} 组成原电池,已知 $E^{\ominus}(MnO_4^-/Mn^{2+}) > E^{\ominus}(Fe^{3+}/Fe^{2+})$,则反应产物应是(　　)。

A. MnO_4^-, Fe^{2+}　　B. MnO_4^-, Fe^{3+}　　C. Mn^{2+}, Fe^{2+}　　D. Mn^{2+}, Fe^{3+}

15. 根据下列反应:$2FeCl_3 + Cu = 2FeCl_2 + CuCl_2$

$2KMnO_4 + 10FeSO_4 + 8H_2SO_4 = 2MnSO_4 + 5Fe_2(SO_4)_3 + K_2SO_4 + 8H_2O$

判断电极电势最大的电对是(　　)。

A. Fe^{3+}/Fe^{2+}　　B. Cu^{2+}/Cu　　C. Mn^{2+}/MnO_4^-　　D. MnO_4^-/Mn^{2+}

16. (0.67,0.16)某电池符号为(−)Pt | A^{3+}, A^{2+} ‖ B^{4+}, B^{3+} | Pt(+),则电池反应的产物为(　　)。

A. A^{3+}, B^{4+}　　B. A^{3+}, B^{3+}　　C. A^{2+}, B^{4+}　　D. A^{2+}, B^{3+}

17. 已知 $E^{\ominus}(Fe^{3+}/Fe^{2+})=0.77V$、$E^{\ominus}(Br_2/Br^-)=1.07V$、$E^{\ominus}(H_2O_2/H_2O)=1.78V$、$E^{\ominus}(Cu^{2+}/Cu)=0.34V$、$E^{\ominus}(Sn^{4+}/Sn^{2+})=0.15V$,则下列各物质在标准态下能够共存的是(　　)。

A. Fe^{3+}, Cu　　B. Fe^{3+}, Br_2　　C. Sn^{2+}, Fe^{3+}　　D. H_2O_2, Fe^{2+}

18. (0.87,0.23)反应 $Zn + 2Ag^+ = 2Ag + Zn^{2+}$ 组成原电池,当 $c(Zn^{2+})$ 和 $c(Ag^+)$ 均为 $1mol \cdot dm^{-3}$,在 298.15K 时,该电池的标准电动势 $E^{\ominus}_{池}$ 为(　　)。

A. $E^{\ominus}_{池} = 2E^{\ominus}(Ag^+/Ag) - E^{\ominus}(Zn^{2+}/Zn)$

B. $E^{\ominus}_{池}=[E^{\ominus}(Ag^+/Ag)]^2-E^{\ominus}(Zn^{2+}/Zn)$

C. $E^{\ominus}_{池}=E^{\ominus}(Ag^+/Ag)-E^{\ominus}(Zn^{2+}/Zn)$

D. $E^{\ominus}_{池}=E^{\ominus}(Zn^{2+}/Zn)-E^{\ominus}(Ag^+/Ag)$

19. (0.88,0.16)反应 $ClO_3^-+6H^++6e \longrightarrow Cl^-+3H_2O$，$\Delta_r G^{\ominus}_m=-839.6kJ\cdot mol^{-1}$，则 $E^{\ominus}(ClO_3^-/Cl^-)$为(　　)。

A. 1.45V　　B. 0.73V　　C. 2.90V　　D. 1.60V

20. (0.66,0.43)对于电对 Zn^{2+}/Zn，增大 Zn^{2+} 浓度标准电极电势将(　　)。

A. 增大　　B. 减小　　C. 不变　　D. 无法判断

21. 已知 $E^{\ominus}(Ni^{2+}/Ni)=-0.257V$，测得某电极 $E(Ni^{2+}/Ni)=-0.21V$，说明在该体系中必有(　　)。

A. $c(Ni^{2+})>1mol\cdot dm^{-3}$　　B. $c(Ni^{2+})<1mol\cdot dm^{-3}$

C. $c(Ni^{2+})=1mol\cdot dm^{-3}$　　D. 无法确定

22. (0.79,0.40)下列反应有关离子浓度减小一半，电极电势值增加的是(　　)。

A. $Cu^{2+}+2e = Cu$　　B. $I_2+2e = 2I^-$

C. $2H^++2e = H_2$　　D. $Fe^{3+}+e = Fe^{2+}$

23. (0.78,0.53)下列电极反应中有关离子浓度增大5倍，电极电势值保持不变的是(　　)。

A. $Cu^{2+}+2e = Cu$

B. $MnO_4^-+8H^++5e = Mn^{2+}+4H_2O$

C. $Cl_2+2e = 2Cl^-$

D. $Cr^{3+}+e = Cr^{2+}$

24. 当溶液中增加 $c(H^+)$时，氧化能力不增强的氧化剂是(　　)。

A. NO_3^-　　B. $Cr_2O_7^{2-}$　　C. O_2　　D. AgCl

25. 电极电势与 pH 无关的电对是(　　)。

A. H_2O_2/H_2O　　B. IO_3^-/I^-　　C. MnO_2/Mn^{2+}　　D. MnO_4^-/MnO_4^{2-}

26. 关于浓差电池，下列描述正确的是(　　)。

A. $E^{\ominus}_{池}\neq 0, E_{池}=0$　　B. $E^{\ominus}_{池}=0, E_{池}\neq 0$

C. $E^{\ominus}_{池}=0, E_{池}=0$　　D. $E^{\ominus}_{池}\neq 0, E_{池}\neq 0$

27. 已知标准氯电极的电极电势为1.36V，当氯离子浓度减少到 $0.1mol\cdot dm^{-3}$，氯气分压减少到10kPa时，该电极的电极电势为(　　)。

A. 1.36V　　B. 1.39V　　C. 1.33V　　D. 1.30V

28. (研)已知

(1) $4Fe^{3+}+Sn = 4Fe^{2+}+Sn^{4+}$ ……… $E^{\ominus}_{池1}$

(2) $4Ag^++Sn = 4Ag+Sn^{4+}$ ……… $E^{\ominus}_{池2}$

(3) $Ag^++Fe^{2+} = Ag+Fe^{3+}$ ……… $E^{\ominus}_{池3}$

则 $E^{\ominus}_{池1}=$(　　)。

A. $E^{\ominus}_{池2}+E^{\ominus}_{池3}$　　B. $E^{\ominus}_{池2}-E^{\ominus}_{池3}$　　C. $4E^{\ominus}_{池3}-E^{\ominus}_{池2}$　　D. $E^{\ominus}_{池2}-4E^{\ominus}_{池3}$

29. (研)原电池 $Pb|Pb^{2+}(c_1)\parallel Cu^{2+}(c_2)|Cu(+)$，$E^{\ominus}_{池}=0.47V$，如果 $c(Pb^{2+})$减少到 $0.10mol\cdot dm^{-3}$，而 $c(Cu^{2+})$不变，则 $E_{池}$ 变为(　　)。

A. 0.41V　　B. 0.44V　　C. 0.50V　　D. 0.53V

30. (0.51,0.80)反应 $Zn+2H^+(a\text{mol}\cdot dm^{-3})$ ══ $Zn^{2+}(1\text{mol}\cdot dm^{-3})+H_2(1\times 10^5\text{Pa})$,已知电动势为 0.46V,$E^\ominus(Zn^{2+}/Zn)=-0.763V$,则氢电极溶液中 pH 为(　　)。

A. 10.2　　B. 2.5　　C. 3.0　　D. 5.1

31. (0.55,0.71)某电池(−)A|$A^{2+}(0.1\text{mol}\cdot dm^{-3})$ ‖ $B^{2+}(0.01\text{mol}\cdot dm^{-3})$|B(+)电动势 $E_{池}$ 为 0.27V,则该电池的标准电动势 $E^\ominus_{池}$ 为(　　)。

A. 0.24V　　B. 0.27V　　C. 0.30V　　D. 0.33V

32. 已知 $E^\ominus(Cu^{2+}/Cu^+)=0.158V$,$E^\ominus(Cu^+/Cu)=0.522V$,则反应 $2Cu^+$ ══ $Cu^{2+}+Cu$的 $K^\ominus$ 为(　　)。

A. 6.93×10^{-7}　　B. 1.98×10^{12}　　C. 1.4×10^6　　D. 4.8×10^{-13}

33. (0.31,0.58)25℃时,原电池符号如下,相应原电池反应的平衡常数 $K^\ominus$ 为(　　)。

(−)Ag|$Ag^+(0.1\text{mol}\cdot dm^{-3})$ ‖ $Ag^+(0.5\text{mol}\cdot dm^{-3})$|Ag (+)

A. 0　　B. $\frac{1}{5}$　　C. 5　　D. 1

34. (研)有一个原电池由两个氢电极组成,其中有一个是标准氢电极,为了得到最大的电动势,另一个电极浸入的酸性溶液为(　　)。

A. $0.1\text{mol}\cdot dm^{-3}$ HCl

B. $0.1\text{mol}\cdot dm^{-3}$ H_3PO_4

C. $0.1\text{mol}\cdot dm^{-3}$ HAc

D. $0.1\text{mol}\cdot dm^{-3}$ HAc+$0.1\text{mol}\cdot dm^{-3}$ NaAc

35. 在一个氧化还原反应中,若两电对的电极电势值相差很大,则可判断(　　)。

A. 该反应是可逆反应　　B. 该反应的反应速度很大

C. 该反应能剧烈地进行　　D. 该反应的反应趋势很大

36. (0.64,0.07)氧化还原反应在特定温度下的 $\Delta_r G^\ominus_m$ 可由下列测量计算的是(　　)。

A. 该温度下反应的平衡常数 K

B. 速率常数随温度的变化

C. 该温度下相应电池的标准电动势 $E^\ominus_{池}$

D. 该温度下反应的 $\Delta_r H^\ominus_m$

37. (0.51,0.63)对于一个指定的氧化还原反应,下列判断合理的一组是(　　)。

A. $\Delta_r G^\ominus_m>0$,$E^\ominus_{池}<0$,$K^\ominus<1$　　B. $\Delta_r G^\ominus_m>0$,$E^\ominus_{池}<0$,$K^\ominus>1$

C. $\Delta_r G^\ominus_m<0$,$E^\ominus_{池}<0$,$K^\ominus>1$　　D. $\Delta_r G^\ominus_m<0$,$E^\ominus_{池}>0$,$K^\ominus<1$

38. (0.81,0.40)(研)反应方程式:$2Fe^{3+}+Sn^{2+}$ ══ $Sn^{4+}+2Fe^{2+}$ 与 $Fe^{3+}+\frac{1}{2}Sn^{2+}$ ══ $\frac{1}{2}Sn^{4+}+Fe^{2+}$,下列说法正确的是(　　)。

A. 两式 $E^\ominus_{池}$、$\Delta_r G^\ominus_m$、$K^\ominus_c$ 都相等

B. 两式 $E^\ominus_{池}$、$\Delta_r G^\ominus_m$、$K^\ominus_c$ 都不相等

C. 两式 $\Delta_r G^\ominus_m$ 相等,$E^\ominus_{池}$、$K^\ominus_c$ 不相等

D. 两式 $E^\ominus_{池}$相等,$\Delta_r G^\ominus_m$、$K^\ominus_c$ 不相等

39. (0.68,0.46)下列电对 $E^\ominus$ 值最小的是(　　)。

A. $E^\ominus(Ag^+/Ag)$　　B. $E^\ominus(AgCl/Ag)$

C. $E^{\ominus}(AgBr/Ag)$　　D. $E^{\ominus}(AgI/Ag)$

40. 下列电对 $E^{\ominus}$ 值最大的是(　　)。

A. H^+/H_2　　B. H_2O/H_2　　C. HAc/H_2　　D. HF/H_2

41. (研)下列电对 $E^{\ominus}$ 值最大的是(　　)。

A. $E^{\ominus}(MnS/Mn)$　　B. $E^{\ominus}(MnCO_3/Mn)$

C. $E^{\ominus}[Mn(OH)_2/Mn]$　　D. $E^{\ominus}(Mn^{2+}/Mn)$

42. 已知 $E^{\ominus}(M^{3+}/M^{2+}) > E^{\ominus}[M(OH)_3/M(OH)_2]$，则 $K_{sp}^{\ominus}[M(OH)_3]$ 与 $K_{sp}^{\ominus}[M(OH)_2]$的关系是(　　)。

A. $K_{sp}^{\ominus}[M(OH)_3] > K_{sp}^{\ominus}[M(OH)_2]$　　B. $K_{sp}^{\ominus}[M(OH)_3] < K_{sp}^{\ominus}[M(OH)_2]$

C. $K_{sp}^{\ominus}[M(OH)_3] = K_{sp}^{\ominus}[M(OH)_2]$　　D. 无法判断

43. 已知 $E^{\ominus}(H_3AsO_4/H_3AsO_3) = +0.58V$，$E^{\ominus}(I_2/I^-) = +0.54V$，关于反应：$H_3AsO_3 + I_2 + H_2O \rightleftharpoons H_3AsO_4 + 2I^- + 2H^+$，下列描述中错误的是(　　)。

A. 标准状态下正反应不能自发进行

B. 该反应 $K^{\ominus}$ 计算式为 $\lg K^{\ominus} = \frac{2}{0.0592} \times 0.04$

C. 溶液 pH 改变，反应进行的方向会发生改变

D. 溶液 pH 增大，As(Ⅴ)的氧化性减弱

44. 已知 $PbSO_4 + 2e = Pb + SO_4^{2-}$，$E^{\ominus} = -0.359V$；$Pb^{2+} + 2e = Pb$，$E^{\ominus} = -0.126V$，则 $PbSO_4$的溶度积为(　　)。

A. 3.4×10^{-7}　　B. 1.3×10^{-8}　　C. 1.2×10^{-6}　　D. 7.7×10^{-10}

45. (0.88，0.25)根据铬在酸性溶液中的元素电势图可知，$E^{\ominus}(Cr^{2+}/Cr)$为(　　)。

$$Cr^{3+} \xrightarrow{-0.41V} Cr^{2+} \longrightarrow Cr$$
$$\underbrace{Cr^{3+} \qquad\qquad\qquad Cr}_{-0.74V}$$

A. $-0.58V$　　B. $-0.91V$　　C. $-1.32V$　　D. $-1.81V$

46. (0.61，0.52)已知 $E^{\ominus}(I_2/I^-) = 0.54V$，$E^{\ominus}(IO^-/I^-) = 0.49V$，则 $E^{\ominus}(IO^-/I_2)$为(　　)。

A. $0.05V$　　B. $-0.05V$　　C. $1.03V$　　D. $0.44V$

47. $MnO_4^- \xrightarrow{0.56V} MnO_4^{2-} \xrightarrow{2.26V} MnO_2 \xrightarrow{0.95V} Mn^{3+} \xrightarrow{1.51V} Mn^{2+} \xrightarrow{-1.18V} Mn$，由上述电势图判断其中不能稳定存在可发生歧化反应的是(　　)。

A. Mn^{3+}和 Mn^{2+}　　B. Mn^{3+}和 MnO_4^{2-}

C. Mn^{3+}和 MnO_2　　D. MnO_2和 MnO_4^{2-}

48. (0.87，0.36)已知 H_2O_2的电势图如下，说明 H_2O_2的歧化反应(　　)。

酸性介质中：$O_2 \xrightarrow{0.67V} H_2O_2 \xrightarrow{1.77V} H_2O$

碱性介质中：$O_2 \xrightarrow{-0.08V} H_2O_2 \xrightarrow{0.87V} OH^-$

A. 只在酸性介质中发生　　B. 只在碱性介质中发生

C. 无论在酸碱介质中都发生　　D. 无论在酸碱介质中都不发生

三、判断题

1. 不论原电池还是电解池，发生氧化反应的极为阳极，发生还原反应的极为阴极。(　　)

2. 盐桥中的电解质不参与电池反应。(　　)

3. $Cr_2O_7^{2-}/Cr^{3+}$ 对应的电极为 $Pt|Cr_2O_7^{2-},Cr^{3+}$。(　　)

4. 理论上所有氧化还原反应都能借助一定装置设计为原电池。(　　)

5. (0.15,0.02)能组成原电池的反应都是氧化还原反应。(　　)

6. $H_2(p^\ominus)+Cl_2(p^\ominus)\longrightarrow 2HCl(c^\ominus)$ 对应的原电池如下表示。(　　)

$$(-)Pt,H_2(p^\ominus)|H^+(c^\ominus)\parallel Cl_2(p^\ominus)|Cl^-(c^\ominus),Pt(+)$$

7. (研)$Ag^+ + e = Ag, E^\ominus = 0.799V, 2Ag^+ + 2e = 2Ag, E^\ominus = 1.598V$。(　　)

8. (0.75,0.02)原电池中正极电对的氧化型物种浓度或分压增大，电池电动势增大；负极电对的氧化型物种浓度或分压降低，电池电动势也增大。(　　)

9. (0.88,0.14)$FeCl_3$、$KMnO_4$ 和 H_2O_2 是常见的氧化剂，当溶液中 $c(H^+)$ 增大时，它们的氧化能力都增加。(　　)

10. (0.73,0.38)电极电势值越大，氧化态的氧化能力越强。(　　)

11. 固体、纯液体及稀溶液中的溶剂在 Nernst 方程表达式中不要出现。(　　)

12. 氢电极的电极电势是零。(　　)

13. (0.53,0.56)电极电势表中，电对的标准电极电势相距越远，反应速率越快。(　　)

14. 浓差电池的 $E_{池}=0V, \Delta_r G_m^\ominus = 0kJ\cdot mol^{-1}$。(　　)

15. 对于氧化还原反应，$\Delta_r G_m = zFE_{池}$。(　　)

16. 对于氧化还原反应，$E_{池}=\dfrac{0.0592}{n}\lg K^\ominus$。(　　)

17. (0.96,0.00)氧化还原反应达平衡时，标准电动势和标准平衡常数均为零。(　　)

18. (0.64,0.25)原电池电动势与电池反应的书写系数无关，而标准平衡常数与方程式的书写形式有关。(　　)

19. (0.71,0.30)(研)已知 MX 是难溶盐，可推知 $E^\ominus(M^{2+}/MX) < E^\ominus(M^{2+}/M^+)$。(　　)

20. (研)Ag(Ⅰ)的氧化性由于生成难溶盐而减弱。(　　)

21. 由于 $E^\ominus(Cu^{2+}/Cu^+)=0.152V, E^\ominus(I_2/I^-)=0.536V$，故 Cu^{2+} 和 I^- 不能发生氧化还原反应。(　　)

22. (0.84,0.09)电池反应 $A+\frac{1}{2}B^{2+} = A^+ + \frac{1}{2}B$ 改写为 $2A+B^{2+} = 2A^+ + B$ 时，反应的 $E_{池}^\ominus$ 不变，而 $\Delta_r G_m^\ominus$ 改变。(　　)

四、计算题

1. 已知 $E^\ominus(Cu^{2+}/Cu)=0.34V, E^\ominus(Zn^{2+}/Zn)=-0.763V$，两个电极组成的原电池为 Daniell 电池。(1)(0.99,0.04)写出电池的正极反应和负极反应；(2)(0.90,0.19)用电池符号表示原电池[设 $c(Cu^{2+})=1.00mol\cdot dm^{-3}, c(Zn^{2+})=0.10mol\cdot dm^{-3}$]；(3)(0.96,

0.12)计算(2)条件下该电池反应的电动势 $E_{池}$；(4)(0.69,0.34)计算该原电池反应的标准平衡常数 $K^{\ominus}$ 和 $\Delta_r G_m^{\ominus}$。

2. 锌电极 $E^{\ominus}(Zn^{2+}/Zn)=-0.7630V$ 与饱和甘汞电极 $E^{\ominus}(Hg_2Cl_2/Hg)=0.2415V$ 组成的原电池，试写出或计算：

(1) (0.23,0.40)原电池符号；

(2) (0.80,0.29)正极反应和负极反应；

(3) (0.70,0.31)电池反应；

(4) (0.95,0.15)电池反应的电动势 $E_{池}^{\ominus}$；

(5) (0.74,0.40)电池反应的标准平衡常数 $K^{\ominus}$。

3. 将下面电池反应用电池符号表示之，并由电动势 $E_{池}$ 和自由能变化 $\Delta_r G_m$ 判断反应从左向右能否自发进行？（已知 $E^{\ominus}(Cu^{2+}/Cu)=0.34V$，$E^{\ominus}(Cl_2/Cl^-)=1.36V$）

(1) $\frac{1}{2}Cu(s)+\frac{1}{2}Cl_2(100kPa) = \frac{1}{2}Cu^{2+}(1mol \cdot dm^{-3})+Cl^-(1mol \cdot dm^{-3})$；

(2) $Cu(s)+2H^+(0.01mol \cdot dm^{-3}) = Cu^{2+}(0.1mol \cdot dm^{-3})+H_2(90kPa)$。

4. 将 $Cr_2O_7^{2-}/Cr^{3+}$ 与 I_2/I^- 组成原电池，在 298.15K 时，$c(Cr_2O_7^{2-})$ 为 0.10mol·dm^{-3}，$c(I^-)$ 为 $x$mol·dm^{-3}，其他离子浓度皆为 1.0mol·dm^{-3}，原电池的电动势为 0.751V，求：

(1) (0.35，0.61) $c(I^-)$；

(2) 写出原电池符号；

(3) (0.42，0.76) 计算该条件下上述氧化还原反应的 $\Delta_r G_m$ 及 298.15K 时的 $K^{\ominus}$。

(已知 $E^{\ominus}(Cr_2O_7^{2-}/Cr^{3+})=1.36V$，$E^{\ominus}(I_2/I^-)=0.54V$)

5. 已知 $E^{\ominus}(Cu^{2+}/Cu^+)=0.159V$，CuI 的 $K_{sp}^{\ominus}=1.27\times10^{-12}$，求 $E^{\ominus}(Cu^{2+}/CuI)$。

6. (0.62,0.53)已知 $E^{\ominus}(HCN/H_2)=-0.545V$,$E^{\ominus}(H^+/H_2)=0.000V$,求$K_a^{\ominus}(HCN)$。

7. 实验室常用二氧化锰与盐酸反应制备Cl_2,有关电对及标准电极电势如下:

$$E^{\ominus}(MnO_2/Mn^{2+})=1.23V, \quad E^{\ominus}(Cl_2/Cl^-)=1.36V$$

(1) (0.89,0.28)写出并配平该氧化还原反应方程式;

(2) (0.67,0.63)计算该反应的$E^{\ominus}_{池}$并说明在标态下该反应能否向右进行;

(3) (0.47,0.79)若改用浓 HCl(12mol · dm^{-3}),且 $c(Mn^{2+})=1.0mol \cdot dm^{-3}$,$p(Cl_2)=100kPa$。计算 $E_{池}$ 并说明该反应能否向右进行;

(4) (0.20,0.40)用电池符号表示能发生的反应。

8.(研)已知电对 $H_3AsO_4+2H^++2e \longrightarrow H_3AsO_3+H_2O$ 的 $E^{\ominus}=0.581V$,$E^{\ominus}(I_2/I^-)=0.535V$,求:

(1) 反应 $H_3AsO_3+I_2+H_2O \longrightarrow H_3AsO_4+2I^-+2H^+$ 在25℃时的 $K^{\ominus}$;

(2) 如果溶液 pH=7.00,反应向何方向进行?(其他物质浓度均为标准态)

(3) 如果溶液 H^+ 浓度为 $6mol \cdot dm^{-3}$,反应向何方向进行?(其他物质浓度均为标准态)

9.(0.67,0.67)$PbSO_4$ 的 $K_{sp}^{\ominus}$ 可用如下方法测得:选择 Cu^{2+}/Cu 和 Pb^{2+}/Pb 两个电对组成原电池,在 Cu^{2+}/Cu 半电池中使 $c(Cu^{2+})=1.0mol \cdot dm^{-3}$;在 Pb^{2+}/Pb 半电池中加入 SO_4^{2-},产生 $PbSO_4$ 沉淀,并调至 $c(SO_4^{2-})=1.0mol \cdot dm^{-3}$。实验测得该电池的电动势 $E_{池}=0.62V$(已知铜为正极),计算 $PbSO_4$ 的 $K_{sp}^{\ominus}$。(已知:$E^{\ominus}(Pb^{2+}/Pb)=-0.1263V$,$E^{\ominus}(Cu^{2+}/Cu)=0.34V$)

10. 已知铟的元素电势图：

$E_A^{\ominus}/V \quad In^{3+} \xrightarrow{-0.45V} In^{2+} \xrightarrow{-0.35V} In^{+} \xrightarrow{-0.22V} In$

$E_B^{\ominus}/V \quad In(OH)_3 \xrightarrow{-1.00V} In$

求：

(1) $In(OH)_3$的溶度积常数；

(2) 反应 $In(OH)_3(s) + 3H^+ \xlongequal{} In^{3+} + 3H_2O$ 的平衡常数。

总结与反思

1. ______________________________

2. ______________________________

3. ______________________________

4. ______________________________

5. ______________________________

6. ______________________________

7. ______________________________

8. ______________________________

9. ______________________________

10. ______________________________

第10章

配位平衡

知识要点自我梳理

1. 配位解离平衡(填空题 1～5,选择题 1～13,判断题 1～3)

逐级稳定常数 $K^{\ominus}_{f_j}$ ____________________

$K^{\ominus}_{f}$ 与 $K^{\ominus}_{f_j}$ ____________________

$K^{\ominus}_{f}$ 与 $K^{\ominus}_{d}$ ____________________

2. 配位平衡与多种平衡的相互转化(填空题 6～16,选择题 14～22,判断题 4～18,计算题 1～10)

K_f 与 K_a ____________________

配离子取代 ____________________

K_f 与 K_{sp} ____________________

K_f 与 E ____________________

同步练习

一、填空题

1. 已知$[Ag(NH_3)_2]^+$的逐级稳定常数为$K_f^\ominus(1)=1.74\times10^3$；$K_f^\ominus(2)=6.46\times10^3$，则其总的不稳定常数$K_d^\ominus$为________，第一级不稳定常数$K_d^\ominus(1)$为________。

2. 配合物$[HgI_4]^{2-}$的第三级稳定常数的表达式为$K_f^\ominus(3)=$________；第二级不稳定常数的表达式为$K_d^\ominus(2)=$________。

3. 已知相同浓度的$[FeF_6]^{3-}$溶液和$[Fe(CN)_6]^{3-}$溶液中，前者的$c(Fe^{3+})$大于后者的$c(Fe^{3+})$。因此可知前者的$K_f^\ominus([FeF_6]^{3-})$比$K_f^\ominus([Fe(CN)_6]^{3-})$____________，而$K_d^\ominus([Fe(CN)_6]^{3-})$比$K_d^\ominus([FeF_6]^{3-})$________。

4. 已知配离子$[Cu(NH_3)_4]^{2+}$的逐级稳定常数的对数值从$\lg K_f^\ominus(1)\sim\lg K_f^\ominus(4)$依次为4.31，3.67，3.04，2.30。则其总的稳定常数$K_f^\ominus$为________，总的不稳定常数$K_d^\ominus$为________。

5. 25℃时，在Cu^{2+}的氨水溶液中，平衡时$c(NH_3)=6.7\times10^{-4}\ mol\cdot dm^{-3}$，并认为有50%的$Cu^{2+}$形成了配离子$[Cu(NH_3)_4]^{2+}$，余者以$Cu^{2+}$形式存在。则$[Cu(NH_3)_4]^{2+}$的不稳定常数为________。

6. 已知$[Cu(OH)_4]^{2-}+4NH_3 \rightleftharpoons [Cu(NH_3)_4]^{2+}+4OH^-$的$K^\ominus>1$，则$K_f^\ominus([Cu(OH)_4]^{2-})$比$K_f^\ominus([Cu(NH_3)_4]^{2+})$________，该反应向________进行。

7. 在$[Co(NH_3)_6]Cl_2$溶液中，存在下列平衡：$[Co(NH_3)_6]^{2+} \rightleftharpoons Co^{2+}+6NH_3$；若加入HCl溶液，由于____________，平衡向________移动；若加入氨水，由于____________，平衡向________移动。

8. A、B两种配体均能与某金属离子M形成配离子$[MA_6]$和$[MB_6]$(均略去电荷)。在相同浓度的$[MA_6]$和$[MB_6]$溶液中，前者的游离金属离子M的浓度$c(M)$比后者的要大。则在溶液中$K_d^\ominus(MA_6)$比$K_d^\ominus(MB_6)$________，在标准状态下配体取代反应$[MA_6]+6B \rightleftharpoons [MB_6]+6A$将向________进行。

9. (0.82，0.43)AgCl在氨水中溶解是由于沉淀转化为________，AgX的$K_{sp}^\ominus$越大，则在氨水中的溶解度也越________。

10. 比较下列电极电势的相对大小：

$E^\ominus(Hg^{2+}/Hg)$________$E^\ominus([HgI_4]^{2-}/Hg)$；

$E^\ominus(Cu^{2+}/Cu^+)$________$E^\ominus(Cu^{2+}/[CuI_2]^-)$；

$E^\ominus(Fe^{2+}/Fe)$________$E^\ominus([Fe(CN)_6]^{4-}/Fe)$；

$E^\ominus([PtCl_4]^{2-}/Pt)$________$E^\ominus(Pt^{2+}/Pt)$。

11. (0.81，0.40)已知$K_f^\ominus([Co(NH_3)_6]^{3+})>K_f^\ominus([Co(NH_3)_6]^{2+})$，则配离子$[Co(NH_3)_6]^{3+}$在水溶液中的稳定性比$[Co(NH_3)_6]^{2+}$________(高/低)，则$E^\ominus([Co(NH_3)_6]^{3+}/[Co(NH_3)_6]^{2+})$________$E^\ominus(Co^{3+}/Co^{2+})$。

12. $E^\ominus(Pb^{2+}/Pb)$比$E^\ominus([PbI_4]^{2-}/Pb)$________，这是由于在$[PbI_4]^{2-}/Pb$系统中________的浓度变________所致。当$[PbI_4]^{2-}/Pb$处于标准态时，$c(I^-)=$________

$mol \cdot dm^{-3}$。

13. 已知 $K_d^{\ominus}([FeCl]^{2+})$，$E^{\ominus}(Fe^{3+}/Fe^{2+})$，则 298K 时，半反应 $[FeCl]^{2+} + e^- \rightleftharpoons Fe^{2+} + Cl^-$ 的 $E^{\ominus}([FeCl]^{2+}/Fe^{2+})$ 与 $E^{\ominus}(Fe^{3+}/Fe^{2+})$、$K_d^{\ominus}([FeCl]^{2+})$ 间的关系式为________________，它的值将比 $E^{\ominus}(Fe^{3+}/Fe^{2+})$________。

14. (0.19,0.51)已知 $[Ni(en)_3]^{2+}$ 的 $K_f^{\ominus}=2.14\times10^{18}$，将 $2mol \cdot dm^{-3}$ 的 en 溶液与 $0.200mol \cdot dm^{-3}$ 的 $NiSO_4$ 溶液等体积混合，则平衡时 $c(Ni^{2+})$ 为________ $mol \cdot dm^{-3}$。

15. (0.67,0.49)已知 $K_f^{\ominus}([Au(SCN)_2]^-)=1.0\times10^{18}$，$Au^+ + e = Au$ 的 $E^{\ominus}=1.68V$，则 $Au(SCN)_2^- + e = Au + 2SCN^-$ 的 $E^{\ominus}$ 为________。

16. 下列物质：KI、$NH_3 \cdot H_2O$、$Na_2S_2O_3$、Na_2S，$K_{sp}^{\ominus}(AgI)=9.3\times10^{-17}$，$K_{sp}^{\ominus}(Ag_2S)=2\times10^{-49}$，$K_f^{\ominus}([Ag(NH_3)_2]^+)=1.6\times10^7$，$K_f^{\ominus}([Ag(S_2O_3)_2]^{3-})=2.9\times10^{13}$。

(1) 当________存在时，Ag^+ 的氧化能力最强；

(2) 当________存在时，Ag 的还原能力最强。

二、选择题

1. 已知 $K_f^{\ominus}([Cu(NH_3)_4]^{2+})=1.1\times10^{13}$，$K_f^{\ominus}([HgI_4]^{2-})=6.8\times10^{29}$，可知(　　)。

A. $[HgI_4]^{2-}$ 比 $[Cu(NH_3)_4]^{2+}$ 稳定得多　B. 稳定性相差不大

C. $[Cu(NH_3)_4]^{2+}$ 比 $[HgI_4]^{2-}$ 稳定得多　D. 不能判断稳定性大小

2. (0.80,0.26)欲使 $CaCO_3$ 在水溶液中的溶解度增大，宜采用的方法是(　　)。(已知 Ca-EDTA 的 $K_f^{\ominus}=4.90\times10^{10}$)

A. 加入 $1.0mol \cdot dm^{-3}$ Na_2CO_3　B. 加入 $1.0mol \cdot dm^{-3}$ NaOH

C. 加入 $1.0mol \cdot dm^{-3}$ $CaCl_2$　D. 加入 $1.0mol \cdot dm^{-3}$ EDTA

3. (0.71,0.34) HgS 在下列溶液中溶解度最大的是(　　)。(已知 $K_f^{\ominus}([Hg(NH_3)_4]^{2+})=1.9\times10^{19}$，$K_f^{\ominus}([HgCl_4]^{2-})=1.2\times10^{15}$，$K_f^{\ominus}([HgI_4]^{2-})=6.8\times10^{29}$，$K_f^{\ominus}([Hg(CN)_4]^{2-})=3.0\times10^{41}$)

A. $1.0mol \cdot dm^{-3}$ NH_3(aq)　B. $1.0mol \cdot dm^{-3}$ NaCl (aq)

C. $1.0mol \cdot dm^{-3}$ KI (aq)　D. $1.0mol \cdot dm^{-3}$ NaCN (aq)

4. (0.87,0.34)向 $[Cu(NH_3)_4]^{2+}$ 水溶液中通入氨气，则(　　)。

A. $K_f^{\ominus}([Cu(NH_3)_4]^{2+})$ 增大　B. $c(Cu^{2+})$ 增大

C. $K_f^{\ominus}([Cu(NH_3)_4]^{2+})$ 减小　D. $c(Cu^{2+})$ 减小

5. (研)当溶液中存在两种配体，并且都能与中心离子形成配合物时，在两种配体浓度相同的条件下，中心离子形成配合物的倾向是(　　)。

A. 两种配合物形成都很少　B. 两种配合物形成都很多

C. 主要形成 $K_d^{\ominus}$ 较大的配合物　D. 主要形成 $K_d^{\ominus}$ 较小的配合物

6. 下列反应，其标准平衡常数可作为 $[Zn(NH_3)_4]^{2+}$ 的总不稳定常数的是(　　)。

A. $Zn^{2+} + 4NH_3 \rightleftharpoons [Zn(NH_3)_4]^{2+}$

B. $[Zn(NH_3)_4]^{2+} + H_2O \rightleftharpoons [Zn(NH_3)_3(H_2O)]^{2+} + NH_3$

C. $[Zn(H_2O)_4]^{2+} + 4NH_3 \rightleftharpoons [Zn(NH_3)_4]^{2+} + 4H_2O$

D. $[Zn(NH_3)_4]^{2+} + 4H_2O \rightleftharpoons [Zn(H_2O)_4]^{2+} + 4NH_3$

7. 在 $0.20mol \cdot dm^{-3}$ $[Ag(NH_3)_2]Cl$ 溶液中，加入等体积的水稀释，则下列各物质的

浓度为原来浓度的$\frac{1}{2}$的是(　　)。

A. $c([Ag(NH_3)_2]Cl)$　　B. 解离达平衡时$c(Ag^+)$

C. 解离达平衡时$c(NH_3 \cdot H_2O)$　　D. $c(Cl^-)$

8. 下列叙述中错误的是(　　)。

A. 配位平衡是指溶液中配离子解离为中心离子和配体的解离平衡

B. 配离子在溶液中的行为像弱电解质

C. 对同一配离子而言$K_d^\ominus \cdot K_f^\ominus = 1$

D. 配位平衡是指配合物在溶液中解离为内界和外界的解离平衡

9. 配离子$[M(NH_3)_6]^{3+}$和$[R(NH_3)_6]^{2+}$的$K_d^\ominus$分别为1.0×10^{-8}和1.0×10^{-12},则在相同浓度的$[M(NH_3)_6]^{3+}$溶液及$[R(NH_3)_6]^{2+}$溶液中$c(NH_3)$应是(　　)。

A. $[R(NH_3)_6]^{2+}$溶液中较大　　B. $[M(NH_3)_6]^{3+}$溶液中较大

C. 两溶液中相等　　D. 无法比较

10. 向电极反应为$Cu^{2+}(aq) + 2e \longrightarrow Cu(s)$的溶液中加入浓氨水,则铜的还原性(　　)。

A. 增强　　B. 减弱　　C. 无影响　　D. 先增强后减弱

11. (研)已知HCN的解离常数为$K_a^\ominus$,$[Ag(CN)_2]^-$的稳定常数为$K_f^\ominus$,AgCl的溶度积为$K_{sp}^\ominus$,反应$AgCl + 2HCN \rightleftharpoons [Ag(CN)_2]^- + 2H^+ + Cl^-$的$K^\ominus$为(　　)。

A. $K_f^\ominus \cdot K_{sp}^\ominus / K_a^\ominus$　　B. $K_f^\ominus \cdot K_{sp}^\ominus \cdot (K_a^\ominus)^2$

C. $K_f^\ominus \cdot K_{sp}^\ominus \cdot K_a^\ominus$　　D. $K_f^\ominus + K_{sp}^\ominus + K_a^\ominus$

12. (研)已知$[Ag(S_2O_3)_2]^{3-}$的不稳定常数为$K_1^\ominus$,$[Ag(CN)_2]^-$的稳定常数为$K_2^\ominus$,则反应$[Ag(S_2O_3)_2]^{3-} + 2CN^- = [Ag(CN)_2]^- + 2S_2O_3^{2-}$的标准平衡常数为(　　)。

A. $K_2^\ominus / K_1^\ominus$　　B. $K_1^\ominus / K_2^\ominus$　　C. $K_1^\ominus \cdot K_2^\ominus$　　D. $K_1^\ominus + K_2^\ominus$

13. 已知$[Al(OH)]^{2+}$的稳定常数为$K_1^\ominus$,则反应$Al^{3+} + H_2O \rightleftharpoons [Al(OH)]^{2+} + H^+$的标准平衡常数$K^\ominus$为(　　)。

A. $K^\ominus = 1/K_1^\ominus$　　B. $K^\ominus = K_w^\ominus / K_1^\ominus$　　C. $K^\ominus = K_1^\ominus \cdot K_w^\ominus$　　D. $K^\ominus = K_1^\ominus / K_w^\ominus$

14. (研)下列各电对中,$E^\ominus$的代数值最大的是(　　)。

A. $E^\ominus([Ag(CN)_2]^- / Ag)$　　B. $E^\ominus([Ag(NH_3)_2]^+ / Ag)$

C. $E^\ominus([Ag(S_2O_3)_2]^{3-} / Ag)$　　D. $E^\ominus(Ag^+ / Ag)$

15. (研)若电对的氧化态和还原态同时生成配位体和配位数相同配合物,则其$E^\ominus$(　　)。

A. 变小　　B. 变大

C. 不变　　D. 由具体情况确定

16. (0.59,0.70)已知配合物的稳定常数$K_f^\ominus([Fe(CN)_6]^{3-}) > K_f^\ominus([Fe(CN)_6]^{4-})$,下面对$E^\ominus([Fe(CN)_6]^{3-} / [Fe(CN)_6]^{4-})$与$E^\ominus(Fe^{3+}/Fe^{2+})$判断正确的是(　　)。

A. $E^\ominus([Fe(CN)_6]^{3-} / [Fe(CN)_6]^{4-}) > E^\ominus(Fe^{3+}/Fe^{2+})$

B. $E^\ominus([Fe(CN)_6]^{3-} / [Fe(CN)_6]^{4-}) < E^\ominus(Fe^{3+}/Fe^{2+})$

C. $E^\ominus([Fe(CN)_6]^{3-} / [Fe(CN)_6]^{4-}) = E^\ominus(Fe^{3+}/Fe^{2+})$

D. 无法判断

17. (0.67,0.23)已知$[Ag(SCN)_2]^-$和$[Ag(NH_3)_2]^+$的$K_d^\ominus$分别为2.69×10^{-8}和8.91×10^{-8}。当溶液中$c(SCN^-) = 0.010mol \cdot dm^{-3}$,$c(NH_3) = 1.0mol \cdot dm^{-3}$,

$c([Ag(SCN)_2]^-)=c([Ag(NH_3)_2]^+)=1.0mol \cdot dm^{-3}$时，反应：$[Ag(NH_3)_2]^+ + 2SCN^- \rightleftharpoons [Ag(SCN)_2]^- + 2NH_3$进行的方向为（　　）。

A. 处于平衡状态　B. 自发向左进行　C. 自发向右进行　D. 无法预测

18. 某金属离子M^{2+}可以生成两种不同的配离子$[MX_4]^{2-}$和$[MY_4]^{2-}$，$K_f^{\ominus}([MX_4]^{2-})<K_f^{\ominus}([MY_4]^{2-})$。若在$[MX_4]^{2-}$溶液中加入含有$Y^-$的试剂，可能发生某种取代反应。下列有关叙述中，错误的是（　　）。

A. 取代反应为：$[MX_4]^{2-}+4Y^- \rightleftharpoons [MY_4]^{2-}+4X^-$

B. 由于$K_f^{\ominus}([MX_4]^{2-})<K_f^{\ominus}([MY_4]^{2-})$，所以该反应的$K^{\ominus}>1$

C. 当Y^-的量足够时，反应必然向右进行

D. 配离子的这种取代反应，实际应用中并不多见

19. 已知$E^{\ominus}(Fe^{3+}/Fe^{2+})=0.771V$；$[Fe(CN)_6]^{3-}$和$[Fe(CN)_6]^{4-}$的$K_f^{\ominus}$分别为$1.0\times10^{42}$和$1.0\times10^{35}$，则$E^{\ominus}([Fe(CN)_6]^{3-}/[Fe(CN)_6]^{4-})$应为（　　）。

A. 0.36V　B. −0.36V　C. 1.19V　D. 0.771V

20. (0.57,0.34)一定量的$Cu(OH)_2$溶解在NH_4Cl-$NH_3 \cdot H_2O$缓冲溶液中生成$[Cu(NH_3)_4]^{2+}$时，系统的pH（　　）。

A. 不变　B. 变小　C. 变大　D. 无法估计

21. (0.67,0.54)已知$K_d^{\ominus}([Zn(CN)_4]^{2-})=1.99\times10^{-17}$，$E^{\ominus}(Zn^{2+}/Zn)=-0.763V$。则$[Zn(CN)_4]^{2-}+2e^- \rightleftharpoons Zn+4CN^-$的$E^{\ominus}$为（　　）。

A. −1.75V　B. 1.75V　C. −1.26V　D. −0.494V

22. (0.81,0.48)已知$Au^{3+}+3e^- \rightleftharpoons Au$，$E^{\ominus}=1.50V$

$[AuCl_4]^-+3e^- \rightleftharpoons Au+4Cl^-$，　$E^{\ominus}=1.00V$

则$K_f^{\ominus}([AuCl_4]^-)=$（　　）。

A. 4.86×10^{26}　B. 3.74×10^{18}　C. 2.18×10^{25}　D. 8.10×10^{22}

三、判断题

1. 所有配合物生成反应都是非氧化还原反应，因此，生成配合物后电对的电极电势不变。（　　）

2. 对于电对Fe^{2+}/Fe来说，当Fe^{2+}生成配离子时，Fe的还原性将增强。（　　）。

3. 在某些金属的难溶盐中，加入含有可与该金属离子配位的试剂时，有可能使金属难溶盐的溶解度增大。（　　）

4. 所有物质都会因生成某一配合物而使溶解度增大。（　　）

5. 在$5.0cm^3$ $0.10mol \cdot dm^{-3}$ $AgNO_3$溶液中，加入等体积等浓度的NaCl溶液，生成AgCl沉淀。只要加入$1.0cm^3$ $0.10mol \cdot dm^{-3}$ $NH_3 \cdot H_2O$溶液，AgCl就因生成$[Ag(NH_3)_2]^+$而全部溶解。（　　）

6. (0.42,0.21)已知$[Ag(S_2O_3)_2]^{3-}$和$[AgCl_2]^-$的$\lg K_f^{\ominus}$分别为13.46和5.04。则反应$[Ag(S_2O_3)_2]^{3-}+2Cl^- \rightleftharpoons [AgCl_2]^-+2S_2O_3^{2-}$将从右向左进行。（　　）

7. 含有配离子的配合物，其带异号电荷离子的内界和外界之间以离子键结合，在水中几乎完全解离成内界和外界。（　　）

8. 将$0.20dm^3$的$[Ag(NH_3)_2]Cl$溶液用水稀释至原来体积的两倍，则平衡时溶液中$c(NH_3)$减小为原来的1/2。（　　）

9. 配离子的不稳定常数越大，表明该配离子在水溶液中解离的倾向越小。（　　）

10. 已知 $Co^{3+} + e^- \rightleftharpoons Co^{2+}$，$E^\ominus = 1.84V$

$[Co(NH_3)_6]^{3+} + e^- \rightleftharpoons [Co(NH_3)_6]^{2+}$，$E^\ominus = 0.10V$

则 $K_f^\ominus([Co(NH_3)_6]^{3+}) < K_f^\ominus([Co(NH_3)_6]^{2+})$。（　　）

11. 已知 $\lg K_f^\ominus([Co(NH_3)_6]^{2+}) = 5.11$，$\lg K_f^\ominus([Co(NH_3)_6]^{3+}) = 35.2$，则 $E^\ominus(Co^{3+}/Co^{2+}) < E^\ominus([Co(NH_3)_6]^{3+}/[Co(NH_3)_6]^{2+})$。（　　）

12. (0.74，0.13) $K_f^\ominus([Ag(CN)_2]^-) = 1.26 \times 10^{21}$，$K_f^\ominus([Ag(NH_3)_2]^+) = 1.12 \times 10^7$。则相同浓度的 $[Ag(NH_3)_2]^+$ 的氧化性比 $[Ag(CN)_2]^-$ 的氧化性强。（　　）

13. HgS 溶解在王水中是由于氧化还原反应和配合反应共同作用的结果。（　　）

14. (0.58，0.64)某金属离子的难溶电解质，因生成配离子而使沉淀溶解的过程可称为沉淀的配位溶解；一般配离子的 $K_d^\ominus$ 越大，沉淀的 $K_{sp}^\ominus$ 较小时，越有利于配位溶解反应的发生。（　　）

15. 在 M^{2+} 溶液中，加入含有 X^- 和 Y^- 的溶液，可生成 MX_2 沉淀和 $[MY_4]^{2-}$ 配离子。如果 $K_{sp}^\ominus(MX_2)$ 和 $K_f^\ominus([MY_4]^{2-})$ 越大，越有利于生成 $[MY_4]^{2-}$。（　　）

16. (研)已知 $[HgCl_4]^{2-}$ 的 $K_d^\ominus = 1.0 \times 10^{-16}$，当溶液中 $c(Cl^-) = 0.10mol \cdot dm^{-3}$ 时，$c(Hg^{2+})/c([HgCl_4]^{2-})$ 的比值为 1.0×10^{-12}。（　　）

17. 许多配位体是弱酸根离子，相关配合物在溶液中的稳定性与溶液 pH 有关。一般 pH 越小，配合物越不易解离。（　　）

18. HF、H_2SiO_3 皆是弱酸，但是 $H_2[SiF_6]$ 却是强酸。（　　）

四、计算题

1. 若在 $1dm^3$ $6.0mol \cdot dm^{-3}$ 氨水溶液中溶解 0.10mol $CuSO_4$，则：

(1) 求溶液中各组分的浓度(假设溶解 $CuSO_4$ 后溶液的体积不变)。

(2) 若向此溶液中加入 $10cm^3$ $1.0mol \cdot dm^{-3}$ NaOH，有无 $Cu(OH)_2$ 沉淀生成？

(3) 若向此溶液中加入 $1cm^3$ $0.10mol \cdot dm^{-3}$ Na_2S，有无 CuS 沉淀生成？

(已知 $K_d^\ominus([Cu(NH_3)_4]^{2+}) = 4.79 \times 10^{-14}$，$K_{sp}^\ominus(Cu(OH)_2) = 2.2 \times 10^{-20}$，$K_{sp}^\ominus(CuS) = 6 \times 10^{-37}$)

2. 已知：$E^{\ominus}(Ag^+/Ag)=0.7991V$，$E^{\ominus}(AgBr/Ag)=0.071V$，$K_{sp}^{\ominus}(AgBr)=5\times10^{-13}$，$E^{\ominus}([Ag(S_2O_3)_2]^{3-}/Ag)=0.010V$。

(1) (0.26,0.52)将 $50cm^3$ $0.15mol\cdot dm^{-3}$ $AgNO_3$ 与 $100cm^3$ $0.30mol\cdot dm^{-3}$ $Na_2S_2O_3$ 混合，求混合液中 Ag^+ 的浓度。

(2) (0.34,0.50)写出 AgBr 溶于 $Na_2S_2O_3$ 溶液生成配离子的化学反应式，计算其平衡常数 $K^{\ominus}$。

3. (研) AgCl(s) 能溶于氨水中。(已知：$K_d^{\ominus}([Ag(NH_3)_2]^+)=6.17\times10^{-8}$，$K_{sp}^{\ominus}(AgCl)=1.56\times10^{-10}$)

(1) (0.64,0.47)写出反应式，计算该反应的化学平衡常数 $K^{\ominus}$；

(2) (0.27,0.54)欲使 0.10mol AgCl 完全溶解生成 $[Ag(NH_3)_2]^+$，计算最少需要 $1dm^3$ 多大浓度的氨水？

4. 结合第9章计算题第1题：

(1) (0.52,0.59)先向右半电池中通入过量氨气，使游离 NH_3 浓度达到 $1.00\mathrm{mol\cdot dm^{-3}}$，此时测得电动势 $E_1=0.708\mathrm{V}$，求 $K_f^{\ominus}[Cu(NH_3)_4{}^{2+}]$（假定 NH_3 的通入不改变溶液的体积）？

(2) (0.53,0.56)如果向左半电池中加入过量 Na_2S，使 $c(S^{2-})=1.00\mathrm{mol\cdot dm^{-3}}$，求原电池的电动势 E_2？（已知 $K_{sp}^{\ominus}(ZnS)=1.60\times10^{-24}$，假定 Na_2S 的加入也不改变溶液的体积）

5. (0.72,0.62)已知 $E^{\ominus}(Au^+/Au)=1.83\mathrm{V}$，$[Au(CN)_2]^-$ 的 $K_f^{\ominus}=1.99\times10^{38}$，计算 $E^{\ominus}([Au(CN)_2]^-/Au)$ 值，通过计算说明了什么？

6. 已知 $E^{\ominus}(Fe^{3+}/Fe^{2+})=0.771V$，$K_f^{\ominus}([Fe(C_2O_4)_3]^{3-})=1.6\times10^{20}$，$K_f^{\ominus}([Fe(C_2O_4)_3]^{4-})=1.7\times10^{5}$，求 $E^{\ominus}([Fe(C_2O_4)_3]^{3-}/[Fe(C_2O_4)_3]^{4-})$。当含有$[Fe(C_2O_4)_3]^{3-}$、$[Fe(C_2O_4)_3]^{4-}$的混合溶液中，两种离子浓度均为 $1.0mol\cdot dm^{-3}$时，该系统中 $c(Fe^{2+})/c(Fe^{3+})$为多少？

7. (0.44，0.85)已知 $K_{sp}^{\ominus}(AgI)=8.3\times10^{-17}$，$K_d^{\ominus}([Ag(CN)_2]^-)=1.2\times10^{-21}$。将 0.10mol AgI 固体恰好溶于 $1.00dm^3$ NaCN 溶液中。

(1) 试计算 NaCN 溶液的起始浓度至少为多少？

(2) 平衡时溶液中 Ag^+、I^-、$[Ag(CN)_2]^-$、CN^-浓度各为多少？

8. 已知 $E^{\ominus}(Fe^{3+}/Fe^{2+})=0.771V$，$K_d^{\ominus}([Fe(CN)_6]^{3-})=1.0\times10^{-42}$，$K_d^{\ominus}([Fe(CN)_6]^{4-})=1.0\times10^{-35}$。

(1) (0.62,0.65)求 $E^{\ominus}([Fe(CN)_6]^{3-}/[Fe(CN)_6]^{4-})$；

(2) (0.33,0.50)确定下列原电池的正负极，并计算其电动势：

$Pt|[Fe(CN)_6]^{4-}(0.10mol\cdot dm^{-3}),[Fe(CN)_6]^{3-}(1.0mol\cdot dm^{-3})$

$\| Fe^{3+}(0.10mol\cdot dm^{-3}),Fe^{2+}(1.0mol\cdot dm^{-3})|Pt$

(3) 写出电池反应方程式并计算其标准平衡常数。

9. 已知：$E^{\ominus}(Co^{3+}/Co^{2+})=+1.92V$，$K_f^{\ominus}([Co(NH_3)_6]^{3+})=1.58\times10^{35}$，$K_f^{\ominus}([Co(NH_3)_6]^{2+})=1.29\times10^{5}$，求：

(1) (0.59,0.75)$E^{\ominus}([Co(NH_3)_6]^{3+}/[Co(NH_3)_6]^{2+})$是多少？

(2) (0.41,0.52)以上两个电对组成的原电池的标准平衡常数 $K^{\ominus}$是多少？

10. (研)试计算下列反应的平衡常数：

$$2Ag_2S + 8CN^- + O_2 + 2H_2O = 4[Ag(CN)_2]^- + 2S\downarrow + 4OH^-$$

(已知 $K_f^\ominus([Ag(CN)_2]^-) = 1.30\times10^{21}$，$K_{sp}^\ominus(Ag_2S) = 6.20\times10^{-51}$，$E^\ominus(O_2/OH^-) = 0.400V$，$E^\ominus(S/S^{2-}) = -0.480V$)

总结与反思

1. ____________________

2. ____________________

3. ____________________

4. ____________________

5. ____________________

6. ____________________

7. ____________________

8. ____________________

9. ____________________

10. ____________________

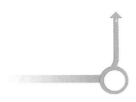

《普通化学原理》期末考试试卷A

（注：考生可用计算器，考试时间 120 分钟）

题号	考题类型	总分	得分	阅卷人	总得分	合分人
一	填空题	30				
二	选择题	40				
三	判断题	10				
四	计算题	20				

一、填空题（前 6 题每空 1 分，后 8 题每空 2 分，共 30 分，请将答案抄在后面的答案纸上）

1. 氢原子光谱是________光谱，________理论可较好地解释氢原子光谱。

2. $l=1$ 时，m 有________个取值，其对应轨道的空间位置关系是________。

3. 某元素的最高氧化数为+5，原子的最外层电子数为 2，原子半径是同族元素中最小的，则该元素的电子排布式为____________________。

4. NO_3^- 的中心原子的价层电子对数为________，SCl_2 的空间构型为________，分子偶极矩________零（填“大于”或“等于”）。

5. 配离子$[Cd(CN)_4]^{2-}$的配位原子是________；命名为____________________。

6. 反应 $2KClO_3(s)=2KCl(s)+3O_2(g)$，当 $\xi=0.5$mol 时，$KClO_3$ 和 O_2 物质的量的改变 Δn_{KClO_3}、Δn_{O_2} 分别为________ mol、________ mol。

7. 已知 298K，反应 $Ag_2O(s) \xlongequal{} 2Ag(s)+1/2O_2(g)$，$\Delta_r S_m^{\ominus}=66.7J\cdot mol^{-1}\cdot K^{-1}$，$\Delta_f H_m^{\ominus}(Ag_2O,s)=-31.1kJ\cdot mol^{-1}$，则 Ag_2O 最低分解温度约为________℃。

8. 已知 1273K 时，(1) $FeO(s)+CO(g) \rightleftharpoons Fe(s)+CO_2(g)$，$K_1^{\ominus}=0.403$；

(2) $FeO(s)+H_2(g) \rightleftharpoons Fe(s)+H_2O(g)$，$K_2^\ominus=0.669$；
则反应 $CO_2(g)+H_2(g) \rightleftharpoons CO(g)+H_2O(g)$ 的 $K^\ominus=$________。

9. 已知 $H_2C_2O_4$ 的 $K_{a1}^\ominus(H_2C_2O_4)=6.5\times10^{-2}$，$K_{a2}^\ominus(H_2C_2O_4)=6.1\times10^{-5}$，则 $HC_2O_4^-$ 的 $K_b^\ominus$ 为________，在 $0.10mol\cdot dm^{-3}$ $H_2C_2O_4$ 溶液中，$c(C_2O_4^{2-})$ 为________。

10. 要使 $0.1dm^3$ $4.0mol\cdot dm^{-3}$ 的 $NH_3\cdot H_2O$ 的离解度增大 1 倍，需加入水至________ dm^3。

11. PbI_2 在水中的溶解度为 $1.2\times10^{-3}mol\cdot dm^{-3}$，其 $K_{sp}^\ominus=$________。

12. 反应：$Zn+2H^+(a mol\cdot dm^{-3})=Zn^{2+}(1mol\cdot dm^{-3})+H_2(1\times10^5Pa)$，已知电动势为 0.46V，$E^\ominus(Zn^{2+}/Zn)=-0.763V$，则氢电极溶液中 pH 为________。

13. 25℃时，原电池符号如下：$(-)Ag|Ag^+(0.1mol\cdot dm^{-3})\|Ag^+(0.5mol\cdot dm^{-3})|Ag(+)$，相应原电池反应的平衡常数 $K^\ominus$ 为________。($E^\ominus(Ag^+/Ag)=0.80V$)

14. 已知 $Ni(en)_3{}^{2+}$ 的 $K_{稳}^\ominus=2.14\times10^{18}$，将 $2mol\cdot dm^{-3}$ 的 en 溶液与 $0.200mol\cdot dm^{-3}$ 的 $NiSO_4$ 溶液等体积混合，则平衡时 $c(Ni^{2+})/(mol\cdot dm^{-3})$ 为________。

二、选择题(每空 2 分，共 40 分)

1. $\Psi(3,2,1)$代表简并轨道中的一条轨道是(　　)。
A. 3d 轨道　　B. 2p 轨道　　C. 3p 轨道　　D. 3s 轨道

2. 根据酸碱质子理论，下列说法正确的是(　　)。
A. 碱可以是阳离子
B. 酸只能为中性物质
C. 同一种物质不能同时起酸和碱的作用
D. 碱性溶液不含 H^+

3. 如果一化学反应在任意温度下都能自发进行，则该反应应满足的条件是(　　)。
A. $\Delta_rH_m<0,\Delta_rS_m<0$　　B. $\Delta_rH_m<0,\Delta_rS_m>0$
C. $\Delta_rH_m>0,\Delta_rS_m>0$　　D. $\Delta_rH_m>0,\Delta_rS_m<0$

4. 下列基态原子的电子构型中，正确的是(　　)。
A. $3d^94s^2$　　B. $3d^44s^2$　　C. $3d^54s^1$　　D. $3d^{10}4s^0$

5. 某元素的最外层只有一个 $l=0$ 的电子，则该元素不可能是(　　)。
A. s 区元素　　B. ds 区元素　　C. d 区元素　　D. p 区元素

6. 下列分子中心原子杂化类型不是 sp^3 杂化的是(　　)。
A. CH_4　　B. H_2O　　C. BF_3　　D. NH_3

7. 下列各组分子或离子中，均呈反磁性的是(　　)。
A. B_2、O_2^{2-}　　B. C_2、N_2^{2-}　　C. O_2^{2-}、C_2　　D. B_2、N_2^{2-}

8. 欲使 $CaCO_3$ 在水溶液中的溶解度增大，宜采用的方法是(　　)。
A. 加入 $1.0mol\cdot dm^{-3}$ EDTA　　B. 加入 $1.0mol\cdot dm^{-3}$ Na_2CO_3
C. 加入 $1.0mol\cdot dm^{-3}$ $CaCl_2$　　D. 加入 $1.0mol\cdot dm^{-3}$ NaOH

9. 根据铁在酸性溶液中的电势图，$Fe^{3+}\xrightarrow{+0.77V}Fe^{2+}\xrightarrow{-0.44V}Fe$，下列说法中错误的是(　　)。
A. $E^\ominus(Fe^{3+}/Fe)=-0.04V$

B. 在酸性溶液中 Fe^{2+} 能发生歧化反应

C. Fe 与稀盐酸反应生成 Fe^{2+} 和氢气

D. Fe 与氯气反应生成 Fe^{3+} 与 Cl^-

10. 下列各化合物的分子间，氢键作用最强的是（　　）。

A. NH_3　　B. H_2S　　C. HCl　　D. HF

11. 欲配制 pH＝6.50 的缓冲溶液，最好选用（　　）。

A. $(CH_3)_2AsO_2H$ ($K_a^\ominus=6.40\times10^{-7}$)　　B. CH_3COOH ($K_a^\ominus=1.76\times10^{-5}$)

C. $ClCH_2COOH$ ($K_a^\ominus=1.40\times10^{-3}$)　　D. HCOOH ($K_a^\ominus=1.77\times10^{-4}$)

12. 已知 $[Ag(SCN)_2]^-$ 和 $[Ag(NH_3)_2]^+$ 的 $K_d^\ominus$ 依次分别为 2.69×10^{-8} 和 8.91×10^{-8}。当溶液中 $c(SCN^-)=0.010mol\cdot dm^{-3}$，$c(NH_3)=1.0mol\cdot dm^{-3}$，$c([Ag(SCN)_2]^-)=c([Ag(NH_3)_2]^+)=1.0mol\cdot dm^{-3}$ 时，反应：$[Ag(NH_3)_2]^+ + 2SCN^- \rightleftharpoons [Ag(SCN)_2]^- + 2NH_3$ 进行的方向为（　　）。

A. 处于平衡状态　　B. 自发向左进行　　C. 自发向右进行　　D. 无法预测

13. 二羟基四水合铝（Ⅲ）配离子的化学式是（　　）。

A. $[Al(OH)_2(H_2O)_4]^{2+}$　　B. $[Al(OH)_2(H_2O)_4]^-$

C. $[Al(H_2O)_4(OH)_2]^-$　　D. $[Al(OH)_2(H_2O)_4]^+$

14. 下列叙述中错误的是（　　）。

A. 一般地说，内轨型配合物较外轨型配合物稳定

B. ⅡB 族元素所形成的四配位配合物，几乎都是四面体构型

C. CN^- 和 CO 作配体时，趋于形成内轨型配合物

D. 金属原子不能作为配合物的形成体

15. 体系对环境做功 20kJ，并失去 10kJ 的热给环境，则体系内能的变化是（　　）。

A. ＋30kJ　　B. ＋10kJ　　C. －10kJ　　D. －30kJ

16. 已知 298K 时，$K_{sp}^\ominus(SrF_2)=2.5\times10^{-9}$，则此时 SrF_2 饱和溶液中，$c(F^-)$ 为（　　）。

A. $5.0\times10^{-5}mol\cdot dm^{-3}$　　B. $3.5\times10^{-5}mol\cdot dm^{-3}$

C. $1.7\times10^{-3}mol\cdot dm^{-3}$　　D. $1.4\times10^{-3}mol\cdot dm^{-3}$

17. 已知反应 $2HgO(s) \longrightarrow 2Hg(l)+O_2(g)$，$\Delta_r H_m^\ominus=181.4kJ\cdot mol^{-1}$，则 $\Delta_f H_m^\ominus(HgO,s)$ 为（　　）。

A. $-90.7kJ\cdot mol^{-1}$　　B. $-181.4kJ\cdot mol^{-1}$

C. $90.7kJ\cdot mol^{-1}$　　D. $181.4kJ\cdot mol^{-1}$

18. 已知反应 $A(g)+2B(l) \rightleftharpoons 4C(g)$ 的平衡常数 $K^\ominus=0.123$，则反应 $2C(g) \rightleftharpoons 1/2A(g)+B(l)$ 的平衡常数 $K^\ominus=$（　　）。

A. 8.13　　B. 0.123　　C. 2.85　　D. －0.246

19. 某电池(－)A|A^{2+}($0.1mol\cdot dm^{-3}$)‖B^{2+}($0.01mol\cdot dm^{-3}$)|B(＋)电动势 $E_池$ 为 0.27V，则该电池的标准电动势 $E_池^\ominus$ 为________。

A. 0.30V　　B. 0.27V　　C. 0.24V　　D. 0.33V

20. 已知 $K_d^\ominus([Zn(CN)_4]^{2-})=1.99\times10^{-17}$，$E^\ominus(Zn^{2+}/Zn)=-0.763V$，则 $[Zn(CN)_4]^{2-}+2e^- \rightleftharpoons Zn+4CN^-$ 的 $E^\ominus$ 为（　　）。

A. －1.75V　　B. 1.75V　　C. －1.26V　　D. －0.494V

三、判断题(10 分)

1. $|\Psi|^2$ 表示电子的概率。(　　)

2. 对 AB_m 型分子(或离子)来说,当中心原子 A 的价电子对数为 m 时,分子的空间构型与电子对在空间的构型一致。(　　)

3. 弱极性分子之间的分子间力均以色散力为主。(　　)

4. 所有 Ni^{2+} 的八面体配合物都属于外轨型配合物。(　　)

5. 所有反应的速率都随时间而改变。(　　)

6. 盐效应时,因弱电解质解离平衡右移,解离度增大,因此解离平衡常数增大。(　　)

7. 将 $20dm^3$ $0.1mol \cdot dm^{-3}$ HAc 与 $10dm^3$ $0.1mol \cdot dm^{-3}$ NaAc 混合,因为此时 HAc、NaAc 浓度相等,所以 $pH = pK_a^{\ominus}(HAc)$。(　　)

8. 难溶强电解质的 $K_{sp}^{\ominus}$ 与温度有关。(　　)

9. 电极电势表中,电对的标准电极电势相距越远,反应速率越快。(　　)

10. $FeCl_3$、$KMnO_4$ 和 H_2O_2 是常见的氧化剂,当溶液中 c_{H^+} 增大时,它们的氧化能力都增加。(　　)

请各位同学将答案抄在下面,没有抄写答案的一律不得分。(请再次在本页上面写上名字)

一、填空题(前 6 题每空 1 分,其他题每空 2 分,共 30 分,字迹不清楚不得分)

1. (2 分)________、________。
2. (2 分)________、________。
3. (1 分)________。
4. (3 分)________、________、________。
5. (2 分)________、________。
6. (2 分)________、________。
7. (2 分)________。
8. (2 分)________。
9. (4 分)________、________。
10. (2 分) ________。
11. (2 分)________。
12. (2 分)________。
13. (2 分)________。
14. (2 分)________。

二、选择题(每题 2 分,共 40 分)

1	2	3	4	5	6	7	8	9	10
11	12	13	14	15	16	17	18	19	20

三、判断题(10 分)

1(　　) 2(　　) 3(　　) 4(　　) 5(　　) 6(　　) 7(　　) 8(　　) 9(　　) 10(　　)

四、计算题(每题 5 分，共 20 分)

1. 1.0mol N_2O_4 置于密闭容器，按下式分解，$N_2O_4(g) \rightleftharpoons 2NO_2(g)$，在 25℃、100kPa 下达平衡，测得 N_2O_4 的转化率为 50.2%，计算：(1)$K^\ominus$；(2)25℃、1000kPa 达平衡时，N_2O_4 的转化率及 N_2O_4 的分压。

2. 在 0.10dm^3 0.20$mol \cdot dm^{-3}$ $MnCl_2$溶液中加入等体积的 0.010$mol \cdot dm^{-3}$氨水，问在此氨水中加入多少克固体 NH_4Cl，才不至于生成 $Mn(OH)_2$沉淀？

(已知 $Mn(OH)_2$ $K_{sp}^\ominus = 1.9\times10^{-13}$，氨水 $K_b^\ominus = 1.8\times10^{-5}$，$NH_4Cl$ 相对分子质量：53.5)

3. 实验室常用二氧化锰与盐酸反应制备 Cl_2，有关电对及标准电极电势如下：

$$E^\ominus(MnO_2/Mn^{2+}) = 1.23V; E^\ominus(Cl_2/Cl^-) = 1.36V$$

(1) 写出并配平该氧化还原反应方程式；

(2) 计算该反应的 $E_{池}^\ominus$ 并说明在标态下该反应能否向右进行；

(3) 若改用浓 HCl($12mol \cdot dm^{-3}$)，且 $c(Mn^{2+}) = 1.0mol \cdot dm^{-3}$，$p(Cl_2) = 100kPa$。计算 $E_{池}$ 并说明该反应能否向右进行。

4. 已知 $E^{\ominus}(Fe^{3+}/Fe^{2+})=0.771V$；$K_d^{\ominus}([Fe(CN)_6]^{3-})=1.0\times10^{-42}$；$K_d^{\ominus}([Fe(CN)_6]^{4-})=1.0\times10^{-35}$。

求：(1) $E^{\ominus}([Fe(CN)_6]^{3-}/[Fe(CN)_6]^{4-})$；(2)计算如下原电池的电动势及其标准平衡常数：$Pt|[Fe(CN)_6]^{4-}(0.10mol\cdot dm^{-3}),[Fe(CN)_6]^{3-}(1.0mol\cdot dm^{-3})\parallel Fe^{3+}(0.10mol\cdot dm^{-3}),Fe^{2+}(1.0mol\cdot dm^{-3})|Pt$。

《普通化学原理》期末考试试卷B

（注：考生可用计算器，考试时间 120 分钟）

题号	考题类型	总分	得分	阅卷人	总得分	合分人
一	填空题	30				
二	选择题	40				
三	判断题	10				
四	计算题	20				

一、填空题（每空 1 分，共 30 分，请将答案抄在后面的答案纸上）

1\. $E_{np_x}=E_{np_y}=E_{np_z}$，这些轨道称为________；$E_{ns}<E_{np}<E_{nd}<E_{nf}$，这种现象称为________；$E_{4s}<E_{3d}$，这种现象称为________。

2\. 在高空大气的电离层中，存在着 N_2^+、Li_2^+、Be_2^+ 等离子。在这些离子中最稳定的是________，其键级为________；含有单电子 σ 键的是________，含有三电子 σ 键的是________。

3\. 配位化合物$[PtCl_2(NH_3)_2]$的配位体是________；配位原子是________；配位数是________；命名为____________________。

4\. 273.15K、1.013×10^5Pa 下，1mol 冰融化为水（忽略此过程体积变化），则其 Q ________ 0，W ________ 0，ΔU ________ 0。（填“>”“<”或“=”）

5\. 某温度时，反应 $CO_2(g)+H_2(g) \rightleftharpoons CO(g)+H_2O(g)$的 $K_1^{\ominus}=2.0$，反应 $2CO_2(g) \rightleftharpoons 2CO(g)+O_2(g)$的 $K_2^{\ominus}=1.4\times10^{-12}$，则反应 $2H_2(g)+O_2(g) \rightleftharpoons 2H_2O(g)$的 $K^{\ominus}=$________。

6\. 若 $A = 2B$ 反应的活化能为 E_a，而反应 $2B = A$ 的活化能为 E_a'，则加催化剂后，E_a 的减少值________ E_a'减少值（填“大于”“等于”或“小于”）；在一定温度范围内，若反应物的浓度增大，则 E_a ________（填"增大""不变"或"减小"）。

7. NO_2^- 中 N 原子的价层电子对数为________，杂化方式为________，分子几何构型为________。

8. 同离子效应使弱电解质的解离度________（填"增大"或"减少"）；盐效应使弱电解质的解离度________；后一种效应较前一种效应________得多（填"强"或"弱"）。

9. PbI_2 溶于 $0.01mol \cdot dm^{-3}$ KI 溶液，其溶解度为________ $mol \cdot dm^{-3}$。（$K_{sp}(PbI_2)=7.1\times10^{-9}$）

10. 下列各标准电极电势 $E^{\ominus}$ 从最大的是________最小的是________。

(1) $E^{\ominus}_{Ag^+/Ag}$ (2) $E^{\ominus}_{AgBr/Ag}$ (3) $E^{\ominus}_{AgI/Ag}$ (4) $E^{\ominus}_{AgCl/Ag}$

11. AgCl 在氨水中的溶解是由于沉淀转化为________而溶解，AgX 的 $K^{\ominus}_{sp}$ 越大，则在氨水中的溶解度也越________（填"大"或"小"）。

12. 298K 下，实验测得铜锌原电池的标准电动势 $E^{\ominus}_{池}=1.10V$，求：

电池反应 $Zn(s)+Cu^{2+}(aq)=\!=\!=Zn^{2+}(aq)+Cu(s)$ 的 $\Delta_r G^{\ominus}_m$ ________ $kJ \cdot mol^{-1}$、已知 $\Delta_f G^{\ominus}_m(Zn^{2+},aq)=-147.06kJ \cdot mol^{-1}$，计算 $\Delta_f G^{\ominus}_m(Cu^{2+},aq)$________ $kJ \cdot mol^{-1}$。

二、选择题（每空 2 分，共 40 分）

1. 在第四周期元素原子中未成对电子数最多可达（ ）。

A. 4 个 B. 5 个 C. 6 个 D. 7 个

2. AB_m 型分子中 A 原子采取 sp^3d^2 杂化，$m=4$，则 AB_m 分子的空间几何构型是（ ）。

A. 平面正方形 B. 四面体 C. 八面体 D. 四方锥

3. $[Ni(CN)_4]^{2-}$ 是平面四方形构型，中心离子的杂化轨道类型和 d 电子数分别是（ ）。

A. sp^2，d^7 B. sp^3，d^8 C. d^2sp^3，d^6 D. dsp^2，d^8

4. 如果一化学反应在任意温度下都能自发进行，则该反应应满足的条件是（ ）。

A. $\Delta_r H_m<0$，$\Delta_r S_m<0$ B. $\Delta_r H_m>0$，$\Delta_r S_m>0$

C. $\Delta_r H_m<0$，$\Delta_r S_m>0$ D. $\Delta_r H_m>0$，$\Delta_r S_m<0$

5. 下列各组分子或离子中，均呈顺磁性的是（ ）。

A. B_2、O_2^{2-} B. He_2^+、B_2 C. N_2^{2+}、O_2 D. He_2^+、F_2

6. 反应 $A(g) \rightleftharpoons C(g)$（反应开始时无 C 存在），在 400K 时平衡常数 $K^{\ominus}=0.5$。当平衡时，体系总压力为 100kPa 时，A 的转化率是（ ）。

A. 66.7% B. 50% C. 33.3% D. 15%

7. 配合物 $K[Au(OH)_4]$ 的正确名称是（ ）。

A. 四羟基合金化钾 B. 四羟基合金酸钾

C. 四个羟基金酸钾 D. 四羟基合金(Ⅲ)酸钾

8. 关于右图描述正确的是（ ）。

A. 表示 d_{xy} 原子轨道的形状

B. 表示 $d_{x^2-y^2}$ 原子轨道角度分布图

C. 表示 d_{yz} 原子轨道角度分布图

D. 表示 d_{xy} 电子云角度分布图

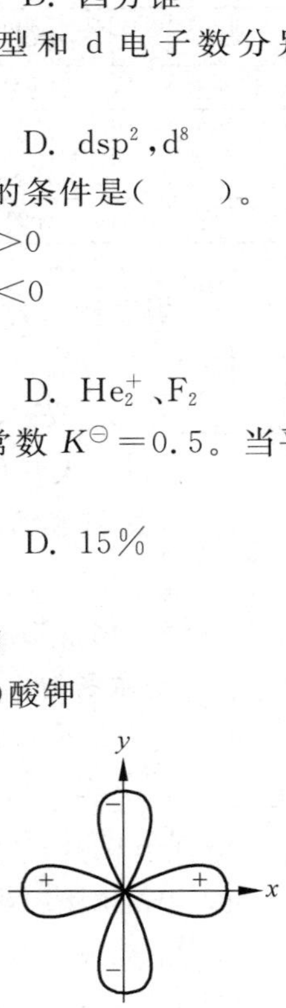

9. 对于电对 Zn^{2+}/Zn，增大 Zn^{2+} 浓度标准电极电势将(　　)。

A. 增大　　B. 减小　　C. 不变　　D. 无法判断

10. 某热力学系统完成一次循环过程，系统和环境有二次能量交换。第一次吸热 2.30kJ，环境对系统做功 50J；第二次放热 2.0kJ，则在该循环过程中系统第二次做的功为(　　)。

A. 54.3J　　B. -4.35kJ　　C. -0.35kJ　　D. -54.3J

11. 对于反应 $H_2(g)+I_2(g)=2HI(g)$，测得速率方程为 $v=kc(H_2)c(I_2)$，下列判断可能错误的是(　　)。

A. 反应对 H_2、I_2 来说均是一级反应　　B. 反应的总级数是 2

C. 反应一定是基元反应　　D. 反应不一定是基元反应

12. 将 $0.10mol\cdot dm^{-3}$ HAc 加水稀释至原体积的 2 倍时，其 H^+ 浓度和 pH 的变化趋势各为(　　)。

A. 增加、减小　　B. 减小、增加　　C. 增大、增大　　D. 减小、减小

13. 已知 H_2CO_3：$K_{a1}^{\ominus}=4.4\times10^{-7}$，$K_{a2}^{\ominus}=5.6\times10^{-11}$，欲配制 pH=9.95 的缓冲溶液，应使 $NaHCO_3$ 和 Na_2CO_3 的物质的量之比为(　　)。

A. 2∶1　　B. 1∶1　　C. 1∶2　　D. $1:3.9\times10^{-3}$

14. 已知 $K_{sp}^{\ominus}(Ag_2CrO_4)=1.1\times10^{-12}$，当溶液中 $c(CrO_4^{2-})=6.0\times10^{-3}mol\cdot dm^{-3}$ 时，开始生成 Ag_2CrO_4 沉淀所需 Ag^+ 最低浓度为(　　)$mol\cdot dm^{-3}$。

A. 6.8×10^{-6}　　B. 1.4×10^{-5}　　C. 9.7×10^{-7}　　D. 6.8×10^{-5}

15. 向同浓度的 Cu^{2+}、Zn^{2+}、Hg^{2+}、Mn^{2+} 离子混合溶液中通入 H_2S 气体，则产生沉淀的先后次序是(　　)。($K_{sp}^{\ominus}$：CuS—6.0×10^{-37}，HgS—4.0×10^{-53}，MnS—2.5×10^{-13}，ZnS—2.0×10^{-25})

A. CuS、HgS、MnS、ZnS　　B. HgS、CuS、ZnS、MnS

C. MnS、ZnS、CuS、HgS　　D. HgS、ZnS、CuS、MnS

16. $M^{3+}\xrightarrow{+0.30V}M^{+}\xrightarrow{-0.60V}M$ 则 $E_{M^{3+}/M}^{\ominus}$ 为(　　)。

A. 0.00V　　B. 0.10V　　C. 0.30V　　D. 0.90V

17. 已知 $E^{\ominus}(Fe^{3+}/Fe^{2+})=0.771V$；$[Fe(CN)_6]^{3-}$ 和 $[Fe(CN)_6]^{4-}$ 的 $K_f^{\ominus}$ 分别为 1.0×10^{42} 和 1.0×10^{35}，则 $E^{\ominus}([Fe(CN)_6]^{3-}/[Fe(CN)_6]^{4-})$ 应为(　　)。

A. 0.36V　　B. -0.36V　　C. 1.19V　　D. 0.771V

18. 已知 $Au^{3+}+3e\rightleftharpoons Au$，$E^{\ominus}=1.50V$；$[AuCl_4]^-+3e\rightleftharpoons Au+4Cl^-$，$E^{\ominus}=1.00V$，则 $K_f^{\ominus}([AuCl_4]^-)=$(　　)。

A. 4.86×10^{26}　　B. 3.74×10^{18}　　C. 2.18×10^{25}　　D. 8.10×10^{22}

19. 下列叙述中，不能表示 σ 键特点的是(　　)。

A. 原子轨道沿键轴方向重叠，重叠部分沿键轴方向呈“圆柱形”对称

B. 两原子核之间的电子云密度最大

C. 键的强度通常比 π 键大

D. 键的长度通常比 π 键长

20. 下列反应中，$\Delta_rS_m^{\ominus}$ 值最大的是(　　)。

A. $C(s)+O_2(g)=CO_2(g)$

B. $2SO_2(g)+O_2(g)=\!=\!=2SO_3(g)$

C. $CaSO_4(s)+2H_2O(l)=\!=\!=CaSO_4\cdot 2H_2O(s)$

D. $N_2(g)+3H_2(g)=\!=\!=2NH_3(g)$

三、判断题(10 分)

1. 原子轨道图是 Ψ 的图形,故所有原子轨道都有正、负部分。(　　)

2. 非极性分子存在瞬时偶极,因此它们之间也存在诱导力。(　　)

3. Ni^{2+} 的平面四方形构型的配合物必定是反磁性的。(　　)

4. 反应产物的分子数比反应物多,该反应的 $\Delta S>0$。(　　)

5. 一个化学反应 $\Delta_r G_m^{\ominus}$ 值越负,自发进行倾向越大,反应速率越快。(　　)

6. 因为 $\Delta_r G_m^{\ominus}(T)=-2.303RT\lg K^{\ominus}$,所以温度升高,$K^{\ominus}$ 减小。(　　)

7. HAc 溶液中,加入 NaAc 会使 $K_{a(HAc)}^{\ominus}$ 减小。(　　)

8. 沉淀完全则溶液中该离子浓度为零。(　　)

9. 原电池中正极电对的氧化型物种浓度或分压增大,电池电动势增大;同样,负极电对的氧化型物种浓度或分压降低,电池电动势也增大。(　　)

10. $K_f^{\ominus}([Ag(CN)_2]^-)=1.26\times10^{21}$,$K_f^{\ominus}([Ag(NH_3)_2]^+)=1.12\times10^{7}$。则相同浓度的$[Ag(NH_3)_2]^+$的氧化性比$[Ag(CN)_2]^-$的氧化性强。(　　)

请各位同学将答案抄在下面,没有抄写答案的一律不得分。(请再次在本页上面写上名字)

一、填空题(每空 1 分,共 30 分,字迹不清楚不得分)

1. (3 分)________、________、________。

2. (4 分)________、________、________、________。

3. (4 分)________、________、________、________。

4. (3 分)________、________、________。

5. (1 分)________。

6. (2 分)________、________。

7. (3 分)________、________、________。

8. (3 分)________、________、________。

9. (1 分)________。

10. (2 分) ________、________。

11. (2 分)________、________。

12. (2 分)________、________。

二、选择题(每题 2 分,共 40 分)

1	2	3	4	5	6	7	8	9	10
11	12	13	14	15	16	17	18	19	20

三、判断题(10 分)

1(　　) 2(　　) 3(　　) 4(　　) 5(　　) 6(　　) 7(　　) 8(　　) 9(　　) 10(　　)

四、计算题(每题 5 分,共 20 分)

1. 已知反应 $CuBr_2(s) \rightleftharpoons CuBr(s) + 1/2Br_2(g)$ 的下列两个平衡态：(1) $T_1 = 450K$，$p_1 = 0.6798kPa$；(2) $T_2 = 550K$，$p_2 = 67.98kPa$。试计算反应的标准热力学数据 $\Delta_r H_m^{\ominus}(298K)$、$\Delta_r S_m^{\ominus}(298K)$、$\Delta_r G_m^{\ominus}(298K)$ 及标准平衡常数 $K^{\ominus}(298K)$。

2. $0.20mol \cdot dm^{-3}$ $MgCl_2$ 溶液中杂质 Fe^{3+} 的浓度为 $0.10mol \cdot dm^{-3}$，欲除之，pH 应控制在何范围？(已知 $K_{sp}^{\ominus}[Fe(OH)_3] = 2.6 \times 10^{-39}$，$K_{sp}^{\ominus}[Mg(OH)_2] = 1.8 \times 10^{-11}$)

3. 将 $Cr_2O_7^{2-}/Cr^{3+}$ 与 I_2/I^- 组成原电池，在 298.15K 时，$c(Cr_2O_7^{2-})$ 为 0.10mol · dm^{-3}，$c(I^-)$ 为 $x$mol · dm^{-3}，其他离子浓度皆为 1.0mol · dm^{-3}，原电池的电动势为 0.751V。

(1) $c(I^-)$ 为多少？(2)计算该条件下上述氧化还原反应的 $\Delta_r G_m$ 及 298.15K 时的 $K^\ominus$。

(已知：$E^\ominus(Cr_2O_7^{2-}/Cr^{3+})=1.36V$，$E^\ominus(I_2/I^-)=0.54V$)

4. 已知 $K_{sp}^\ominus(AgI)=8.3\times10^{-17}$，$K_d^\ominus([Ag(CN)_2]^-)=1.2\times10^{-21}$。将 0.10mol AgI 固体恰好溶于 1.00dm^3 NaCN 溶液中，试计算 NaCN 溶液的起始浓度至少为多少？

参考答案与解析

第1章　原子结构与元素周期性

一、填空题

1. 线状或不连续；bohr；不连续的或量子化的；$\Delta E=hv=h\times\frac{c}{\lambda}$

2. 波粒二象性；具有统计性规律；薛定谔方程

3. 波函数；原子轨道；$|\Psi|^2$；概率密度；电子云

4. 核外电子运动状态；原子轨道

5. d_{z^2}原子轨道；d_{xz}电子云

6. 运动状态；角度部分；径向部分

7. n、l、m、m_s；m_s；l；n；m

8. 3；2；－2；5；相等；d_{xz}；d_{z^2}；等价轨道(或简并轨道)

9. 3；互相垂直；p_y；p_z

10. 3；n、l、m；2

11. 4；1；3；6

12. (1) 3、4、5、6、7；1/2　(2) 2　(3) 0

13. Cu；29；$3d^{10}4s^1$；ds；IB；洪特规则特例

解析：第一个条件，36号元素之前，即第四周期前。第二个条件，有d轨道，因最小的也是3d轨道，没有2d轨道，所以可知是第四周期原子。再由第四周期原子的价电子排布，失去一个电子即没有成单电子，有可能为$3d^1$和$3d^{10}$(是钪和铜)，而失去两个电子，在3d轨道上有一个成单电子，因此只有铜。

14. $1s^22s^22p^63s^23p^63d^54s^1$；1；0；0；洪特规则特例

15. $1s^22s^22p^63s^23p^63d^{10}4s^24p^64d^{10}5s^1$；5

16. 简并轨道或等价轨道；能级分裂；能级交错

17. 5；2；0或±1或±2；＋1/2或－1/2

18. 4；0；0；＋1/2或－1/2

19. 泡利不相容原理；洪特规则；能量最低原理

20. 6s、4f、5d、6p；18；8；8；18

解析：没有能级交错现象，第三周期填充的亚层应为3s、3p、3d，填满后应该含有18种元素。而实际根据鲍林能级图第三周期填充的第三能级组只有3s、3p亚层，因此实际该周期只有8种元素。由于能级交错现象，能级组排布的规律是：ns→$(n-2)$f→$(n-1)$d→np，因此最外层(第n层)只有ns与np亚层，所以最外层最多只能容纳8个电子；而此时次外层含有的亚层为$(n-1)$s、$(n-1)$p、$(n-1)$d，因此次外层电子数最多为18个。

21. $\Psi_{4,0,0}$

22. 高

解析：不同原子轨道能级比较，主要参考科顿的原子轨道能级图，该图根据大量光谱学数据总结而来，更接近实际的原子轨道能级，而鲍林的能级图只是近似的。

23. 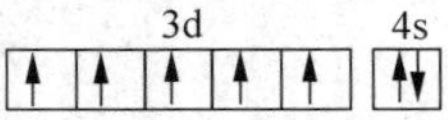

24. 泡利(Pauli)不相容原理

25. 7；16；最外；最外层 s 电子排布＋次外层 d 电子排布

26. Zn；四周期；ⅡB；$1s^2 2s^2 2p^6 3s^2 3p^6 3d^{10} 4s^2$

27. 32；Fe；四；Ⅷ；$1s^2 2s^2 2p^6 3s^2 3p^6 3d^6 4s^2$

28. 氟；氦；锰；卤族元素(氟、氯、溴、碘、砹)，零族元素(氖、氩、氪、氙、氡)，砷；铬、锰；钾、铬、铜

29. 6s、4f、5d、6p；32 个；Cs；Rn

30. s；ⅠA；p；ⅦA；4；d；ⅣB；Ti

31. (1) Fe；(2) Cr；(3) Ge 或 Se；(4) Cu；(5) Fe；(6) Cr、Mn

32. 54 号元素；$[Kr]4d^{10}5s^2 5p^6$

33. 30 号元素；$[Ar]3d^{10}4s^2$

34. 37 号元素；Rb；$[Kr]5s^1$

35. Mg；12；$3s^2$

36. Ti；22；$3d^2 4s^2$

37. Na；Al；ⅢA；$3s^2 3p^1$

38. Br；Ⅰ；ⅦA；$ns^2 np^5$

39. Ⅴ；$3d^2$

40. 4；ⅤA；$1s^2 2s^2 2p^6 3s^2 3p^6 3d^{10} 4s^2 4p^3$

41. 32；50

解析：第八周期对应第八能级组，按能级组构成规律，第八能级组应为 8s5g6f7d8p，g 亚层 9 条轨道，最多容纳 18 个电子，因此第八周期将包括 50 种元素。

42. 7；ⅡA、ⅢB；s、f

二、选择题

1. A	2. C	3. C	4. B	5. B	6. B
7. B	8. A	9. B	10. D	11. B	12. D,F
13. D	14. C	15. D	16. A	17. C	18. B
19. C	20. C	21. C	22. A	23. D	24. C,D
25. A	26. D	27. C	28. A	29. D	30. B
31. B	32. D	33. B	34. C	35. C	36. D
37. B	38. A	39. D	40. C	41. A	42. D
43. B	44. C	45. B,D	46. C	47. B	48. D
49. C	50. D	51. A	52. D	53. A	54. D,D,B
55. D	56. C	57. A	58. C		

部分习题解析：

1. 氢原子核外电子从高能级到低能级跃迁才能释放出能量，反之需要吸收能量。能量

与频率成正比，而谱线频率 $v=R_H\times(1/n_1^2-1/n_2^2)$，把 n_1 和 n_2 代入可知，氢原子由 $n=5$ 能级向 $n=3$ 的能级跃迁时辐射的光子能量为 1.51－0.54＝0.97eV，而由 $n=3$ 能级向 $n=2$ 能级跃迁时辐射的光子能量为 3.4－1.51＝1.89eV。

9. 只需要 n、l、m 三个参数就可以描述一个确定的原子轨道，而 m_s 是电子自旋参数，与轨道无关。

24. 屏蔽效应和钻穿效应共同导致了多电子原子体系的能级出现交错，所以可以用来解释该现象。由于能级交错现象，ns、(n－2)f、(n－1)d、np 属于同一能级组(第 n 能级组)，由能级组的组成规律可以看出其最外层只有 ns、np，由此决定了最外层电子数最多＝8。

28. 本题需要算出原子序数为 33 的元素的外层电子排布，恰好是ⅤA 族，价电子排布是 ns^2np^3，$l=1$ 的三个 p 轨道上各有一个电子，所以电子数为 1。

36. 镧系收缩现象的结果，可参考教材 34 页镧系收缩。

40. Cr 元素的电子排布是 $3d^5 4s^1$。

42. 根据量子数 m 的取值规律，如果 s、p、d 亚层上充满电子的话，s 亚层上的两个电子、p 亚层其中一条轨道上的两个电子、d 亚层其中一条轨道上的两个电子所对应的 m 取值都为 0。锶的电子排布为：

	$1s^2$	$2s^2$	$2p^6$	$3s^2$	$3p^6$	$3d^{10}$	$4s^2$	$4p^6$	$5s^2$
其各亚层对应 $m=0$ 的电子数分别为：	↓	↓	↓	↓	↓	↓	↓	↓	↓
	2	2	2	2	2	2	2	2	2

因此符合 $m=0$ 的电子数为：2＋2＋2＋2＋2＋2＋2＋2＋2＝18 个

45. 电离能变化的规律是从左往右逐渐增大，其中符合 np^3 的原子因轨道电子半满，能量低，比同周期左右的原子稳定，电离能大，所以最低的是 np^4 的原子，最大的是惰性原子 np^6。

49. 从电离能数据可以看出，在第三和第四电离能之间出现了一个数值的飞跃，说明电离三个电子之后就不再有外层电子，开始电离内层电子，只有这时才会出现能量的突然大幅增加，这是电离内层电子需要的。

56. 惰性气体原子得到一个电子成为负离子要克服排斥力，所以要吸收能量，是正值。

57. 镧系收缩的结果导致同族第五、六周期的过渡元素性质极为接近。

58. Cr 和 Mo 虽为同一族，但是第四周期和第五周期元素，Mo 与 W 性质相似。

三、判断题

1. √	2. ×	3. ×	4. √	5. ×	6. ×
7. √	8. ×	9. ×	10. √	11. √	12. ×
13. ×	14. √	15. ×	16. ×	17. √	18. ×
19. ×	20. ×	21. ×	22. ×	23. √	24. √
25. √	26. √	27. √	28. √	29. √	30. ×
31. ×					

部分习题解析：

8. s 轨道只有正。

14. 氢原子的原子核只有一个质子，外层只有一个电子，没有复杂的屏蔽和钻穿效应，所以没有能级分裂，2s 和 2p 轨道能量相同。

15.17. 随着原子序数增加，其核外 2s 轨道能级逐渐下降。参看“科顿的原子轨道能级图”。

18. H 元素例外，其有效核电荷＝核电荷。

19.20. 最高能级组排布还包括(n－2)f 和(n－1)d 轨道，这些轨道上的电子有时不属于价电子。

第2章　化学键与分子结构

一、填空题

1. 内；σ 键
2. 键轴；头碰头；π 键；肩并肩(或沿键轴；垂直键轴)
3. 强；σ 键
4. 4＞1＞3＞2
5. 饱和性
6. HF；OF_2
7. NaCl；HBr
8. NaCl＞HCl＞HI＞Cl_2
9. sp^3；109°28′(或 109.5°)
10. 能量、形状、空间伸展方向；能量
11. L. Pauling；空间构型
12. B；sp^2；σ
13.

物质	$HgCl_2$	$SiCl_4$	PH_3
中心原子杂化类型	sp	sp^3	不等性 sp^3
分子空间构型	直线形	正四面体	三角锥

14. sp；2；2

解析：根据已知条件，HCN 是直线型结构，可知中心原子碳是 sp 杂化，碳氮间形成了三键(一个 σ 键，两个 π 键)，碳氢间形成了 σ 键。部分考研题上并没有告知 HCN 是直线型结构，按照中心是碳原子，配位是 H 和 N 可求出此时 VP＝4，其中 CN 之间的三键按照单键处理，可算出此时 VP＝2，所以中心碳是 sp 杂化，形成直线型结构。

15. 1；0
16. T 形
17. 四方锥；平面四方；变形四面体
18. 三角双锥
19. 0；3
20. sp^3；V 形
21. 中心原子；配位原子；一半；电荷数
22. 3；sp^2；0；平面三角形
23. 3；不等性 sp^2；1；V 形
24. 3；不等性 sp^2；1；V 形
25. 3；sp^2；0；平面三角形

26. 4；sp^3；正四面体；109°28′

27. 4；不等性 sp^3；三角锥；小于

28. sp^2；V 形

29. 正四面体；正四面体；正四面体；三角锥

30. 能量最低；泡利不相容；洪特规则

31. 3；2；1；增大

32. $KK(\sigma_{2s})^2(\sigma_{2s}^*)^2(\pi_{2p_y})^2(\pi_{2p_z})^2(\sigma_{2p_x})^1$；2.5；顺磁

33. 对称性匹配、最大重叠、能量相近；2p

34. $KK(\sigma_{2s})^2(\sigma_{2s}^*)^2(\sigma_{2p_x})^2(\pi_{2p_y})^2(\pi_{2p_z})^2(\pi_{2p_y}^*)^1$；2.5；顺

35. $KK(\sigma_{2s})^2(\sigma_{2s}^*)^2(\sigma_{2p_x})^2(\pi_{2p_y})^2(\pi_{2p_z})^2(\pi_{2p_y}^*)^2(\pi_{2p_z}^*)^1$；顺

36. π_{2p}^*(答 $\pi_{2p_y}^*$、$\pi_{2p_z}^*$ 均正确)

37. N_2^+；2.5；N_2^+、Li_2^+；Be_2^+

38. 取向力；诱导力；色散力；电性

39. 色散力

40. 色散；色散

41. 固有；诱导；瞬时；色散

42. $I_2>Br_2>Cl_2>F_2$；色散力；非极性；零

43. 单原子分子(非极性分子)；色散力；$He<Ne<Ar<Kr<Xe<Rn$

44. 取向力、诱导力、色散力；色散力

45. 大；小；同；不同

46. 取向力、诱导力；氢键；氢键

47. 色散力；取向力；氢键

48. (1)(2)；(3)(4)

49. V 形(或角型)；不等性 sp^3；2；大于

二、选择题

1. D	2. B	3. B	4. C	5. C	6. D
7. C	8. D	9. A	10. A	11. A	12. A
13. C	14. A	15. B	16. C	17. B	18. B
19. D	20. C	21. B	22. A	23. B	24. D
25. B	26. C	27. A	28. D	29. A	30. C
31. B	32. C	33. B	34. A	35. C	36. B
37. B	38. C	39. C	40. B	41. B	42. C
43. A	44. A	45. D	46. C	47. A	48. B
49. C	50. A	51. C	52. D	53. D	54. B
55. A	56. A	57. A	58. D	59. C	60. D
61. C	62. C	63. B	64. D	65. B	66. D
67. D	68. C	69. C	70. B	71. D	72. C
73. C	74. C	75. C	76. D	77. B	78. B
79. A,C	80. C				

部分习题解析：

2. 键的极性测试题中，部分高校试题中会出现选项 O_3。多数同学从电负性角度来解题，可能会认为臭氧是非极性分子，氧与氧之间形成的非极性键。但实验测定 O_3 分子的偶极矩是 0.53D，键角为 116.8°，键长为 127.8pm，说明臭氧分子是极性分子。臭氧分子中的中心氧原子采用了 sp^2 杂化与配位的两个氧原子形成 σ 键，而中心氧原子没有杂化的 p 轨道与配位氧原子之间形成了离域键 π_3^4，所以臭氧分子内的键长介于氧原子间单键键长 148pm 与双键键长 112pm 之间；同时因为存在键角，且离域 π 键的电子分布不均，使得中心氧原子的电荷显得略正一些，而两边氧原子显得负一些，O_3 分子的偶极矩不为零，显示臭氧分子是个极性分子，O—O 键也有极性。"

15. A，如 Be 等没有未成对电子的原子形成 $BeCl_2$ 时。C，B 原子的外层电子排布是 $2s^2 2p^1$，第二层没有 2d 轨道，不可能形成 sp^3d^2 杂化。

27. sp^3d^2 杂化可以倒推计算中心原子 A 的 VP＝6，而成键电对数目是 4，LP＝2，可以知道空间构型是平面正方形。

33. 前三个都是四面体，但不同原子成键其键长不同，所以只有配原子相同的才是正四面体。

39. 分子轨道理论中，单电子 π 键指的是有一个单电子填充到了 π 成键轨道上。B_2 分子的最后两个电子分别填充到 π_{2p_y} 和 π_{2p_z} 轨道上，有两个单电子 π 键。而 CO 和 NO^+ 及 N_2 是等电子体系，没有成单电子。NO 则有一个三电子 π 键。

40. Li_2^+ 离子的最高占有轨道是 σ_{2s} 成键轨道，只有一个电子在 σ 轨道上，所以是单电子 σ 键。而 B_2 是单电子 π 键；Be_2^{2+} 离子最后一个电子在 σ 反键轨道上，所以是三电子 σ 键。

46. 按照分子轨道理论，B 原子的 2p 轨道可能组成三个成键分子轨道，与电子是否填充到该轨道无关。

55. 有取向力的只有 A 与 B，其中 A 的电荷量大，而且 CO 中 C 和 O 电负性差值小，正负电荷重心距离短。

56. 大多数分子间作用力以色散力为主。B 和 D 都是同核双原子分子，相对分子质量小，分子间色散力也小。A 和 C 都是异核双原子分子，都有取向力、诱导力和色散力。组成结构相似的分子，HI 分子比 HCl 分子的相对分子质量大，分子体积大，分子变形性大，形成的色散力也大，所以分子间作用力最大的是 HI。

63. 磷酸有多个—O—H 键可形成分子间氢键，而 CH_3F 分子之间只能形成 F…H 间的弱相互作用，并不是氢键。

70. A 和 D 的偶极矩为 0。NH_3 和 PH_3 的中心原子电负性不同，N 的电负性大，成键电对靠近 N，正负电荷重心距离远，所以 NH_3 偶极矩大于 PH_3 的偶极矩。

71. 分子间的范德华作用力不属于化学键。相距一定距离的两个分子上的原子之间可能也会形成弱的相互作用，但这不是化学键。离子之间的静电作用力包括吸引力和排斥力。

77. Cl^- 和 K^+ 的电子构型与 Ar 相同，而不是与 Ne 相同。

80. 按照 VSEPR 理论可以算出 NO_3^- 是平面三角形，夹角 120°。对于 NH_3、NCl_3、NF_3 三个分子，中心原子相同，配原子电负性越大，则成键电子对离中心原子越远，成键电子对之间的排斥力越小，而孤电子对对其他三个成键电对的排斥力会使得三个成键电对之间的夹角越小。所以中心原子相同而配位原子不同时，配位原子的电负性越大，夹角反而越小。

三、判断题

1. ×	2. √	3. ×	4. √	5. √	6. ×
7. √	8. ×	9. ×	10. ×	11. ×	12. √
13. ×	14. ×	15. ×	16. √	17. ×	18. ×
19. ×	20. ×	21. ×	22. ×	23. √	24. √
25. ×	26. √	27. ×	28. √	29. √	30. ×
31. √	32. ×	33. ×	34. ×	35. ×	

部分习题解析：

7. 分子轨道理论中，键级不为0是成键的必要条件。

9. 如硫酸铜中的硫酸根离子内部还有S—O共价键。

10. 氢气分子是个特例，两个球形的氢原子形成的氢气分子没有方向性。

14. VP＝5的分子，如 PCl_5 也有三个120°夹角。

15. 也可以是 sp^2 杂化，如 SO_2、NO_2。

18. 杂化轨道一定是中心原子C的2s和2p轨道上的电子进行杂化形成的。

第3章 晶体结构

一、填空题

1. 有规则的几何外形，有固定的熔点，各向异性

2. 七，十四；原子，离子，分子，金属；单晶，多晶，液晶

3. 8∶8；4∶4；0.732～1.00；0.225～0.414；4,4

4. Ca^{2+}；O^{2-}；离子键；离子晶体

5. 分子晶体；原子晶体；离子晶体；金属晶体；CO_2

6. 干冰；CaO

7. 面心立方密堆积；六方密堆积；体心立方堆积；体心立方堆积；面心立方密堆积和六方密堆积；面心立方密堆积；六方密堆积；74.06%；六方密堆积；面心立方密堆积

8. sp^2；σ键；p；共轭大π；范德华力

9. 高；低；高；KCl＜NaCl＜SrO＜MgO

10. 极化力；变形性；半径较大；离子键；共价键；离子晶体；分子晶体；降低；变深

11. $1s^2 2s^2 2p^6$；Al^{3+}＜Mg^{2+}＜Na^+＜F^-＜O^{2-}；Mg^{2+}＜Ca^{2+}＜Sr^{2+}＜Ba^{2+}

12. O^{2-}＜S^{2-}＜Se^{2-}；Cs^+＜Rb^+＜K^+＜Na^+＜Li^+；大

二、选择题

1. C	2. B	3. B	4. C	5. D	6. C
7. A	8. D	9. B	10. A	11. D	12. B
13. D	14. C	15. B	16. D	17. D	18. A
19. B	20. D	21. A	22. B	23. D	24. B
25. B	26. C	27. B	28. B	29. D	

三、判断题

1. √	2. √	3. ×	4. ×	5. ×	6. √
7. ×	8. √	9. √	10. √	11. ×	12. ×
13. ×	14. √	15. ×			

第 4 章　配位化合物基础

一、填空题

1. 三氯化三乙二胺合钴(Ⅲ)；Co^{3+}；$H_2N\text{-}CH_2\text{-}CH_2\text{-}NH_2$；6

解析：乙二胺为多齿配体，一个配体中含两个配原子，故配位数为配体数的 2 倍。

2. 硫酸一氯·一氨·二乙二胺合铬(Ⅲ)；+3；Cl^-、NH_3、en；Cl、N、N；正八面体

3.

配合物	命名	中心离子	配位体	配位原子	配位数
$[CoCl_2(NH_3)_4]Cl$	一氯化二氯·四氨合钴(Ⅲ)	Co^{3+}	Cl^-,NH_3	Cl,N	6
$H[PtCl_3(NH_3)]$	三氯·氨合铂(Ⅱ)酸	Pt^{2+}	Cl^-,NH_3	Cl,N	4
$K[Ag(CN)_2]$	二氰合银(Ⅰ)酸钾	Ag^+	CN^-	C	2
$[Cd(CN)_4]^{2-}$	四氰合镉(Ⅱ)离子	Cd^{2+}	CN^-	C	4
$NH_4[Cr(NCS)_4(NH_3)_2]$	四异硫氰·二氨合铬(Ⅲ)酸铵	Cr^{3+}	NCS^-,NH_3	N	6
$K[Cu(SCN)_2]$	二硫氰合铜(Ⅰ)酸钾	Cu^+	SCN^-	S	2
$K[PtCl_3(C_2H_4)]$	三氯·(乙烯)合铂(Ⅱ)酸钾	Pt^{2+}	Cl^-,C_2H_4	Cl,C	4

解析：注意区分 CN^-,NCS^- 和 SCN^-

4. $[CrCl(H_2O)_5]Cl_2 \cdot H_2O$；$[Cr(H_2O)_6]Cl_3$

解析：内外界间的解离比较完全，而内界解离非常小，故与 Ag^+ 反应的为外界中的氯离子。

5. $[Cr(H_2O)_6]Cl_3$；$[CrCl(H_2O)_5]Cl_2 \cdot H_2O$；$[CrCl_2(H_2O)_4]Cl \cdot 2H_2O$；$[CrCl_3(H_2O)_3] \cdot 3H_2O$

6. (1) $H_3[AlF_6]$；(2) $[Ni(en)_3]Cl_2$；(3) $[CrCl_2(H_2O)_4]Cl$；(4) $(NH_4)_4[Fe(CN)_6]$；(5) $K_2[Co(NCS)_4]$；(6) $[Co(ONO)(NH_3)_3(H_2O)_2]Cl_2$；(7) $[Pt(NH_3)_4][PtCl_4]$

7. 1,2；3,4,5

解析：CN^-,NO_2^- 为强场配体，易于形成内轨型配合物，F^- 为弱场配体，易于形成外轨型配合物。

8. 6；正八面体

解析：$C_2O_4^{2-}$ 作为多齿配体提供两个配原子，故配位数为配体数的 2 倍，与 en 类似。六配位的配合物无论内轨型还是外轨型，都为八面体构型。

9. 六氰合铁(Ⅲ)酸钾；5；d^2sp^3；正八面体

10.

配合物	形成体价电子构型	杂化轨道类型	内界的空间结构
$[Ni(CN)_4]^{2-}$	$3d^8$	dsp^2	平面正方形
$[Zn(CN)_4]^{2-}$	$3d^{10}$	sp^3	正四面体
$[Co(NO_2)_6]^{3-}$	$3d^6$	d^2sp^3	正八面体

解析：CN^- 作为强场配体易形成内轨型配合物，但 Zn^{2+} 的价电子构型为 $3d^{10}$，无空的内层 3d 轨道，只能发生 sp^3 杂化；NO_2^- 为强场配体，易形成内轨型配合物。

11. dsp^2；sp^3；sp^3d^2；平面正方形

12. sp^3；四面体形

13. 正方形；dsp^2

14. (1) 1.73 **解析**：中心离子的价电子构型为 $3d^9$，发生 dsp^2 杂化，含 1 个单电子；磁矩 $\mu \approx n+1 \approx 2$，故选最接近的 1.73；

(2) 5.92 **解析**：中心离子的价电子构型为 $3d^5$，与配离子 F^- 形成外轨型配合物，故单电子数为 5；磁矩 $\mu \approx n+1 \approx 6$；

(3) 0 **解析**：中心离子的价电子构型为 $3d^6$，CN^- 为强场配体，单电子发生重排，形成 d^2sp^2 杂化电子，磁矩为 0；

(4) 3.87 **解析**：中心离子的价电子构型为 $3d^7$，形成六配位化合物时，只能形成外轨型配合物，故单电子数为 3，磁矩 $\mu \approx n+1 \approx 4$。

15. (1) 3；(2) 1；(3) 3；(4) 1。

16.

配合物	磁矩/B. M.	中心体杂化轨道类型	配合物空间结构
$Ni(CO)_4$	0	sp^3	四面体形
$[Co(CN)_6]^{3-}$	0	d^2sp^3	正八面体形
$[Mn(H_2O)_6]^{2+}$	5.92	sp^3d^2	正八面体形

17. 3；2

解析：本题实际上是要判断中心离子钴的价态，已知 Co 的价层电子排布：$3d^74s^2$

Co^{2+} 的 3d 轨道结构 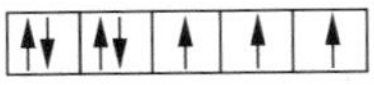 Co^{3+} 的 3d 轨道结构 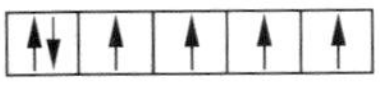

六配位，若内轨，需要两条空的 d 轨道，Co^{3+} 通过重排可以实现，重排后单电子数＝0，表现反磁性，因此题中反磁性的是正三价钴的配合物，即 $x=3$。

而正二价钴，无法实现两条空的 d 轨道，只能外轨，单电子数＝3，表现顺磁性。

18. <；<

解析：多齿配体稳定性高于单齿配体；内轨型配合物的稳定性高于外轨型配合物。

19. Ni^{2+}；Ⅷ；顺；四面体形；sp^3；反；平面正方形；dsp^2

解析：此题与第 1 章结合，首先根据第四周期副族原子的特点，失两个电子后最外层肯定为第三电子层的电子，$3s^23p^63d^8$，故其为 Ni^{2+}（价电子排布为 $3d^84s^2$）。根据 Cl^- 和 CN^- 的配位能力判断后面问题，Cl^- 为弱场配体，故发生 sp^3 杂化形成外轨型配合物，Ni^{2+} 含两个单电子，为顺磁性。CN^- 为强场配体，故发生 dsp^2 杂化形成内轨型配合物，八个 d 电子重排，无单电子，为反磁性。

20. d^2sp^3；d^2sp^3

二、选择题

1. D	2. C	3. C	4. A	5. D	6. B
7. D	8. B	9. A	10. C	11. D	12. B
13. B	14. D	15. D	16. A	17. A	18. C
19. A	20. B	21. C	22. C	23. A	24. D
25. C	26. C	27. D	28. D	29. D	30. D
31. C	32. B	33. B	34. B	35. D	36. C
37. A	38. D	39. A	40. A		

部分习题解析：

1. $C_2O_4^{2-}$ 与 en 均含两个配原子，故配位数为 $2\times2+2=6$。

4. 配位原子的总数叫作该中心离子或原子的配位数，若配体为单齿配体，则配位数与配体数相等，若配体为多齿配体，则二者不等

5. 配体含两个或两个以上的配位原子，且这些配位原子与同一个中心离子或原子以配位键结合形成环状结构配合物，这样的配体称螯合剂。

6. 从 VSEPR 理论可知，NH_4^+ 中，VP＝4，BP＝4，则 LP＝0，故不存在孤电子对，无法作为配体。NH_4^+ 的结构 $\left[\begin{array}{c} \mathrm{H} \\ | \\ \mathrm{H—N\rightarrow H} \\ | \\ \mathrm{H} \end{array}\right]^+$。

7. 首先判断各选项中的配原子(SCN^-：S；NH_3：N；H_2O：O；CN^-：C)，然后看配原子的电负性高低，配原子电负性越小，越容易给出电子，配位能力越强。

8. 八面体或正方形配合物中，中心原子的配位数为 6 或 4，B 选项为 8。

16. EDTA：乙二胺四乙酸，含六个配位原子。

20. 已知的铬(Ⅲ)配合物有几千个，除少数几个外，配位数多为 6。其＋3 价 Cr^{3+} 的电子排布为 $3d^3$，与配体配位形成 d^2sp^3 杂化方式。

22. 有的配合物为中性物质，如 $Fe(CO)_5$。所以 A 描述错误。配合物的外界也可能含有配位键，如 NH_4^+。

24. A：可以为金属原子；B：可以无外界，如第 9 题。

26. 根据配位键本质，中心原子或离子一定要提供空轨道，这也是该类杂化的特点，必须有空轨道参与。

27. 首先，该配合物为四配位，可能发生的杂化方式为 sp^3 或 dsp^2。CN^- 为强场配体，故使中心原子发生内轨型杂化，dsp^2，平面四方形构型。

29. Ni^{2+} 结构为 $3d^8$，六配位内轨需要次外层有两条空的 d 轨道，但 d^8 结构只能腾出一条空轨道，不够用，因此其六配位只能外轨，即发生 sp^3d^2 杂化。而若四配位可以利用这条腾出的空轨道形成 dsp^2 杂化，当然此时也可以是形成 sp^3 杂化，因此 A 与 B 都正确。当中心离子形成配合物时，若结构不发生重排，其单电子数应保持不变，磁矩不变，因此 D 描述错误。

30. 配位数为 4 的配合物构型为正四面体(sp^3 杂化)或者平面正方形(dsp^2)。配位数为 6 的配合物构型为正八面体(无论 sp^3d^2 还是 d^2sp^3)。

31. 根据磁矩判断该中心离子的价电子构型可能为 $3d^4$ 或者 $3d^6$，而 Cr^{3+} 为 $3d^3$，故选 Fe^{2+}。

32. Co^{3+} 的最外层 d 电子为 $3d^6$，含 4 个单电子，若形成内轨型配合物时按 d^2sp^3 杂化，重排后不含单电子。而题目中“$[CoF_6]^{3-}$ 与 Co^{3+} 有相同的磁矩”说明该配合物与 Co^{3+} 具有相同的电子排布，所以杂化时采用外轨型 sp^3d^2 杂化。

33. 具有顺磁性说明结构中含有单电子。题给四种配合物对应的中心离子：Ni^{2+}—$3d^8$：CN^- 是典型强场配体，与之形成内轨配合物，发生 dsp^2 杂化，因此 Ni^{2+} 结构要重排腾出一条空轨道，原来的单电子就此消失。

Co^{2+}—$3d^7$：无论内轨还是外轨，都还含有 1 个单电子，因此具有顺磁性。

Co^{3+}—$3d^6$：CN^- 是典型强场配体，与之形成内轨配合物，无单电子。

Fe^{2+}—$3d^6$：CN^- 是典型强场配体，与之形成内轨配合物，无单电子。

34. Ni^{2+} 的 d 电子排布为 $3d^8$，若形成内轨型杂化，重排后无单电子，为抗磁性。而题目中 $[NiCl_4]^{2-}$ 为顺磁性化合物，说明形成外轨型 sp^3 杂化，构型为正四面体。

35. Mn^{2+}—$3d^5$，Cu^{2+}—$3d^9$，Fe^{3+}—$3d^5$，Co^{3+}—$3d^6$

A、C、D 配体都是氰根离子，均形成内轨配合物，据其结构重排后单电子数分别为 1、1、0，B 只能形成外轨配合物，单电子数＝1，所以答案为 D。

36. 该题目看何种配合物的单电子数目最多。$[NiF_4]^{2+}$：$3d^8$，F 为弱场配体，形成外轨型 sp^3 杂化，含 2 个单电子；$[Ni(CN)_4]^{2-}$：$3d^8$，CN^- 为强场配体，形成内轨型 dsp^2 杂化，无单电子，磁矩为 0；$[FeF_6]^{3-}$：$3d^5$，F 为弱场配体，形成外轨型 sp^3d^2 杂化，含 5 个单电子；$[Fe(CN)_6]^{3-}$：CN^- 为强场配体，形成内轨型 d^2sp^3 杂化，含 1 个单电子。

37. $[CrCl_6]^{3-}$ 中 Cr^{3+}—$3d^3$，有现成的 2 条空 d 轨道，不需重排即可形成内轨，因此单电子数＝3；$[Cu(NH_3)_4]^{2+}$ 中 Cu^{2+}—$3d^9$，重排后分子中仍然存在 1 个单电子，因此单电子数＝1。

40. $[Fe(C_2O_4)_3]^{3-}$ 的磁矩约为 5.75 B. M，根据磁矩 $\mu \approx n+1$ 说明该配合物含 5 个单电子，结合 Fe^{3+} 的 d 电子排布 $3d^5$，说明未发生重排，发生了 sp^3d^2 杂化。由于 $C_2O_4^{2-}$ 配体中含两个配原子，故配位数为 6，配合物构型为八面体。

三、判断题

1. ×	2. √	3. √	4. √	5. ×	6. ×
7. √	8. ×	9. ×	10. ×	11. √	12. √
13. ×	14. √	15. √	16. ×	17. ×	18. √
19. ×	20. ×	21. √	22. ×	23. ×	

部分习题解析：

5. 中心原子价电子构型中 d 轨道电子为 8～10，形成六配位化合物时只能形成外轨型配合物。

6. 若中心离子参与杂化的电子本身为奇数，则无论内外轨杂化，都会含有单电子，会具有顺磁性。

8. 无此结论。形成体发生何种杂化，最主要是看配原子的电负性，若配体为强场配体，如 CN^-，即使中心离子的电荷数低，也会形成内轨型配合物。对于一些介于强场配体和弱场配体之间的配体，如 NH_3，在与中心离子形成配合物时，中心离子的氧化数越高，对配位原子孤电子对的吸引能力就越强，越有利于形成内轨型配合物。

14. Ni^{2+} 的配合物为四面体构型，说明形成外轨型 sp^3 杂化，3d 电子未重排，含 2 个单电子，顺磁性。

18. Ni^{2+} 的价电子构型为 $3d^8$，即使重排也只能形成一个空的 d 轨道，不能发生 d^2sp^3 杂化形成内轨型配合物。

23. 金属离子形成配合物后，其磁矩是否发生改变主要看单电子数目有无变化。单电子数目不变则磁矩不变。

第 5 章　化学反应的能量与方向

一、填空题

1. 始终态；途径；H、U；Q、W

2. 封闭体系；封闭体系、恒压过程、只做体积功；封闭体系、恒容过程、只做体积功；$Q_p = Q_V + \Delta nRT$

3. 能量传递；>；<；>；<；$-p\ (V_2-V_1)$；<；a

4. 80J；−80J

5. 放出；65；=；=

6. >；=；>

7. mol；<；>；表示各物质按方程式所示系数进行完全反应

8. −2；2；3；−1mol；1mol；1.5mol

9. −241.82

10. $-90.7\text{kJ}\cdot\text{mol}^{-1}$

11. $166.48\text{kJ}\cdot\text{mol}^{-1}$

解析：$\Delta U=Q+W=Q-p\Delta V=Q-\Delta nRT=\Delta_r H_m^{\ominus}-(2-1-2)\times 8.314\times 298\times 10^{-3}$。

12. $-41.8\text{kJ}\cdot\text{mol}^{-1}$；$-41.8\text{kJ}\cdot\text{mol}^{-1}$

解析：$\Delta U=Q+W$，$W=0$，有 $\Delta U=Q$，100kPa 压力恒定时，焓变等于恒压反应热。

13. $Ag(s)+1/2Br_2(l)\!=\!=\!=AgBr(s)$

14. 25.9；−12.95

15. 任一化学反应，不论是一步还是多步完成，其化学反应的热效应总是相同；状态函数

16. $-314.6\text{kJ}\cdot\text{mol}^{-1}$

17. $33.18\text{kJ}\cdot\text{mol}^{-1}$

18. 193

19. 聚集状态、温度、压力、相对分子质量、分子结构；绝对温度 0K

20. (1) >0；(2) >0；(3) >0；(4) >0

21. <；>

22. 0，$\dfrac{41\times 10^3}{373}=1.1\times 10^{2}\text{J}\cdot\text{mol}^{-1}\cdot\text{K}^{-1}$

解析：100℃时，体系处于液态-气态两相平衡态，吉布斯自由能变为 0。

23. (3)>(1)>(2)

24. 68；202；370

解析：道尔顿分压定律，氦气只增加总压。对氮气来说就是个从 1L 放大到 3L 而已，压力自然为原来的 1/3。

25. 83.1；41.6；124.7；0.667

26. a/3

27. $-28.6\text{kJ}\cdot\text{mol}^{-1}$

28. >0；>0；<0；<0

29. $\Delta_r G_m^{\ominus}(1)=2\Delta_r G_m^{\ominus}(2)$

30. C；B；1110；A

31. 负值；斜率$=-\Delta S$，而 $\Delta S>0$

二、选择题

1. C	2. D	3. D	4. C	5. D	6. C
7. D	8. B	9. D	10. C	11. B	12. A
13. A	14. B	15. B	16. D	17. C	18. D
19. C	20. D	21. C	22. A	23. C	24. D

25. A　26. C　27. D　28. B　29. A　30. B
31. D　32. C　33. A　34. B　35. C　36. C
37. B　38. B

部分习题解析：

8. $\Delta U = Q + W = Q - p\Delta V = 0$，甲烷燃烧是放热反应，反应配平后分子数不变，但是体系的压力增大了，按照定义 $H = U + pV$，则 $\Delta H = \Delta U + p\Delta V + V\Delta p$，其中前两项都是 0，体系的压力增大所以只有 $V\Delta p$ 是大于 0 的，因此答案是 B。

10. $\Delta U = Q + W = Q - p\Delta V = Q - \Delta nRT = \Delta_r H_m^{\ominus} + RT$。

16. 根据标准摩尔生成焓的定义，A 中 CaO 非单质。B 中 Br_2 应为液态。C 选项 Li_3N 的系数应该为 1。

26. 高温低压状态分子间作用力非常小，可近似看成理想气体。

27. 利用分压定律表达式 $P_i V_{总} = n_i RT$，可知 P_i。

三、判断题

1. ×　2. √　3. √　4. √　5. √　6. ×
7. ×　8. √　9. ×　10. ×　11. ×　12. ×
13. ×　14. ×　15. ×　16. ×　17. ×　18. √
19. √　20. ×　21. √　22. ×　23. ×　24. ×
25. ×　26. ×　27. ×　28. ×

部分习题解析：

21. 273K，101.325kPa，系统处于相平衡，所以 $\Delta G = 0$，水凝结为冰是混乱度减小的过程，所以 $\Delta S < 0$。

22. 焓、熵、自由能均为状态函数，其中焓和自由能的绝对数值大小均不可知。

23. 温度变化对 ΔG 影响明显。$\Delta G = \Delta H - T\Delta S$。

25. $\Delta_r G_m^{\ominus}$ 只能判断反应的限度，$\Delta_r G_m$ 用于判断反应自发方向。

27. $\Delta_r H_m^{\ominus}(Br_2, l) = 0$。

四、计算题

1. **解：**　(1) $\frac{1}{2}N_2(g) + \frac{3}{2}H_2(g) \longrightarrow NH_3(g)$

反应前	n/mol	10	20	0
反应后	n/mol	10−2.5	20−7.5	5.0

$$\xi_{N_2} = \frac{\Delta n_{N_2}}{\gamma_{N_2}} = \frac{-2.5}{-\frac{1}{2}} = 5(\text{mol})$$

$$\xi_{H_2} = \frac{\Delta n_{H_2}}{\gamma_{H_2}} = \frac{-7.5}{-\frac{3}{2}} = 5(\text{mol})$$

$$\xi_{NH_3} = \frac{\Delta n_{NH_3}}{\gamma_{NH_3}} = \frac{5}{1} = 5(\text{mol})$$

(2) $N_2(g) + 3H_2(g) \longrightarrow 2NH_3(g)$

反应前	n/mol	10	20	0
反应后	n/mol	10−2.5	20−7.5	5.0

$$\xi_{N_2}=\frac{\Delta n_{N_2}}{\gamma_{N_2}}=\frac{-2.5}{-1}=2.5(\text{mol})$$

$$\xi_{H_2}=\frac{\Delta n_{H_2}}{\gamma_{H_2}}=\frac{-7.5}{-3}=2.5(\text{mol})$$

$$\xi_{NH_3}=\frac{\Delta n_{NH_3}}{\gamma_{NH_3}}=\frac{5}{2}=2.5(\text{mol})$$

结论：(1) 反应进度值与选用化学方程式中哪种物质的量的变化计算无关。

(2) 反应进度与化学方程式写法有关。

2. **解**：

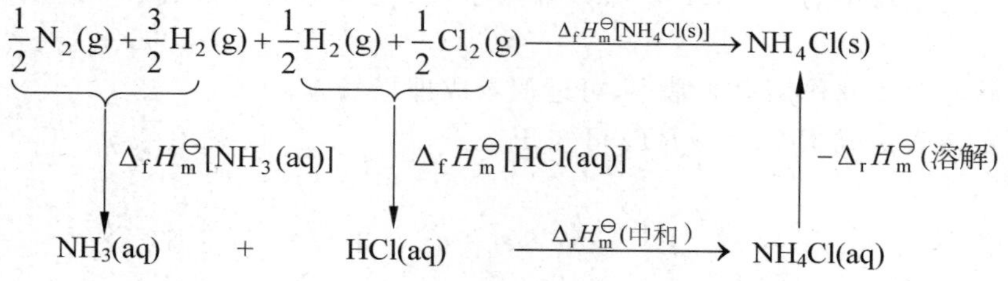

$$\Delta_f H_m^\ominus[NH_4Cl(s)]=\Delta_f H_m^\ominus[NH_3(aq)]+\Delta_f H_m^\ominus[HCl(aq)]+\Delta_r H_m^\ominus(\text{中和})-\Delta_r H_m^\ominus(\text{溶解})$$

$$=-39.92-25.47-80.29-167.16=-312.84(\text{kJ}\cdot\text{mol}^{-1})$$

3. **解**：$H_2O(l)=H_2O(g)$

$\Delta U=Q+W=Q-p\Delta V=Q-\Delta nRT=40.58-1\times8.314\times373\times10^{-3}=37.48(\text{kJ}\cdot\text{mol}^{-1})$

$\Delta G=\Delta H-T\Delta S$，相变过程：$\Delta G=0$

$$\Delta S=\frac{\Delta H}{T}=\frac{Q}{T}=\frac{40.58\times1000}{373}=108.8\text{J}\cdot\text{mol}^{-1}\cdot\text{K}^{-1}$$

4. **解**：(1) $V_1=0.0191\text{m}^3=19.1\text{dm}^3$

(2) $T_2=640\text{K}$

(3) $W=-2417\text{J}$

(4) $\Delta U=-3677\text{J}$

(5) $\Delta H=-1260\text{J}$

5. **解**：$\Delta_r H_m^\ominus=1/2\Delta_f H_m^\ominus(O_2)+\Delta_f H_m^\ominus(C)-\Delta_f H_m^\ominus(CO)$

$=0+0-(-110.5)=110.5(\text{kJ}\cdot\text{mol}^{-1})>0$

$\Delta_r S_m^\ominus=1/2S_m^\ominus(O_2)+S_m^\ominus(C)-S_m^\ominus(CO)$

$$=\frac{1}{2}\times205.1+5.74-197.7=-89.41(\text{J}\cdot\text{mol}^{-1}\cdot\text{K}^{-1})<0$$

因此任何温度下反应都无法实现。

6. **解**：空气中 CO_2 的分压为：$p_{CO_2}=\psi(CO_2)\times P=0.03\%\times101.325\text{kPa}=30.4(\text{Pa})$

$\Delta_r H_m^\ominus(298.15\text{K})=[-30.05+(-393.509)]-(-505.8)=82.24(\text{kJ}\cdot\text{mol}^{-1})$

$\Delta_r S_m^\ominus(298.15\text{K})=121.3+213.74-167.4=167.6(\text{J}\cdot\text{mol}^{-1}\cdot\text{K}^{-1})$

所以 $\Delta_r G_m^\ominus(383.15\text{K})\approx\Delta_r H_m^\ominus(298.15\text{K})-T\Delta_r S_m^\ominus(298.15\text{K})=82.24-383.15\times167.6\times10^{-3}=18.02(\text{kJ}\cdot\text{mol}^{-1})$

$\Delta_r G_m(383.15\text{K})=\Delta_r G_m^\ominus(383.15\text{K})+2.303RT\lg J=\Delta_r G_m^\ominus(383.15\text{K})+2.303RT\lg\frac{p_{CO_2}}{p^\ominus}=$

$18.02+2.303\times 8.314\times 383.15\times 10^{-3}\times \lg(30.4\times 10^{-3}/100)=-7.75(\mathrm{kJ\cdot mol^{-1}})$

由于此条件下，$\Delta_r G_m(383.15\mathrm{K})<0$，所以在110℃烘箱中烘干潮湿的固体 Ag_2CO_3 时会自发发生分解反应。为了避免 Ag_2CO_3 的热分解，应通入含 CO_2 分压较大的气流进行干燥，使此时的 $\Delta_r G_m(383.15\mathrm{K})>0$ 。

7. **解**：$\Delta_r H_m^{\ominus}=2\Delta_f H_m^{\ominus}(NH_3)-3\Delta_f H_m^{\ominus}(H_2)-\Delta_f H_m^{\ominus}(N_2)$

$=-2\times(-46.11)-0-0=-92.22(\mathrm{kJ\cdot mol^{-1}})$

$\Delta_r S_m^{\ominus}=2S_m^{\ominus}(NH_3)-3S_m^{\ominus}(H_2)-S_m^{\ominus}(N_2)$

$=2\times 192.5-3\times 130.7-191.6=-198.7(\mathrm{J\cdot mol^{-1}\cdot K^{-1}})$

$$T\leqslant\frac{\Delta_r H_m^{\ominus}}{\Delta_r S_m^{\ominus}}=\frac{-92.22\times 10^3}{-198.7}=464.1(\mathrm{K})$$

8. **解**：(1) $\Delta_r G_m^{\ominus}=2\Delta_f G_m^{\ominus}(SO_2)+\Delta_f G_m^{\ominus}(O_2)-2\Delta_f G_m^{\ominus}(SO_3)$

$=2\times(-300.2)+0-2\times(-371.1)=141.8(\mathrm{kJ\cdot mol^{-1}})>0$

所以该条件下反应不能自发进行。

(2) $\Delta G=\frac{100}{80}\times\frac{141.8}{2}=88.63(\mathrm{kJ\cdot mol^{-1}})$

(3) $\Delta_r S_m^{\ominus}>0$

(4) $\Delta_r H_m^{\ominus}=2\Delta_f H_m^{\ominus}(SO_2)+\Delta_f H_m^{\ominus}(O_2)-2\Delta_f H_m^{\ominus}(SO_3)$

$=2\times(-296.8)+0-2\times(-395.7)=197.8(\mathrm{kJ\cdot mol^{-1}})$

$\Delta_r S_m^{\ominus}=2S_m^{\ominus}(SO_2)+S_m^{\ominus}(O_2)-2S_m^{\ominus}(SO_3)$

$=2\times 248.2+205.1-2\times 256.8=187.9(\mathrm{J\cdot mol^{-1}\cdot K^{-1}})$

$$T\geqslant\frac{\Delta_r H_m^{\ominus}}{\Delta_r S_m^{\ominus}}=\frac{197.8\times 10^3}{187.9}=1052.7(\mathrm{K})$$

9. **解**：(1) $\Delta_r G_m^{\ominus}=\Delta_f G_m^{\ominus}(CH_4)+1/2\Delta_f G_m^{\ominus}(O_2)-\Delta_f G_m^{\ominus}(CH_3OH)$

$=-50.72+0-(-166.3)=115.58(\mathrm{kJ\cdot mol^{-1}})>0$

所以室温下反应不能自发进行。

(2) $\Delta_r H_m^{\ominus}=\Delta_f H_m^{\ominus}(CH_4)+1/2\Delta_f H_m^{\ominus}(O_2)-\Delta_f H_m^{\ominus}(CH_3OH)$

$=-74.81+0-(-238.7)=163.89(\mathrm{kJ\cdot mol^{-1}})$

$\Delta_r S_m^{\ominus}=S_m^{\ominus}(CH_4)+1/2S_m^{\ominus}(O_2)-S_m^{\ominus}(CH_3OH)$

$=186.3+\frac{1}{2}\times 205.1-126.8=162.05(\mathrm{J\cdot mol^{-1}\cdot K^{-1}})$

$\Delta_r G_m^{\ominus}(1000)\approx\Delta_r H_m^{\ominus}(298)-T\Delta_r S_m^{\ominus}(298)$

$=163.89-1000\times 162.05\times 10^{-3}=1.84(\mathrm{kJ\cdot mol^{-1}})>0$

所以1000K时反应也不能自发。

10. **解**：(1) $$\Delta_r G_m=\Delta_r G_m^{\ominus}+2.303RT\lg J=\Delta_r G_m^{\ominus}+2.303RT\lg\frac{\frac{p_{N_2O_4}}{p^{\ominus}}}{\left(\frac{p_{NO_2}}{p^{\ominus}}\right)^2}$$

$$=-4.77+2.303\times 8.314\times 298.15\times 10^{-3}\times\lg\frac{\frac{1.07\times 10^5}{100\times 10^3}}{\left(\frac{2.67\times 10^4}{100\times 10^3}\right)^2}$$

$=1.95(\mathrm{kJ\cdot mol^{-1}})$

所以该条件下反应不能自发进行。

(2) $\Delta_r G_m = \Delta_r G_m^{\ominus} + 2.303RT\lg J = \Delta_r G_m^{\ominus} + 2.303RT\lg \dfrac{\dfrac{p_{N_2O_4}}{p^{\ominus}}}{\left(\dfrac{p_{NO_2}}{p^{\ominus}}\right)^2}$

$= -4.77 + 2.303 \times 8.314 \times 298.15 \times 10^{-3} \times \lg \dfrac{\dfrac{2.67\times10^4}{100\times10^3}}{\left(\dfrac{1.07\times10^5}{100\times10^3}\right)^2}$

$= -8.38(kJ \cdot mol^{-1})$

所以该条件下反应能自发进行。

11. **解**：$\Delta_r H_m^{\ominus}(298.15K) = [\Delta_f H_m^{\ominus}(CaO,s) + \Delta_f H_m^{\ominus}(CO_2,g)] - \Delta_f H_m^{\ominus}(CaCO_3,s)$

$= [-635.1 + (-393.5)] - (-1206.9)$

$= 178.3(kJ \cdot mol^{-1})$

$\Delta_r S_m^{\ominus}(298.15K) = [S_m^{\ominus}(CaO,s) + S_m^{\ominus}(CO_2,g)] - S_m^{\ominus}(CaCO_3,s)$

$= (39.7 + 213.6) - 92.9 = 160.4(J \cdot mol^{-1} \cdot K^{-1})$

$\Delta_r G_m^{\ominus}(K) \approx \Delta_r H_m^{\ominus}(298.15K) - T\Delta_r S_m^{\ominus}(298.15K)$

$\Delta_r G_m^{\ominus} = 0 \quad T_{转} = \dfrac{\Delta_r H_m^{\ominus}(298K)}{\Delta_r S_m^{\ominus}(298K)}$

$T_{转} = \dfrac{\Delta_r H_m^{\ominus}}{\Delta_r S_m^{\ominus}} = \dfrac{178.3}{160.47\times10^{-3}} = 1111.6(K)$

第6章　化学反应的速率与限度

一、填空题

1. 二级
2. 反应物分子一步直接转化为产物的反应；$v = kc^a(A)c^b(B)$；a
3. 基元反应；化学计量数
4. $v = kC_{NO_2} \times C_{CO}$；$v = k(c_{NO_2})^2$
5. 基元；$v = kc(NO)c(Br_2)$；二
6. 3；9；1/27；不一定
7. 2；1；$v = k(c_A)^2 c_B$；3
8. $v = k(c_A)^2 c_B$；3；$k = 0.05(dm^3)^2 \cdot mol^{-2} \cdot s^{-1}$
9. 2；$4.4\times10^7 dm^3 \cdot mol^{-1} \cdot s^{-1}$；$v = kc(NO_2)c(O_3)$
10. $v = kc(A)$；1
11. 相同；不变
12. 增大；不变；增大；增大
13. 小；增大；降低；百分数增大
14. $v = k_{正}[c(NO_2)]^2$；$1kJ \cdot mol^{-1}$
15. 204.5
16. 102

17. $v=k[c(NO)]^2[c(Cl_2)]$；3

18. A；D；B；C

解析：反应活化能越小，反应速率越快。正逆反应活化能差别越小，正逆反应进行的程度也就差不多，可逆程度最大；注意吸热反应、放热反应和正逆活化能之间的关系式。

19. $K^\ominus=\dfrac{\left(\dfrac{c_{Mn^{2+}}}{c^\ominus}\right)\times\left(\dfrac{p_{Cl_2}}{p^\ominus}\right)}{\left(\dfrac{c_{H^+}}{c^\ominus}\right)^4\times\left(\dfrac{c_{Cl^-}}{c^\ominus}\right)^2}$；　$K^\ominus=\dfrac{[p(H_2)/p^\ominus]\cdot[c(Zn^{2+})/c^\ominus]}{[c(H^+)/c^\ominus]^2}$

20. 2.9×10^{12}；$K^\ominus=\dfrac{\left[\dfrac{p(H_2O)}{p^\ominus}\right]^2}{\left[\dfrac{p(H_2)}{p^\ominus}\right]^2\cdot\left[\dfrac{p(O_2)}{p^\ominus}\right]}$

21. 1.66

22. 16；1/4

23. 0.14

24. 1.0×10^{-6}；0.42

25.0.144

26. 减小；减小；向右(NH_3合成)；增大

27. 75%；5.0×10^{-2}

28. $4.4\text{mol}\cdot\text{dm}^{-3}$；$12.2\text{mol}\cdot\text{dm}^{-3}$

29. 80；120

30. 能减弱其改变；吕·查德里原理；不变；改变；不变，不变

31. 增大；减小

32. 逆反应方向；减小

33. 减小；不变

34. 升高；降低

35. 吸；大

36. (1) 增大；(2) 不变；(3) 不变；(4) 增大

37. 不变；移动；变化

38. 减小；增大；减小；不变

39. −241.82；向右；向左；向左；不；不

40. 不

解析：等温等容下，引入惰性气体，分压不变，平衡无影响。

二、选择题

1. C	2. C	3. B	4. A	5. C	6. D
7. B	8. D	9. C	10. D	11. D	12. D
13. D	14. C	15. C	16. D	17. C	18. B
19. B	20. D	21. C	22. B	23. B	24. D
25. C	26. B	27. B	28. C	29. B	30. D
31. B	32. B	33. B	34. D	35. D	36. B
37. B	38. D	39. D	40. B	41. B	

部分习题解析：

1. 化学反应速率与分子式前面的系数有关

14. 催化剂的物理性质可能会发生改变

15. 答案 A 的错误在于给出的是标态下的标准摩尔 G，而该题并未说明是在标态下。

17. 等温等容下，引入惰性气体，分压不变，平衡无影响

19. 正反应、逆反应平衡常数之积为 1

23. C 错在不应该用标态表示。

28. 总压等于分压之和。利用平衡常数表达式可解出物质的分压

37. 按照分压定律，物质的量比就是体积比。

38. 按照盖斯定律，几步完成的反应和，其反应吉布斯自由能可加和，按照 G 与 K 的关系，可得。

三、判断题

1. ×	2. √	3. ×	4. ×	5. ×	6. ×
7. ×	8. ×	9. √	10. ×	11. ×	12. ×
13. ×	14. √	15. √	16. ×	17. ×	18. √
19. ×	20. √	21. ×	22. ×		

部分习题解析：

12. 标准平衡常数与是否是标准态无关。主要是因为除以了标准浓度或压力。

22. 温度升高，G 也会变化，公式使用错误。应使用如下公式来判断温度与 K 的相互关系：$\lg \dfrac{K_2^\ominus}{K_1^\ominus}=\dfrac{\Delta_r H_m^\ominus(298)}{2.303R}\left(\dfrac{T_2-T_1}{T_1\times T_2}\right)$。

四、计算题

1. **解**：(1) 由题意速率方程为：$v=kc_{Cl_2}c_{NO}^2$。

(2) 总反应级数为三级。

(3) $v'=k\left(\dfrac{1}{2}c_{Cl_2}\right)\left(\dfrac{1}{2}c_{NO}\right)^2=\dfrac{1}{8}v$，为原来速率的 1/8。

(4) $v''=k(c_{Cl_2})(3c_{NO})^2=9v$，为原来速率的 9 倍。

2. **解**：(1) 由题意当 c_{O_3} 增加一倍，v 增加一倍；c_{NO_2} 增加一倍，v 也增加一倍，因此对 O_3 及 NO_2 的反应级数分别为一级。

(2) 代入其中一组实验数据：$0.022=k\times5.0\times10^{-5}\times1.0\times10^{-5}$

解得：$k=4.4\times10^7/(mol\cdot dm^3\cdot s)$

(3) 由题给实验数据可得速率方程为：$v=kc_{O_3}c_{NO_2}$

3. **解**：(1) $\Delta_r G_m^\ominus=\Delta_f G_m^\ominus(SbCl_5)-\Delta_f G_m^\ominus(Cl_2)-\Delta_f G_m^\ominus(SbCl_3)$

$$=-334.3-0-(-301.1)=-33.2(kJ\cdot mol^{-1})$$

$\lg K^\ominus=-\dfrac{\Delta_r G_m^\ominus}{2.303RT}=\dfrac{33.2\times1000}{2.303\times8.314\times298}$

$K^\ominus=6.59\times10^5$

(2) $p_i=\frac{n_i}{V}RT$

$$J=\frac{\left(\frac{p_{SbCl_5}}{p^{\ominus}}\right)}{\left(\frac{p_{Cl_2}}{p^{\ominus}}\right)\times\left(\frac{p_{SbCl_3}}{p^{\ominus}}\right)}=\frac{\frac{n_{SbCl_5}}{p^{\ominus}}\frac{RT}{V}}{\left(\frac{n_{Cl_2}}{p^{\ominus}}\frac{RT}{V}\right)\left(\frac{n_{SbCl_3}}{p^{\ominus}}\frac{RT}{V}\right)}=\frac{\frac{2.00}{p^{\ominus}}\frac{RT}{V}}{\left(\frac{0.10}{p^{\ominus}}\frac{RT}{V}\right)\left(\frac{0.10}{p^{\ominus}}\frac{RT}{V}\right)}$$

$=\frac{2.00\times1.0\times100}{(0.10)^2\times8.314\times298}=8.1<K^{\ominus}$，所以反应正向进行。

4. **解**：$CuBr_2(s)=CuBr(s)+\frac{1}{2}Br_2(g)$

$$K^{\ominus}(450)=\left(\frac{p(Br_2)}{p^{\ominus}}\right)^{\frac{1}{2}}=\left(\frac{0.6798}{100}\right)^{\frac{1}{2}}=0.082\,45$$

$$K^{\ominus}(550)=\left(\frac{p(Br_2)}{p^{\ominus}}\right)^{\frac{1}{2}}=\left(\frac{67.98}{100}\right)^{\frac{1}{2}}=0.8245$$

$$\lg\frac{K_2^{\ominus}}{K_1^{\ominus}}=\frac{\Delta_r H_m^{\ominus}(298)}{2.303R}\left(\frac{T_2-T_1}{T_1\times T_2}\right)$$

$$\lg\frac{0.8245}{0.082\,45}=\frac{\Delta_r H_m^{\ominus}(298)}{2.303\times8.314}\left(\frac{550-450}{550\times450}\right)$$

$\Delta_r H_m^{\ominus}(298)=47.39\text{kJ}\cdot\text{mol}^{-1}$

$$\lg\frac{K^{\ominus}(550)}{K^{\ominus}(298)}=\frac{\Delta_r H_m^{\ominus}(298)}{2.303R}\left(\frac{T_2-T_1}{T_1\times T_2}\right)$$

$$\lg\frac{0.8245}{K^{\ominus}(298)}=\frac{47.39\times10^3}{2.303\times8.314}\left(\frac{550-298}{550\times298}\right)$$

$K^{\ominus}(298)=1.29\times10^{-4}$

$\Delta_r G_m^{\ominus}(298)=-2.303RT\lg K^{\ominus}(298)=-2.303\times8.314\times298\times10^{-3}\times\lg(1.29\times10^{-4})$

$=22.19(\text{kJ}\cdot\text{mol}^{-1})$

$\Delta_r G_m^{\ominus}(298)=\Delta_r H_m^{\ominus}(298)-T\Delta_r S_m^{\ominus}(298)$

$22.19\times10^3=47.39\times10^3-298\times\Delta_r S_m^{\ominus}(298)$

$\Delta_r S_m^{\ominus}(298)=84.56\text{J}\cdot\text{mol}^{-1}\cdot\text{K}^{-1}$

5. **解**：

$\Delta_r H_m^{\ominus}(298\text{K})=\Delta_f H_m^{\ominus}(CO_2)+1/2\Delta_f H_m^{\ominus}(N_2)-[\Delta_f H_m^{\ominus}(CO)+\Delta_f H_m^{\ominus}(NO)]$

$=0+(-393.5)-(-110.5+90.2)=-373.2(\text{kJ}\cdot\text{mol}^{-1})$

$\Delta_r S_m^{\ominus}(298\text{K})=S_m^{\ominus}(CO_2)+1/2S_m^{\ominus}(N_2)-[S_m^{\ominus}(CO)+S_m^{\ominus}(NO)]$

$=213.7+\frac{1}{2}\times191.6-197.7-210.8=-99(\text{J}\cdot\text{mol}^{-1}\cdot\text{K}^{-1})$

$\Delta_r G_m^{\ominus}(298)=\Delta_r H_m^{\ominus}(298)-T\Delta_r S_m^{\ominus}(298)$

$=-373.2-298\times(-99)\times10^{-3}=-343.7(\text{kJ}\cdot\text{mol}^{-1})$

而 $\lg K^{\ominus}=-\frac{\Delta_r G_m^{\ominus}}{2.303RT}=\frac{343.7\times10^3}{2.303\times8.314\times298}=60.2$

解得：$K^{\ominus}=1.58\times10^{60}$

因 $\Delta_r G_m^{\ominus}<0$，故反应能自发向右进行。

6. **解**：$\lg \dfrac{K_2^{\ominus}}{K_1^{\ominus}}=\dfrac{\Delta_r H_m^{\ominus}(T_2-T_1)}{2.303RT_1T_2}$

$\lg \dfrac{K^{\ominus}(500)}{1.37\times10^{48}}=\dfrac{-312.96\times10^3}{2.303\times8.314}\times\dfrac{500-298}{298\times500}$

$K_p^{\ominus}(500)=9.5\times10^{25}$

温度升高，平衡向逆向移动。

7. **解**：由题意，平衡左移，设达新平衡时，反应的 HI 为 $x$mol。

	$H_2(g)$ +	$I_2(g)\rightleftharpoons$	$2HI(g)$
平衡(1)n/mol：	0.10	0.10	0.74
平衡(2)n/mol：	$0.10+x/2$	$0.10+x/2$	$0.74+0.50-x$

$$平衡(1)K^{\ominus}=\frac{\left(\dfrac{p_{HI}}{p^{\ominus}}\right)^2}{\left(\dfrac{p_{I_2}}{p^{\ominus}}\right)\times\left(\dfrac{p_{H_2}}{p^{\ominus}}\right)}=\frac{\left(\dfrac{n_{HI}}{p^{\ominus}}\dfrac{RT}{V}\right)^2}{\left(\dfrac{n_{I_2}}{p^{\ominus}}\dfrac{RT}{V}\right)\left(\dfrac{n_{H_2}}{p^{\ominus}}\dfrac{RT}{V}\right)}=\frac{\left(\dfrac{0.74}{p^{\ominus}}\dfrac{RT}{V}\right)^2}{\left(\dfrac{0.10}{p^{\ominus}}\dfrac{RT}{V}\right)^2}=54.76$$

$$平衡(2)K^{\ominus}=\frac{\left(\dfrac{1.24-x}{p^{\ominus}}\dfrac{RT}{V}\right)^2}{\left(\dfrac{0.10+x/2}{p^{\ominus}}\dfrac{RT}{V}\right)^2}=54.76$$

解得：$x=0.106$mol

$p(H_2)=p(I_2)=\dfrac{n_{H_2}}{V}RT=\dfrac{0.10+0.106/2}{10.0}\times8.314\times698=88.79(\text{kPa})$

$p(HI)=\dfrac{n_{HI}}{V}RT=\dfrac{1.24-0.106}{10.0}\times8.314\times698=658.1(\text{kPa})$

8. **解**：(1)

	$N_2O_4(g)\rightleftharpoons$	$2NO_2(g)$	
初始物质的量：	1	0	
平衡物质的量：	$1-\alpha$	2α	总物质的量：$1+\alpha$
平衡分压：	$\dfrac{1-\alpha}{1+\alpha}p$	$\dfrac{2\alpha}{1+\alpha}p$	

$$K^{\ominus}=\frac{(p_{NO_2}/p^{\ominus})^2}{p_{N_2O_4}/p^{\ominus}}=\frac{\left(\dfrac{2\alpha}{1+\alpha}p\right)^2}{\dfrac{1-\alpha}{1+\alpha}p}\times\frac{1}{p^{\ominus}}$$

$$=\frac{4\alpha^2}{1-\alpha^2}\times\frac{p}{p^{\ominus}}=\frac{4\times0.502^2}{1-0.502^2}\times1.0=1.35$$

(2) T 不变，K 不变，若此时转化率为 α'。

$K^{\ominus}=\dfrac{4\alpha'^2}{1-\alpha'^2}\times\dfrac{p}{p^{\ominus}}$

$1.35=\dfrac{4\alpha'^2}{1-\alpha'^2}\times\dfrac{1000}{100}$

解得：$\alpha'=18.1\%$

$p_{N_2O_4}=\dfrac{1-\alpha'}{1+\alpha'}p=\dfrac{1-0.181}{1+0.181}\times1000=693.5(\text{kPa})$

$p_{N_2O_4}=p-p_{N_2O_4}=1000-693.5=306.5(\text{kPa})$

(3) 可以看出：总压增加，N_2O_4转化率降低，说明平衡向逆向移动，即增大压力平衡向气体摩尔总数减少的方向移动。

9. **解**：(1) 设 PCl_3及 Cl_2 的初始分压分别为 xkPa。

$$PCl_3(g)+Cl_2(g)\rightleftharpoons PCl_5(g)$$

初始分压(kPa)： x x

平衡分压(kPa)： $x-100$ $x-100$ 100

$$K^{\ominus}=\frac{p_{PCl_5}/p^{\ominus}}{(p_{PCl_3}/p^{\ominus})(p_{Cl_2}/p^{\ominus})}=\frac{100/100}{\left(\frac{x-100}{100}\right)^2}=0.767$$

解得：$x=214.2$kPa

开始时：$n_{PCl_3}=n_{Cl_2}=\dfrac{p_{PCl_3}V}{RT}=\dfrac{214.2\times5.00}{8.314\times523}=0.246(\text{mol})$

(2) $\alpha_{PCl_3}=\dfrac{100}{214.2}\times100\%=46.7\%$

第7章 酸碱平衡

一、填空题

1. 碱；酸；HCO_3^-；两性物质；$[Fe(H_3O)(H_2O)_5]^{4+}$；H_3PO_4；$[FeOH(H_2O)_5]^{2+}$；HPO_4^{2-}

2. 酸碱中和或质子传递反应；OH^-；H_3O^+

3. HSO_4^-；CN^-；HCN；SO_4^{2-}

4. $HClO_2$；ClO_2^-；HNO_2；NO_2^-

5. 解离常数；解离度或电离度；温度；温度、浓度

6. 5.6×10^{-10}；3.0×10^{-8}；54

解析：一元弱酸：$K_a^{\ominus}\cdot K_b^{\ominus}=K_w^{\ominus}$，注意不同温度时水的离子积常数 $K_w^{\ominus}$ 的数值不同。

7. 1.0×10^{-6}；大；大；不改变

8. 不相同；相等；不相等；HAc

9. Na^+、PO_4^{3-}、HPO_4^{2-}、$H_2PO_4^-$、H_3PO_4、OH^-、H^+、H_2O；>；>；$K_w^{\ominus}/K_{a3}^{\ominus}$

10. 1.85×10^{-13}；5.3×10^{-5}

解析：二元弱酸：$K_{a1}^{\ominus}\cdot K_{b2}^{\ominus}=K_w^{\ominus}$，$K_{a2}^{\ominus}\cdot K_{b1}^{\ominus}=K_w^{\ominus}$，代入相应公式计算即可。

11. $K_{i_1}^{\ominus}/K_{i_2}^{\ominus}\geqslant10^3$

12. $K_i^{\ominus}=c\alpha^2$；$\alpha<5\%$或 $c/K_i^{\ominus}\geqslant400$

13. 2.0×10^{-4}

14. 0.4

解析：根据 $\alpha=\sqrt{\dfrac{K_i^{\ominus}}{c_0}}$ 计算。

15. 4

解析：根据稀释定律计算，$K^{\ominus}$不变，$K_i^{\ominus}=c\alpha^2$。

16. 11.69

解析：强酸、强碱中和后，计算溶液中 H^+或 OH^-的浓度，进而得出溶液 pH。

17. 6.40

解析：同离子效应相关的计算，解思路同选择题第 29 题，注意初始浓度略有不同。

18. 0.50

解析：$pOH = pK_b^{\ominus} + \lg \frac{c(NH_4^+)}{c(NH_3 \cdot H_2O)}$

$14 - 9.56 = 4.44 = 4.74 + \lg \frac{c(NH_4^+)}{c(NH_3 \cdot H_2O)}$

解得：$\frac{c(NH_4^+)}{c(NH_3 \cdot H_2O)} = 0.50$。

19. NaCl；NH_4Ac；NH_4Ac 为弱酸弱碱盐且 $K_a^{\ominus} = K_b^{\ominus}$

20. 强酸弱碱盐；酸；$CuCl_2 + 2H_2O \rightleftharpoons Cu(OH)_2 + 2HCl$；

$Cu^{2+} + 2H_2O \rightleftharpoons Cu(OH)_2 + 2H^+$

21. $NaOH > NaCN > NH_4Ac > (NH_4)_2SO_4 > HCl$

22. 大

23. 易挥发性；等号；可逆符号

24. 减小；增大；弱

25. 减小、减小；增大、增大；增大、减小；减小、增大；增大、减小

26. $NaCl > H_2O > NaAc$

解析：考察同离子效应和盐效应对弱电解质解离度的影响。相比于在水中，HAc 因加入等浓度 NaAc 产生同离子效应而致其解离度变小，因加入等浓度 NaCl 产生盐效应而致其解离度增大。

27. HAc；OH^-；变小；同离子效应

28. 盐酸；通过同离子效应抑制 $SnCl_2$ 水解

29. 弱碱及其对应的盐，弱酸的两种盐，共轭酸碱

30. $pK_a^{\ominus} \pm 1$；c_a/c_b；1；小

31. HPO_4^{2-}-PO_4^{3-}；11.38；13.38；$H_2PO_4^-$-HPO_4^{2-}；6.20；8.20

解析：缓冲范围：$pH = pK_a^{\ominus} \pm 1$。

32. $pK_a^{\ominus}$；$pK_b^{\ominus}$；缓冲比

解析：$pH = pK_a^{\ominus} + \lg \frac{c_{共轭碱}}{c_{酸}}$。

二、选择题

1. C；D；B	2. C	3. C	4. A	5. A	6. B
7. A	8. A	9. B	10. B	11. D	12. C
13. B	14. B	15. B	16. D	17. B	18. C
19. B	20. A	21. B	22. C	23. A	24. B
25. B	26. D	27. B	28. A	29. B	30. C
31. B	32. D	33. C	34. B	35. B	36. A
37. A	38. D	39. C	40. D		

部分习题解析：

1. 根据酸碱质子理论，能给出质子的物质是酸；能接受质子的物质是碱；既能给出又能接受质子的物质是两性物质，此题按照以上原则判断即可。

4. 酸碱反应自发的方向是易得失质子的物质反应，生成不易得失质子的物质，即强酸＋强碱＝弱酸＋弱碱；题中反应的 $K^{\ominus} < 10^{-4}$，说明该反应从左到右进行的程度很低，其逆反应为酸碱反应能自发进行的方向。

10. 此题主要考虑二元弱酸解离的酸根离子浓度等于 Ka_2^{θ}，在一定范围内稀释，酸根浓度$=Ka_2^{\theta}$，不变。

11. H_2S 是弱电解质，解离度较小，解离出很少的 H^+、HS^-，HS^- 会继续解离出更少的 S^{2-}，溶液中绝大部分仍然是 H_2S。

13. 据题知，NaOH 和 HAc 等物质的量反应，属强碱和弱酸反应，由“谁强显谁性”可知反应后生成的 NaAc 溶液显碱性$[c(OH^-)>c(H^+)]$，这是由于 Ac^- 部分水解出 OH^- 所致，因而 $c(Na^+)>c(Ac^-)>c(OH^-)$。

14. 假设初始浓度为 c_0，结合解离度，列出解离平衡时各离子浓度，则：

$K_1^{\ominus}=\dfrac{c_0\alpha \cdot c_0\alpha}{c_0-c_0\alpha}=\dfrac{c_0\alpha^2}{1-\alpha}$，代入即可求出 c_0。

此部分题目常考察解离常数的定义，对于解离常数、解离度(告知平衡浓度或 pH)、初始浓度，往往告知其中两个，求解第三个未知量。

24. 相同浓度盐溶液 pH：NaA<NaB<NaC<NaD，则其对应的共轭酸在同 c、同 T 时的 pH：HA>HB>HC>HD，酸性强来源于酸解离出的 H^+，由此可知 HA 解离度最大。

25. 考虑同离子效应和盐效应。同离子效应使其 HAc 解离度变小，盐效应使其增大。

29.

	$HAc \rightleftharpoons$	$H^+ +$	Ac^-
初始浓度：	0.10	0	0.10
平衡浓度：	$0.10-x$	x	$0.10+x$

$$K_a^{\ominus}=\frac{c(H^+)\times c(Ac^-)}{c(HAc)}=\frac{x(0.10+x)}{0.10-x}$$

$\dfrac{c_0}{K_a^{\ominus}}>400$，加之同离子效应，$0.10\pm x\approx 0.10$

所以 $x=K_a^{\ominus}$，$\alpha=\dfrac{K_a^{\ominus}}{0.10}\times 100\%=1000K_a^{\ominus}\%$

31. 可作缓冲溶液的必须含有共轭酸碱对，且共轭酸、共轭碱须具有一定的浓度才能起到缓冲效果。A 中没有，B 中 HAc 和 NaOH (少量)生产少量的 NaAc，NaAc 和未反应的 HAc 构成共轭酸碱对。C 和 D 虽然也有 NaAc 或 KAc 存在，但由于其 Ac^- 来自于 HAc 解离，使 NaAc 或 KAc 的浓度极低。

34. 分清楚哪个是共轭酸、哪个是共轭碱，根据公式 $pH=pK_a^{\ominus}+\lg\dfrac{c_{共轭碱}}{c_{酸}}$计算。

35. 缓冲范围：$pH=pK_a^{\ominus}\pm 1$。

37. 该缓冲溶液的共轭酸碱对为 HCO_3^- 和 CO_3^{2-}，共轭酸为 HCO_3^-，碱为 CO_3^{2-}，根据公式 $pH=pK_a^{\ominus}+\lg\dfrac{c_{共轭碱}}{c_{酸}}$计算即可，注意 $K_a^{\ominus}$ 应选择 $K_{a2}^{\ominus}=5.6\times 10^{-11}$。

39. 由缓冲溶液 $c(H^+)=K_a^{\ominus}\ \dfrac{c(酸)}{c(共轭碱)}$可知，$c(H^+)=K_{a3}^{\ominus}\dfrac{c(HPO_4^{2-})}{c(PO_4^{3-})}=4.8\times 10^{-13}\,mol\cdot dm^{-3}$。

40. 分清楚共轭酸碱对，选好 $K_a^{\ominus}$，缓冲能力最大时，其 $pH=pK_a^{\ominus}+1$。

三、判断题

1. ×	2. ×	3. √	4. ×	5. ×	6. ×
7. ×	8. ×	9. √	10. √	11. ×	12. √
13. ×	14. ×	15. ×	16. ×	17. ×	18. √
19. ×	20. ×				

部分习题解析：

5. 氨水的浓度越小，解离度越大，但其 OH^- 浓度变小。

7. $c_0K_a^{\ominus}<20K_w^{\ominus}$，水的解离不能忽视，应该采用 $c_{H^+}=\sqrt{K_a^{\ominus}c+K_w^{\ominus}}$ 计算。

11. 只有相同浓度下才可以比较。

14. 不一定，比如 $0.10\text{mol}\cdot\text{dm}^{-3}$ NH_4Ac 溶液，pH=7，计算如下：

$$c(H^+)=\sqrt{\frac{K_a^{\ominus}}{K_b^{\ominus}}K_w^{\ominus}}=\sqrt{\frac{1.76\times10^{-5}}{1.76\times10^{-5}}\times1.0\times10^{-14}}=1.0\times10^{-7}\text{mol}\cdot\text{dm}^{-3}$$

17. 平衡常数不变，平衡常数与温度有关，跟反应物的初始浓度无关。

四、计算题

1. **解**：$pH=-\lg c(H^+)=4.18$　　$\therefore c(H^+)=10^{-4.18}=6.61\times10^{-5}$

次氯酸为一元弱酸溶液，相比于 $0.150\text{mol}\cdot\text{dm}^{-3}$ 的浓度，可算出解离度小于 5%。

$\because c(H^+)=\sqrt{cK_a^{\ominus}}$

$\therefore K_a^{\ominus}(HClO)=c(H^+)^2/c(HClO)=2.91\times10^{-8}$

2. **解**：

(1) NaCN 为一元弱碱

$$K_b^{\ominus}=\frac{K_w^{\ominus}}{K_a^{\ominus}(HCN)}=\frac{1.0\times10^{-14}}{6.2\times10^{-10}}=1.6\times10^{-5}$$

因为 $cK_b^{\ominus}>20K_w^{\ominus}$，$\frac{c}{K_b^{\ominus}}>400$

所以 $c(OH^-)=\sqrt{cK_b^{\ominus}}=\sqrt{0.10\times1.6\times10^{-5}}=1.3\times10^{-3}(\text{mol}\cdot\text{dm}^{-3})$

$pH=14-[-\lg c(OH^-)]=14-[-\lg(1.3\times10^{-3})]=11.11$

(2) $K_2C_2O_4$ 为二元弱碱

$$K_{b1}^{\ominus}=\frac{K_w^{\ominus}}{K_a^{\ominus}(HC_2O_4^-)}=\frac{1.0\times10^{-14}}{5.3\times10^{-5}}=1.87\times10^{-10}$$

$$K_{b2}^{\ominus}=\frac{K_w^{\ominus}}{K_a^{\ominus}(H_2C_2O_4)}=\frac{1.0\times10^{-14}}{5.4\times10^{-2}}=1.85\times10^{-13}$$

因为 $K_{b1}^{\ominus}/K_{b2}^{\ominus}>10^3$，所以忽略第二步水解

因为 $cK_{b1}^{\ominus}>20K_w^{\ominus}$，所以不考虑水的解离

又因为$\frac{c}{K_{b1}^{\ominus}}>400$，故可用最简式

$c(OH^-)=\sqrt{cK_{b1}^{\ominus}}=\sqrt{0.10\times1.9\times10^{-10}}=4.4\times10^{-6}(\text{mol}\cdot\text{dm}^{-3})$

$pOH=-\lg c(OH^-)=-\lg(4.4\times10^{-6})=5.36$

$pH=14-5.36=8.64$

3. **解**：

$HL + HCO_3^- \longrightarrow H_2CO_3 + L^-$

$K^{\ominus} = K^{\ominus}(HL)/K^{\ominus}(H_2CO_3) = 3.3\times10^2$

$pH = pK_{a1}^{\ominus} + \lg([HCO_{3-}]/H_2CO_3]) = pK_{a1}^{\ominus} + \lg(2.7\times10^{-3}/1.4\times10^{-3}) = 6.66$

4. **解**：(1) $c(OH^-) = c(NaOH) = \dfrac{(0.30-0.20)\times0.50}{0.30+0.20} = 0.10(mol\cdot dm^{-3})$

$pOH = -\lg c(OH^-) = -\lg 0.10 = 1.00$

$pH = 14 - pOH = 14 - 1 = 13.00$

(2) 混合后实为 NaAc 溶液，且 $c(NaAc) = 0.10 mol\cdot dm^{-3}$

NaAc 为强碱弱酸盐，水解呈碱性，视为一元弱碱

$K_b^{\ominus}(Ac^-) = \dfrac{K_w^{\ominus}}{K_a^{\ominus}(HAc)} = \dfrac{1.0\times10^{-14}}{1.8\times10^{-5}} = 5.6\times10^{-10}$

因为 $cK_b^{\ominus} > 20K_w^{\ominus}$，所以不考虑水的解离

又因为$\dfrac{c}{K_b^{\ominus}} > 400$，故可用最简式

$c(OH^-) = \sqrt{cK_b^{\ominus}} = \sqrt{0.10\times5.6\times10^{-10}} = 7.5\times10^{-6}(mol\cdot dm^{-3})$

$pH = 14 - [-\lg c(OH^-)] = 14 - [-\lg(7.5\times10^{-6})] = 8.88$

(3) 混合后实为 $0.10 mol\cdot dm^{-3} NH_3\cdot H_2O$ 溶液

因为 $cK_b^{\ominus} > 20K_w^{\ominus}$，$\dfrac{c}{K_b^{\ominus}} > 400$

$c(OH^-) = \sqrt{cK_b^{\ominus}} = \sqrt{0.10\times1.8\times10^{-5}} = 1.34\times10^{-3}(mol\cdot dm^{-3})$

$pH = 14 - [-\lg c(OH^-)] = 14 - [-\lg(1.34\times10^{-3})] = 11.12$

(4)	NH_4Cl	+	$NaOH \longrightarrow$	$NH_3\cdot H_2O + NaCl$
反应后/mol	0.025×0.20			0.025×0.20

即实为 $NH_3\cdot H_2O\text{-}NH_4Cl$ 缓冲溶液

$$pH = pK_a^{\ominus} - \lg\frac{c_a}{c_b} = -\lg\frac{K_w^{\ominus}}{K_b^{\ominus}} - \lg\frac{c_a}{c_b}$$

$$= -\lg\frac{1.0\times10^{-14}}{1.8\times10^{-5}} - \lg\frac{0.025\times0.020}{0.025\times0.020} = 9.26$$

(5) $0.020dm^3\ 1.0mol\cdot dm^{-3}\ H_2C_2O_4 \xrightarrow{0.020dm^3\ 1.0mol\cdot dm^{-3}} NaHC_2O_4$

$\xrightarrow{0.010dm^3\ 1.0mol\cdot dm^{-3}} Na_2C_2O_4$

即实为 $NaHC_2O_4\text{-}Na_2C_2O_4$ 缓冲溶液

$$pH = pK_a^{\ominus} - \lg\frac{c_a}{c_b} = -\lg(5.3\times10^{-5}) - \lg\frac{(0.010\times1.0)/(0.020+0.030)}{(0.010\times1.0)/(0.020+0.030)} = 4.28$$

(6) 盐酸与氨水等浓度等体积混合，二者完全反应，因此反应后体系为氯化铵溶液，为一元弱酸。

$K_a^{\ominus} = \dfrac{K_w^{\ominus}}{K_b^{\ominus}} = \dfrac{1.0\times10^{-14}}{1.8\times10^{-5}} = 5.6\times10^{-10}$

$c = \dfrac{0.1}{2} = 0.05(mol\cdot dm^{-3})$

因为 $cK_a^\ominus > 20K_w^\ominus$，$\frac{c}{K_a^\ominus} > 400$

所以 $c(H^+) = \sqrt{cK_a^\ominus} = \sqrt{0.05 \times 5.6 \times 10^{-10}} = 5.3 \times 10^{-6}(mol \cdot dm^{-3})$

$pH = -\lg c(H^+) = -\lg(5.3 \times 10^{-6}) = 5.28$

(7) 由题意 HAc 过量，与 NaOH 反应后得 HAc-NaAc 缓冲溶液

$c(HAc) = c(NaAc) = \frac{0.1}{2} = 0.05(mol \cdot dm^{-3})$

$pH = pK_a^\ominus(HAc) - \lg \frac{c(HAc)}{c(Ac^-)} = -\lg(1.8 \times 10^{-5}) - \lg \frac{0.05}{0.05} = 4.74$

5. **解**：氯化铵溶液视作一元弱酸

$K_a^\ominus = \frac{K_w^\ominus}{K_b^\ominus} = \frac{1.0 \times 10^{-14}}{1.8 \times 10^{-5}} = 5.6 \times 10^{-10}$

因为 $cK_a^\ominus > 20K_w^\ominus$，$\frac{c}{K_a^\ominus} > 400$

所以 $c(H^+) = \sqrt{cK_a^\ominus} = \sqrt{0.10 \times 5.6 \times 10^{-10}} = 7.5 \times 10^{-6}(mol \cdot dm^{-3})$

$pH = -\lg c(H^+) = -\lg(7.5 \times 10^{-6}) = 5.12$

6. **解**：由题意混合后的溶液为 KHC_2O_4-$K_2C_2O_4$ 缓冲溶液

混合后：$c(HC_2O_4^-) = 0.025mol \cdot dm^{-3}$，$c(C_2O_4^{2-}) = 0.05mol \cdot dm^{-3}$

所以 $pH = pK_{a2}^\ominus + \lg \frac{c_{共轭碱}}{c_{酸}} = -\lg(5.3 \times 10^{-5}) - \lg \frac{0.025}{0.05} = 4.58$

7. **解**：设称取 Na_2HPO_4 x g。则：

$pH = pK_{a2}^\ominus - \lg \frac{c(H_2PO_4^-)}{c(HPO_4^{2-})}$

$7.00 = -\lg(6.3 \times 10^{-8}) - \lg \frac{0.10}{x/142}$

解得 $x = 9.0g$

即称取 9.0g Na_2HPO_4 于 $1.0dm^3$ $0.10mol \cdot dm^{-3}$ NaH_2PO_4 溶液中混合均匀，可得 pH＝7.00 的缓冲溶液。

8. **解**：(1) $(CH_3)_2As_2O_2H$：$pK_a^\ominus = -\lg(6.4 \times 10^{-7}) = 6.19$

$ClCH_2COOH$：$pK_a^\ominus = -\lg(1.4 \times 10^{-5}) = 4.85$

CH_3COOH：$pK_a^\ominus = -\lg(1.8 \times 10^{-5}) = 4.74$

据缓冲溶液配制原则知，应选用 $(CH_3)_2As_2O_2H$。

(2) 设缓冲溶液中 $c[(CH_3)_2As_2O_2H] = x mol \cdot dm^{-3}$，$c[(CH_3)_2As_2O_2Na] = y mol \cdot dm^{-3}$，则：

$$pH = pK_a^\ominus - \lg \frac{c[(CH_3)_2As_2O_2H]}{c[(CH_3)_2As_2O_2Na]}$$

$$6.50 = 6.19 - \lg \frac{x}{y}$$

解得：$x/y = 0.49$，即：$x = 0.49y$

$(CH_3)_2As_2O_2H + NaOH = (CH_3)_2As_2O_2Na + H_2O$

要形成 $(CH_3)_2As_2O_2H$-$(CH_3)_2As_2O_2Na$ 缓冲溶液，$(CH_3)_2As_2O_2H$ 需过量才能与生

成的$(CH_3)_2As_2O_2Na$构成缓冲溶液，而：

反应了的$(CH_3)_2As_2O_2H$的浓度＝NaOH 的浓度＝生成$(CH_3)_2As_2O_2Na$的浓度

因此，$(CH_3)_2As_2O_2H$总浓度应等于其剩余浓度（即 x）与反应了的浓度（等于生成$(CH_3)_2As_2O_2Na$的浓度，即 y）之和，即$(CH_3)_2As_2O_2H$总浓度$=x+y$，所以有：

$$\frac{m[(CH_3)_2As_2O_2H]}{m(NaOH)}=\frac{(x+y)\times 213}{y\times 40}=\frac{(0.49y+y)\times 213}{y\times 40}=7.9$$

9. **解：**

(1) 缓冲溶液 $pH=pK_a^{\ominus}-\lg\frac{c_a}{c_b}=4.75-\lg\frac{0.10}{0.10}=4.75$

(2) 加盐酸　$NaAc \longrightarrow Na^+ + Ac^-$

$HAc \rightleftharpoons H^+ + Ac^-$

$H^+ + Ac^- \rightleftharpoons HAc$

从而导致 $c(HAc)\uparrow$，$c(Ac^-)\downarrow$

$c_a=0.10+0.01=0.11\ (mol\cdot dm^{-3})$，　$c_b=0.10-0.010=0.09\ (mol\cdot dm^{-3})$

$pH=pK_a^{\ominus}-\lg\frac{c_a}{c_b}=4.75-\lg\frac{0.11}{0.09}=4.66$

(3) 加 NaOH

$HAc \rightleftharpoons H^+ + Ac^-$

$H^+ + OH^- \rightleftharpoons H_2O$

$c(HAc)\downarrow$，　$c(Ac^-)\uparrow$

$c_a=0.10-0.010=0.09(mol\cdot dm^{-3})$，　$c_b=0.10+0.01=0.11(mol\cdot dm^{-3})$

$pH=pK_a^{\ominus}-\lg\frac{c_a}{c_b}=4.75-\lg\frac{0.09}{0.11}=4.84$

(4) 加水稀释 1 倍，$c_a=c_b=0.05mol\cdot dm^{-3}$

$pH=pK_a^{\ominus}-\lg\frac{c_a}{c_b}=4.75-\lg\frac{0.05}{0.05}=4.75$

第 8 章　沉淀溶解平衡

一、填空题

1. 溶质；0.1；全部；难溶；强

2. $Pb_3(SbO_4)_2 \rightleftharpoons 3Pb^{2+}+2SbO_4^{2-}$；$K_{sp}^{\ominus}[Pb_3(SbO_4)_2]=\left[\frac{c(Pb^{2+})}{c^{\ominus}}\right]^3\cdot\left[\frac{c(SbO_4^{3-})}{c^{\ominus}}\right]^2$

3. 等于；等于；等于

4. $\frac{c(Ba^{2+})}{c^{\ominus}}\cdot\frac{c(S^{2-})}{c^{\ominus}}$；$\frac{c(Pb^{2+})}{c^{\ominus}}\cdot\frac{c^2(Cl^-)}{c^{\ominus}}$；$\frac{c^2(Ag^+)}{c^{\ominus}}\cdot\frac{c(CrO_4^{2-})}{c^{\ominus}}$

5. 6.5×10^{-5}；1.3×10^{-4}；6.5×10^{-5}

解析：难溶电解质 $M_mA_n(s)=mM^{n+}(aq)+nA^{m-}(aq)$

溶度积常数 $K_{sp}^{\ominus}=\left[\frac{c(M^{n+})}{c^{\ominus}}\right]^m\times\left[\frac{c(A^{m-})}{c^{\ominus}}\right]^n=c^m(M^{n+})\cdot c^n(A^{m-})$，将 $K_{sp}^{\ominus}$ 代入公式，即可求出溶解的各离子浓度 c。

$K_{sp}^{\ominus}=c^m(M^{n+})\cdot c^n(A^{m-})=(ms)^m\cdot(ns)^n=m^m\cdot n^n\cdot s^{m+n}$，其中 s 的单位为 $mol\cdot dm^{-3}$。将 $K_{sp}^{\ominus}$ 代入公式，即可求出溶解度 s。

6. 6.9×10^{-9}

解析：$K_{sp}^{\ominus}=c(M^{n+})^m\cdot c(A^{m-})^n=(ms)^m\cdot(ns)^n=m^m\cdot n^n\cdot s^{m+n}$，将 s 代入公式（注意 s 的单位应为 $mol\cdot dm^{-3}$，若不是，要换算好再代入），即可求出 $K_{sp}^{\ominus}$。

7. $CaF_2>CaCO_3>Ca_3(PO_4)_2$

解析：根据 $K_{sp}^{\ominus}$ 和溶解的各离子浓度 c 的关系求解，同上述第 5 题。

8. $Sn(OH)_2<Al(OH)_3<Ce(OH)_4$

9. 相同；不变；减小；少

10. 不同；增大；不变

11. (1) 变小；变大；(2) 不变；不变

12. 7.1×10^{-5}

解析：假设溶解 $x\,mol\cdot dm^{-3}$

$$PbI_2(s)\rightleftharpoons Pb^{2+}(aq)+2I^-(aq)$$

初始浓度：　0　　　　0.01

平衡浓度：　x　　　　$0.01+2x$

$K_{sp}^{\ominus}=c(Pb^{2+})\cdot c^2(I^-)=x(0.01+2x)^2\approx x(0.01)^2=7.1\times10^{-9}$

13. (1)；(4)

解析：借助同离子效应推断，同离子效应使得难溶电解质的溶解度下降。

14. 同离子；减小；盐；增大

15. 饱和；等于；减小；同离子效应；增大，盐效应

16. $c_{剩余}\leqslant1.0\times10^{-5}mol\cdot dm^{-3}$；一种离子沉淀完全，另一种离子尚未沉淀

17. 一种沉淀转化为另一种沉淀；子生成更难溶的电解质

18. AgCl

解析：

$$c(Ag^+)_{Cl^-}\geqslant\frac{K_{sp}^{\ominus}(AgCl)}{c(Cl^-)}=\frac{1.8\times10^{-10}}{0.10}=1.8\times10^{-9}(mol\cdot dm^{-3})$$

$$c(Ag^+)_{CrO_4^{2-}}\geqslant\sqrt{\frac{K_{sp}^{\ominus}(Ag_2CrO_4)}{c(CrO_4^{2-})}}=\sqrt{\frac{2.0\times10^{-12}}{0.10}}=4.47\times10^{-6}(mol\cdot dm^{-3})$$

因为 $c(Ag^+)_{Cl^-}<c(Ag^+)_{CrO_4^{2-}}$，所以 AgCl 先析出

19. 3.0×10^{-8}

解析：$J\geqslant K_{sp}^{\ominus}$，形成沉淀。

20. Pb^{2+}，Ag^+，Ba^{2+}

解析：同类型难溶电解质，当被沉淀离子浓度相同或接近时，$K_{sp}^{\ominus}$ 小的先沉淀；不同类型难溶电解质，要据计算确定，需沉淀剂少者先沉淀。

21. $K_{sp}^{\ominus}(ZnS)/K_{sp}^{\ominus}(CuS)$

解析：$ZnS(s)+Cu^{2+}=CuS(s)+Zn^{2+}$，$K^{\ominus}=\dfrac{c(Zn^{2+})\cdot c(S^{2-})}{c(Cu^{2+})\cdot c(S^{2-})}=\dfrac{K_{sp}^{\ominus}(ZnS)}{K_{sp}^{\ominus}(CuS)}$

22. $S^{2-}+Ag_2CrO_4\longrightarrow Ag_2S+CrO_4^{2-}$；$7.0\times10^{36}$；左；右

23. 相应离子浓度，<。弱电解质，配合物

24. $CaCO_3$沉淀溶解；$CaCO_3+2H^+ \rightleftharpoons Ca^{2+}+H_2O+CO_2$；弱电解质

25. $(K_{sp}^{\ominus} \cdot K_{a}^{\ominus 2})/(K_{a1}^{\ominus} \cdot K_{a2}^{\ominus})$

解析：$BaCO_3+2HAc \rightleftharpoons Ba^{2+}+2Ac^-+H_2CO_3$

$$K^{\ominus}=\frac{c_{Ba^{2+}} \times c_{Ac^-}^2 \times c_{H_2CO_3}}{c_{HAc}^2}=\frac{c_{Ba^{2+}} \times c_{Ac^-}^2 \times c_{H_2CO_3} \times c_{CO_3^{2-}} \times c_{H^+}^2}{c_{HAc}^2 \times c_{CO_3^{2-}} \times c_{H^+}^2}=\frac{K_{spBaCO_3}^{\ominus} \times K_{HAc}^{\ominus\,2}}{K_{a1}^{\ominus} \times K_{a2}^{\ominus}}$$

26. 5.02；6.67

解析：根据 $J \geqslant K_{sp}^{\ominus}$ 计算 OH^- 浓度，进而计算 pH。

沉淀完全的标准：$c_{剩余离子} \leqslant 10^{-5}\,mol \cdot dm^{-3}$。

二、选择题

1. B	2. C	3. B	4. D	5. B	6. D
7. B	8. B	9. C	10. B	11. D	12. C
13. C	14. A	15. D	16. C	17. A	18. C
19. C	20. D	21. B	22. C	23. C	24. B
25. C	26. C	27. B	28. B	29. B	

部分习题解析：

4～5. 难溶电解质 $M_mA_n(s) \rightleftharpoons mM^{n+}(aq)+nA^{m-}(aq)$

$K_{sp}^{\ominus}=c^m(M^{n+}) \cdot c^n(A^{m-})=(ms)^m \cdot (ns)^n=m^m \cdot n^n \cdot s^{m+n}$

7. 相同类型难溶电解质，$K_{sp}^{\ominus}$↑，溶解度 s↑。

不同类型难溶电解质，则不能用 $K_{sp}^{\ominus}$，须计算并比较溶解度 s 的大小。

此题要根据溶度积常数 $K_{sp}^{\ominus}$ 计算 AB 和 A_2B 的溶解度 s 的大小，

$$s(AB)=\sqrt{K_{sp}^{\ominus}},\quad s(A_2B)=\sqrt[3]{\frac{K_{sp}^{\ominus}}{4}}$$

8. 根据饱和溶液的 pH，得知 OH^- 的浓度，再根据 $Zn(OH)_2$ 的沉淀溶解平衡，得知 Zn^{2+} 浓度，最后由平衡常数的定义求得 $K_{sp}^{\ominus}$。

9. 可直接根据 CO_3^{2-} 物质的量守恒，1.5mol Na_2CO_3 生成 1.5mol $CaCO_3$，故 Ca^{2+} 质量：1.5×40=60g

或通过平衡计算求得，思路如下

设有 $s\,mol \cdot dm^{-3}$ $CaSO_4$ 转化为 $CaCO_3$

$$CaSO_4(s)+CO_3^{2-} \rightleftharpoons CaCO_3(s)+SO_4^{2-}$$

初始浓度：　1.5　　0

平衡浓度：　1.5－s　　s

$$K^{\ominus}=\frac{c_{SO_4^{2-}}}{c_{CO_3^{2-}}}=\frac{c_{SO_4^{2-}}}{c_{CO_3^{2-}}} \times \frac{c_{Ca^{2+}}}{c_{Ca^{2+}}}=\frac{K_{sp}^{\ominus}(CaSO_4)}{K_{sp}^{\ominus}(CaCO_3)}=\frac{9.1 \times 10^{-6}}{2.8 \times 10^{-9}}=3.25 \times 10^3$$

$$\frac{s}{1.5-s}=3.25 \times 10^3$$

$$s \approx 1.5\,mol \cdot dm^{-3}$$

12. 与第 8 题相反，由 $K_{sp}^{\ominus}$ 反求 OH^- 的浓度。

$$Mg(OH)_2 \rightleftharpoons Mg^{2+}+2OH^-$$

平衡浓度： $0.5x$ x

$$K_{sp}^{\ominus}=0.5x\times x^2$$

$$c(OH^-)=x=3.30\times10^{-4}$$

$pOH=-\lg c(OH^-)=3.48, pH=14-3.48=10.52$

15. $$Mg(OH)_2 \rightleftharpoons Mg^{2+}+2OH^-$$

平衡浓度： 0.010 x

$$K_{sp}^{\ominus}=0.010x^2$$

$$c(OH^-)=x=4.24\times10^{-5}$$

$pOH=-\lg c(OH^-)=4.37, pH=14-4.37=9.63$

22. $BaSO_4(s)+CO_3^{2-}=BaCO_3(s)+SO_4^{2-}$

$$K^{\ominus}=\frac{c_{SO_4^{2-}}}{c_{CO_3^{2-}}}=\frac{c_{SO_4^{2-}}\times c_{Ba^{2+}}}{c_{CO_3^{2-}}\times c_{Ba^{2+}}}=\frac{K_{spBaSO_4}^{\ominus}}{K_{spBaCO_3}^{\ominus}}=0.022$$

虽然标准平衡常数较小，但增大反应物碳酸根浓度可以提高转化率，使部分 $BaSO_4$ 转化为溶解度较大的 $BaCO_3$ 沉淀。

23. 思路同第 22 题。

25. 本题考察的是沉淀溶解的基本概念。

对于 A，沉淀完全的标准是：$c_{剩余离子}\leqslant10^{-5}\,mol\cdot dm^{-3}$，因而 A 不对。

对于 B，要分情况来看：若形成同类型难溶电解质，当被沉淀离子浓度相同或接近时，$K_{sp}^{\ominus}$ 小的先沉淀；若形成不同类型难溶电解质，要据计算确定，需沉淀剂少者先沉淀。

对于 C，属于溶度积规则之一，正确。

对于 D，用水稀释含有 AgCl 固体的溶液时，AgCl 的溶度积不变，其溶解度不变。

27. $$c(Ag^+)_{Cl^-}\geqslant\frac{K_{sp}^{\ominus}(AgCl)}{c(Cl^-)}=\frac{1.8\times10^{-10}}{0.30}=6.0\times10^{-9}(mol\cdot dm^{-3})$$

$$c(Ag^+)_{CrO_4^{2-}}\geqslant\sqrt{\frac{K_{sp}^{\ominus}(Ag_2CrO_4)}{c(CrO_4^{2-})}}=\sqrt{\frac{2.0\times10^{-12}}{0.30}}=2.58\times10^{-6}(mol\cdot dm^{-3})$$

因为 $c(Ag^+)_{Cl^-}<c(Ag^+)_{CrO_4^{2-}}$，所以 AgCl 先析出

当 AgCl 沉淀完全时

$$c(Ag^+)_{Cl^-}=\frac{K_{sp}^{\ominus}(AgCl)}{c(Cl^-)}=\frac{1.8\times10^{-10}}{1.0\times10^{-5}}=1.8\times10^{-5}(mol\cdot dm^{-3})>2.58\times10^{-6}(mol\cdot dm^{-3})$$

所以此时，Ag_2CrO_4 已经开始析出，二者不能完全分离。

判断哪种离子先形成沉淀：

若形成同类型难溶电解质，当被沉淀离子浓度相同或接近时，$K_{sp}^{\ominus}$ 小的先沉淀；若不同类型难溶电解质，要据计算确定，需沉淀剂少者先沉淀。

判断两种离子完全分离的原则：

当一种离子沉淀完全时，第二种离子还没开始沉淀。

28. 若形成同类型难溶电解质：当被沉淀离子浓度相同或接近时，$K_{sp}^{\ominus}$ 小的先沉淀。

29. $$\Delta_r G_m^{\ominus}=2\Delta_f G_m^{\ominus}(I^-)+\Delta_f G_m^{\ominus}(Pb^{2+})-\Delta_f G_m^{\ominus}(PbI_2)$$

$$=-51.9\times2+(-24.4)-(-173.6)=45.34(kJ\cdot mol^{-1})$$

$$\lg K^{\ominus}=-\frac{\Delta_r G_m^{\ominus}}{2.303RT}=-7.95$$

三、判断题

1. ×	2. √	3. ×	4. √	5. √	6. ×
7. √	8. ×	9. ×	10. ×	11. √	12. ×
13. ×	14. √	15. ×	16. ×	17. √	18. ×
19. √	20. ×	21. ×			

部分习题解析：

1. AgCl 的溶解度小，但溶解的部分是完全电离，所以 AgCl 为难溶强电解质。

2. Ag^+ 和 CrO_4^{2-} 溶液混合后，生成 Ag_2CrO_4 沉淀后会达到沉淀溶解平衡，此时根据相应 Ag^+ 和 CrO_4^{2-} 浓度计算的反应商即为离子积常数。

6. 难溶强电解质 AB_2 的溶度积常数 $K_{sp}^{\ominus}=xy^2$。

8. 不同类型的难溶强电解质，其中 $K_{sp}^{\ominus}$ 小的溶解度不一定小，要具体计算比较。

9. 被沉淀离子浓度相同或接近时，溶解度小的物质先沉淀。

11. 参考选择题第 15 题思路，分别求出两种溶液中的溶解度 s_1、s_2；如下：

$$Ag_2CrO_4 = 2Ag^+ + CrO_4^{2-}$$

平衡浓度：　　0.01　　s_1

平衡浓度：　　s_2　　0.01

$$K_{sp}^{\ominus}=(0.01)^2\times s_1,\quad s_1=1.12\times10^{-8}\,mol\cdot dm^{-3}$$

$$K_{sp}^{\ominus}=(s_2)^2\times 0.01,\quad s_2=1.06\times10^{-5}\,mol\cdot dm^{-3}$$

可见，Ag_2CrO_4 在 0.00lmol・dm^{-3} $AgNO_3$ 溶液中的溶解度较在 0.00lmol・dm^{-3} K_2CrO_4 中小。

启示：在含有难溶强电解质的溶液中，加入一定量的同离子溶液均因发生同离子效应(浓度不能太低；如本题浓度低于 0.0001mol・dm^{-3}，属盐效应，溶解度增加)，使难溶强电解质的溶解度降低，但增加电荷小的离子(如本题中的 Ag^+)浓度，溶解度减小的更为显著。这是由于电荷小的离子在配平时其系数>1，$K_{sp}^{\ominus}$ 表达式中含有电荷小的离子浓度的系数次方，因此其系数越大，系数次方就越大，所以其离子浓度越大，溶解度就越小。

12. 被沉淀离子浓度相同或接近，溶液中多种离子可生成沉淀时，缓慢加入沉淀剂，溶解度小的物质先沉淀。

15. 从理论上讲，在一定的范围内，所加沉淀剂越多，由于同离子效应的存在会使沉淀越完全；但如果超过一定限度，盐效应的作用会更加明显，反而会促进沉淀溶解。

20. 假如 SO_4^{2-}、SO_3^{2-}、CO_3^{2-} 的溶液的浓度相同或相近时，向含 SO_4^{2-}、SO_3^{2-}、CO_3^{2-} 的溶液中滴加 $BaCl_2$，则生成沉淀的先后顺序为 $BaSO_4$、$BaSO_3$、$BaCO_3$。

21. 若将 AgCl 固体置于含有 Ag^+ 或 Cl^- 的溶液中，$c(Ag^+)\neq c(Cl^-)$，但 Ag^+ 与 Cl^- 浓度的乘积等于 $1.8\times10^{-10}(mol\cdot dm^{-3})^2$。

四、计算题

1. **解：**

(1) 溶解度单位换算为 $mol\cdot dm^{-3}$，

$$s=\frac{1.08\times10^{-6}}{234.8}\times\frac{1000}{500}=9.20\times10^{-9}(mol\cdot dm^{-3})$$

$$K_{sp}^{\ominus}(AgI)=s^2=(9.20\times10^{-9})^2=8.46\times10^{-17}$$

(2) $s=\frac{0.04665/245}{0.100}=1.9\times10^{-3}(\text{mol}\cdot\text{dm}^{-3})$

因为 PbF_2 为 AB_2 型难溶强电解质，

所以 $K_{sp}^{\ominus}=4s^3=4\ (1.9\times10^{-3})^3=2.7\times10^{-8}$

2. **解**：

因为 pH＝10.51

所以 pOH＝14－10.51＝3.49

$c(OH^-)=3.2\times10^{-4}\text{mol}\cdot\text{dm}^{-3}$

因为 $Mg(OH)_2$ 为 AB_2 型难溶强电解质

所以 $c(OH^-)=2s$

$c(Mg^{2+})=s=1.6\times10^{-4}\text{mol}\cdot\text{dm}^{-3}$

$K_{sp}^{\ominus}=c(Mg^{2+})\cdot c^2(OH^-)=1.6\times10^{-4}\times(3.2\times10^{-4})^2=1.6\times10^{-11}$

3. **解**：

(1) 因为 $Cu(OH)_2$ 为 AB_2 型难溶强电解质

所以 $s=\sqrt[3]{\frac{K_{sp}^{\ominus}}{4}}=\sqrt[3]{\frac{2.2\times10^{-20}}{4}}=1.8\times10^{-7}(\text{mol}\cdot\text{dm}^{-3})$

(2)　　$Cu(OH)_2 \rightleftharpoons Cu^{2+} + 2OH^-$

平衡浓度/$(\text{mol}\cdot\text{dm}^{-3})$　$0.10+s\approx0.10$　　$2s$

$K_{sp}^{\ominus}[Cu(OH)_2]=c(Cu^{2+})c(OH^-)^2$　$2.2\times10^{-20}=0.10\times4s^2$

解得：$s=2.3\times10^{-10}\text{mol}\cdot\text{dm}^{-3}$

(3)　　$Cu(OH)_2 \rightleftharpoons Cu^{2+} + 2OH^-$

平衡浓度/$(\text{mol}\cdot\text{dm}^{-3})$　　s　　$0.020+2s\approx0.020$

$$K_{sp}^{\ominus}[Cu(OH)_2]=c(Cu^{2+})\cdot c^2(OH^-)$$

$$2.2\times10^{-20}=s\times0.020^2$$

解得：$s=5.5\times10^{-17}\text{mol}\cdot\text{dm}^{-3}$

4. **解**：不生成 $Mn(OH)_2$ 沉淀，则

$c(OH^-)\leqslant\sqrt{\frac{K_{sp}^{\ominus}[Mn(OH)_2]}{c(Mn^{2+})}}=\sqrt{\frac{1.9\times10^{-13}}{0.20/2}}=1.4\times10^{-6}(\text{mol}\cdot\text{dm}^{-3})$

设需加 NH_4Cl x 克，则

$$c(H^+)=K_a^{\ominus}(NH_4^+)\times\frac{c(NH_4^+)}{c(NH_3\cdot H_2O)}$$

$$\frac{K_w^{\ominus}}{c(OH^-)}=\frac{K_w^{\ominus}}{K_b^{\ominus}}\times\frac{c(NH_4^+)}{c(NH_3\cdot H_2O)}$$

$$\frac{1.0\times10^{-14}}{1.4\times10^{-6}}=\frac{1.0\times10^{-14}}{1.8\times10^{-5}}\times\frac{\frac{x/53.5}{0.20}}{0.010/2}$$

解得：$x=0.69\text{g}$

5. **解**：pH＝3.00，pOH＝11.00，$c(OH^-)=1.0\times10^{-11}\text{mol}\cdot\text{dm}^{-3}$

(1) 能否生成 $Fe(OH)_3$ 沉淀

$J=c(Fe^{3+})\cdot c^3(OH^-)=1.0\times(1.0\times10^{-11})^3=1.0\times10^{-33}>K_{sp}^{\ominus}[Fe(OH)_3]$

即有 $Fe(OH)_3$ 沉淀生成。

残存 Fe^{3+} 浓度：

$$c(Fe^{3+})=\frac{K_{sp}^{\ominus}[Fe(OH)_3]}{c^3(OH^-)}=\frac{2.6\times10^{-39}}{(1.0\times10^{-11})^3}=2.6\times10^{-6}(mol\cdot dm^{-3})$$

(2) 能否生成 $Fe(OH)_2$ 沉淀

$J=c(Fe^{2+})\cdot c^2(OH^-)=1.0\times(1.0\times10^{-11})^2=1.0\times10^{-22}<K_{sp}^{\ominus}[Fe(OH)_2]$

即无 $Fe(OH)_2$ 沉淀生成。

残存 Fe^{2+} 浓度为：$c(Fe^{2+})=1.0mol\cdot dm^{-3}$

6. **解**：欲除尽 Fe^{3+}，则

$$c(OH^-)=\sqrt[3]{\frac{K_{sp}^{\ominus}[Fe(OH)_3]}{c(Fe^{3+})}}=\sqrt[3]{\frac{2.6\times10^{-39}}{1.0\times10^{-5}}}=6.4\times10^{-12}(mol\cdot dm^{-3})$$

$pH=14-pOH=14-[-lg(6.4\times10^{-12})]=2.81$

Mg^{2+} 不沉淀，则

$$c(OH^-)=\sqrt{\frac{K_{sp}^{\ominus}[Mg(OH)_2]}{c(Mg^{2+})}}=\sqrt{\frac{1.8\times10^{-11}}{0.20}}=9.5\times10^{-6}(mol\cdot dm^{-3})$$

$pH=14-pOH=14-[-lg(9.5\times10^{-6})]=8.98$

即 pH 应控制在 2.81～8.98

7. **解**：

因为 MnS、NiS 是同类难溶强电解质，且 $K_{sp}^{\ominus}(NiS)<K_{sp}^{\ominus}(MnS)$

所以 NiS 先沉淀

生成 NiS 沉淀时：

$$c(S^{2-})=\frac{K_{sp}^{\ominus}(NiS)}{c(Ni^{2+})}=\frac{1.1\times10^{-21}}{0.30}=3.7\times10^{-21}(mol\cdot dm^{-3})$$

NiS 沉淀完全时：

$$c(S^{2-})\geqslant\frac{K_{sp}^{\ominus}(NiS)}{c(Ni^{2+})}=\frac{1.1\times10^{-21}}{1.0\times10^{-5}}=1.1\times10^{-16}(mol\cdot dm^{-3})$$

$$c(H^+)\leqslant\sqrt{\frac{K_{a1}^{\ominus}\cdot K_{a2}^{\ominus}\cdot c(H_2S)}{c(S^{2-})}}=\sqrt{\frac{1.0\times10^{-7}\times1.0\times10^{-13}\times0.10}{1.1\times10^{-16}}}=3.0\times10^{-3}(mol\cdot dm^{-3})$$

进而求得：$pH\geqslant 2.52$

MnS 不沉淀时：

$$c(S^{2-})\leqslant\frac{K_{sp}^{\ominus}(MnS)}{c(Mn^{2+})}=\frac{2.5\times10^{-13}}{0.20}=1.3\times10^{-12}(mol\cdot dm^{-3})$$

$$c(H^+)\geqslant\sqrt{\frac{K_{a1}^{\ominus}\cdot K_{a2}^{\ominus}\cdot c(H_2S)}{c(S^{2-})}}=\sqrt{\frac{1.0\times10^{-7}\times1.0\times10^{-13}\times0.10}{1.3\times10^{-12}}}=2.8\times10^{-5}(mol\cdot dm^{-3})$$

进而求得：$pH\leqslant4.55$

综上，pH 应控制在 2.52～4.55

8. **解**：(1) 当 $c(Cl^-)=3.0\times10^{-4}mol\cdot dm^{-3}$ 时

$J=c(Pb^{2+})c^2(Cl^-)=0.020\times(3.0\times10^{-4})^2=1.8\times10^{-9}$

$J<K_{sp}^{\ominus}(PbCl_2)=1.6\times10^{-5}$

所以此时不能生成 $PbCl_2$ 沉淀

(2) 当开始生成 $PbCl_2$ 沉淀时，$J=K_{sp}^{\ominus}(PbCl_2)$

$J=c(Pb^{2+})c^2(Cl^-)=0.020\times c^2(Cl^-)=1.6\times10^{-5}$

所以 $c(Cl^-)=2.83\times10^{-2}mol\cdot dm^{-3}$

(3) 当生成 $PbCl_2$ 沉淀时，$J\geqslant K_{sp}^{\ominus}(PbCl_2)$

$J=c(Pb^{2+})c^2(Cl^-)=c(Pb^{2+})\times(6.0\times10^{-2})^2\geqslant1.6\times10^{-5}$

所以 $c(Pb^{2+})\geqslant4.4\times10^{-3}mol\cdot dm^{-3}$

(4) 当 Pb^{2+} 沉淀完全时，$c(Pb^{2+})\leqslant1.0\times10^{-5}mol\cdot dm^{-3}$

此时，$K_{sp}^{\ominus}(PbCl_2)=c(Pb^{2+})c^2(Cl^-)\leqslant1.0\times10^{-5}\times c^2(Cl^-)$

$c(Cl^-)\geqslant1.26mol\cdot dm^{-3}$

第9章　氧化还原反应与电化学

一、填空题

1. +2；+2.5

2. +3；−4；−2；+4；0；−1；+4

3. (1) $3As_2S_3(s)+14ClO_3^-(aq)+18H_2O=\!=\!=14Cl^-(aq)+6H_2AsO_4^-(aq)+9SO_4^{2-}(aq)+24H^+$

(2) $Br_2(l)+IO_3^-(aq)+H_2O=\!=\!=2Br^-(aq)+IO_4^-(aq)+2H^+$

(3) $4P+3NaOH+3H_2O\longrightarrow3NaH_2PO_2+PH_3$

4. 4；−2

5. 负极；正极；还原；氧化

6. Pt；$H_2-2e\longrightarrow2H^+$；Pt；$Fe^{3+}+e\longrightarrow Fe^{2+}$

$(-)Pt,H_2(p^{\ominus})|H^+(c^{\ominus})\parallel Fe^{3+}(c^{\ominus}),Fe^{2+}(c^{\ominus})|Pt(+)$

7. 正，负，氧化，还原

8. $(-)Ni\mid Ni^{2+}(c^{\ominus})\parallel Cu^{2+}(c^{\ominus})\mid Cu(+)$；$E_{池}^{\ominus}=E^{\ominus}(Cu^{2+}/Cu)-E^{\ominus}(Ni^{2+}/Ni)$

9. (1) $(-)\ Zn|Zn^{2+}(c\,mol\cdot dm^{-3})\parallel H^+(1.0mol\cdot dm^{-3})|H_2(100kPa),Pt\ (+)$；

(2) $2H^++2e\longrightarrow H_2$；

(3) $Zn-2e\longrightarrow Zn^{2+}$；

(4) $Zn+2H^+=\!=\!=Zn^{2+}+H_2$；

(5) $K^{\ominus}=5.98\times10^{25}$

解析：(5) $\lg K^{\ominus}=\dfrac{zE_{池}^{\ominus}}{0.0592}=\dfrac{z\times(E_{+}^{\ominus}-E_{-}^{\ominus})}{0.0592}=\dfrac{2\times[0-(-0.763)]}{0.0592}$

10. $MnO_4^-+8H^++5e\longrightarrow Mn^{2+}+4H_2O$；$2Cl^--2e\longrightarrow Cl_2$；

$(-)Pt,Cl_2(p^{\ominus})|Cl^-(c^{\ominus})\parallel MnO_4^-(c^{\ominus}),Mn^{2+}(c^{\ominus}),H^+(c^{\ominus})|Pt(+)$；

$2MnO_4^-+16H^++10Cl^-=\!=\!=2Mn^{2+}+8H_2O+5Cl_2$；

0.15V；2.19×10^{25}；$-144.75kJ\cdot mol^{-1}$

解析：$E_{池}^{\ominus}=E_{+}^{\ominus}-E_{-}^{\ominus}=1.51-1.36=0.15(V)$

$$\lg K^{\ominus}=\frac{zE^{\ominus}_{池}}{0.0592}=\frac{z\times(E^{\ominus}_{+}-E^{\ominus}_{-})}{0.0592}=\frac{10\times(1.51-1.36)}{0.0592}=25.34$$

$K^{\ominus}=2.19\times10^{25}$

$\Delta_r G^{\ominus}_m=-zFE^{\ominus}_{池}=-10\times96500\times(1.51-1.36)\times10^{-3}=-144.75(kJ\cdot mol^{-1})$

11. 正向；(－) Pt,I_2 | $I^-(c^{\ominus})$ ‖ $Fe^{3+}(c^{\ominus})$,$Fe^{2+}(c^{\ominus})$ | Pt (＋)

12. 参比,饱和甘汞电极

13. Fe^{2+}/Fe；小于；Fe^{3+}/Fe^{2+}；大于

14. BrO_3^-；Sn^{2+}；BrO_3^-；Cl_2

15. PbO_2；Sn^{2+}

16. (1) Cl_2；(2) Br_2；(3) H_2O_2

解析：尽管从电极电势看 F_2 也符合要求,但由于其太活泼,遇水剧烈反应,容易发生爆炸,因此不切实可行。

17. $-212.30kJ\cdot mol^{-1}$；$65.24kJ\cdot mol^{-1}$

解析：(1) $\Delta_r G^{\ominus}_m=-zFE^{\ominus}_{池}=-2\times96\,500\times1.10\times10^{-3}=-212.30(kJ\cdot mol^{-1})$

(2) $\Delta_r G^{\ominus}_m=[\Delta_r G^{\ominus}_m(Zn^{2+})+\Delta_r G^{\ominus}_m(Cu)]-[\Delta_r G^{\ominus}_m(Cu^{2+})+\Delta_r G^{\ominus}_m(Zn)]$

$\Delta_r G^{\ominus}_m(Cu^{2+})=\Delta_r G^{\ominus}_m(Zn^{2+})-\Delta_r G^{\ominus}_m$

18. (1) $E(MnO_4^-/Mn^{2+})=E^{\ominus}(MnO_4^-/Mn^{2+})+\dfrac{0.0592}{5}\lg\dfrac{c(MnO_4^-)\times c^8(H^+)}{c(Mn^{2+})}$；

(2) $E(O_2/OH^-)=E^{\ominus}(O_2/OH^-)+\dfrac{0.0592}{4}\lg\dfrac{p(O_2)/p^{\ominus}}{c^4(OH^-)}$

解析：注意能斯特方程书写的细节：如氧化态在上、固体及水不写、介质物质勿漏写、气体用相对分压替代相对浓度等。

19. 1.183V

解析：电极反应为：$Br_2(l)+2e\longrightarrow2Br^-(aq)$

$$E(Br_2/Br^-)=E^{\ominus}(Br_2/Br^-)+\frac{0.0592}{2}\lg\frac{1}{c^2(Br^-)}$$

$$=1.065+\frac{0.0592}{2}\lg\frac{1}{(1.0\times10^{-2})^2}=1.183(V)$$

20. 0.86V

解析：半反应为：$O_2(g)+2H_2O(l)+4e\longrightarrow4OH^-(aq)$

$$E(O_2/OH^-)=E^{\ominus}(O_2/OH^-)+\frac{0.0592}{4}\lg\frac{p(O_2)/p^{\ominus}}{c^4(OH^-)}$$

$$=0.401+\frac{0.0592}{4}\lg\frac{10/100}{(10^{-8})^4}=0.86(V)$$

21. 减小；不变；减小

解析：本题所给三电对对应半反应分别为：

$Cr_2O_7^{2-}+14H^++6e\longrightarrow2Cr^{3+}+7H_2O$

$MnO_4^-+e\longrightarrow MnO_4^{2-}$

$Fe(OH)_3+e\longrightarrow Fe(OH)_2+OH^-$

思路：看半反应中有无 H^+ 或 OH^- 参与,没有则无影响,如 MnO_4^-/MnO_4^{2-}。有则有影响，如：$Cr_2O_7^{2-}/Cr^{3+}$：H^+在半反应氧化态一侧，由能斯特方程其浓度减小，会导致电对电极电势显著降低。

$Fe(OH)_3/Fe(OH)_2$：OH^-在还原态一侧，其浓度增加会致电对电极电势降低。

22. (1) ClO_3^-；(2) $Cl_2(g)$与Fe^{3+}

解析：氧化性、还原性强弱与电极电势大小相关，因此本题仍是从判断电极电势的变化入手，思路同21题。

23. 浓差；0.1776V；$H^+(1mol \cdot dm^{-3}) \longrightarrow H^+(1\times10^{-3} mol \cdot dm^{-3})$

解析：正极为标准氢电极，$E^{\ominus}(H^+/H_2)=0$，负极为非标准氢电极，

半反应：$2H^+ + 2e \longrightarrow H_2$

$$E(H^+/H_2)=E^{\ominus}(H^+/H_2)+\frac{0.0592}{2}\lg\frac{c^2(H^+)}{p(H_2)/p^{\ominus}}$$

$$=0+\frac{0.0592}{2}\lg\frac{0.001^2}{100/100}=-0.1776(V)$$

$E^{\ominus}_{池}=E^{\ominus}_{+}-E^{\ominus}_{-}=0-(-0.1776)=0.1776(V)$

负极反应：$H_2-2e \longrightarrow 2H^+(0.001mol \cdot dm^{-3})$

正极反应：$2H^+(1mol \cdot dm^{-3})+2e \longrightarrow H_2$

两反应相加即可得电池反应。

24. 5.5×10^5

解析：依题意至少应满足$E(H^+/H_2)=0.34V$，代入下式即可。

$$E(H^+/H_2)=E^{\ominus}(H^+/H_2)+\frac{0.0592}{2}\lg\frac{c^2(H^+)}{p(H_2)/p^{\ominus}}$$

25. 1.8×10^{37}

解析：$\lg K^{\ominus}=\frac{zE^{\ominus}_{池}}{0.0592}=\frac{z\times(E^{\ominus}_{+}-E^{\ominus}_{-})}{0.0592}=\frac{2\times[E^{\ominus}(Cu^{2+}/Cu)-E^{\ominus}(Zn^{2+}/Zn)]}{0.0592}$

26. 2；1；1；2

解析：标准电极电势与半反应的系数无关，而标准电动势等于正、负极标准电极电势之差，题给两反应尽管系数上有别，但对应的两电对完全相同，因此标准电动势相同。

两反应：$\Delta_r G_{m1}=-z_1FE_{池1}$，$\Delta_r G_{m2}=-z_2FE_{池2}$，$\frac{z_1}{z_2}=2:1$

而$\Delta_r G_m$指每摩尔反应进度对应的自由能变，与方程式系数有关

即$\frac{\Delta_r G_{m1}}{\Delta_r G_{m2}}=2:1$，因此有：$\frac{E_{池1}}{E_{池2}}=1:1$

27. 小；0；0；1

解析：自发放电说明$E_+>E_-$，而氧化态(Fe^{2+})浓度越大电极电势越高。

放电停止，$E_+=E_-$，因此$E_{池}=0$

浓差电池：$E^{\ominus}_{池}=0$，$\lg K^{\ominus}=\frac{zE^{\ominus}_{池}}{0.0592}$，因此$K^{\ominus}=1$

28. (1) <，(2) <，(3) <，(4) >

解析：(3)(4)：氧化态生成沉淀致氧化态浓度减小，电极电势降低。

(2)：氧化态生成沉淀溶度积越小，致氧化态浓度减小越多，电极电势降低幅度越大，

(1)：氧化态、还原态均生成沉淀，看氧化态浓度减小所致电极电势减小与还原态浓度减小所致电极电势增加的相对大小。

29. 8.63×10^{-17}

解析：$E^{\ominus}(AgI/Ag)=E^{\ominus}(Ag^{+}/Ag)+\frac{0.0592}{1}\lg K_{sp}^{\ominus}(AgI)$

30. 0；-0.829

解析：$E_{B}^{\ominus}(H_2O/H_2)=E^{\ominus}(H^{+}/H_2)+\frac{0.0592}{2}\lg(K_w)^2$

31. HBrO；1.45V

32. 0.5181V；$Cu^{2+}\xrightarrow{0.1607}Cu^{+}\xrightarrow{0.5181}Cu$；可以

33. 1.52V

34. 0.92V；不能

35. (1) $3MO_2+M+12H^{+}=4M^{3+}+6H_2O$；

(2) $4MO_3+2M^{3+}+3H_2O=3M_2O_5+6H^{+}$

解析：由题意通过计算电极电势将电势图补充为：

$$MO_3\xrightarrow{0.5}M_2O_5\xrightarrow{0.2}MO_2\xrightarrow{0.7}M^{3+}\xrightarrow{0.1}M\qquad(M_2O_5\ \text{至}\ M^{3+}:\ 0.45)$$

依据 $E_{右}^{\ominus}<E_{左}^{\ominus}$，则两侧物种可相互反应生成中间物种。

二、选择题

1. D	2. D	3. B	4. C	5. D	6. C
7. C	8. A	9. C	10. C	11. A	12. D
13. C	14. D	15. D	16. B	17. B	18. C
19. A	20. C	21. A	22. B	23. D	24. D
25. D	26. B	27. B	28. B	29. C	30. D
31. C	32. C	33. D	34. D	35. D	36. C
37. A	38. D	39. D	40. A	41. D	42. B
43. B	44. B	45. B	46. D	47. B	48. C

习题解析：

7. Na_2SO_3 作为还原剂被氧化产物为 Na_2SO_4，因此 Na_2SO_3 失电子物质的量为：

$$0.066\times26.98\times10^{-3}\times2$$

而氧化剂得电子总数＝还原剂失电子总数，因此每摩尔 Y 得电子物质的量为：

$$\frac{0.066\times26.98\times10^{-3}\times2}{7.16\times10^{-4}}=5\text{mol}$$

10. 四种类型常用电极中，氧化还原电极与气体电极需要附加惰性电极，因此本题实际为电极类型的判断。

A 选项为两气体电极，B 选项为金属电极与氧化还原电极，D 选项为氧化还原电极与金属-难溶盐-阴离子电极。C 选项表面上是一沉淀溶解平衡，非氧化还原反应，但如果方程式两侧都加单质银，$Ag^{+}+Cl^{-}+Ag\longrightarrow AgCl+Ag$，则也可以设计为一个原电池，两电对分

别为 Ag^+/Ag 与 $AgCl/Ag$，分别对应金属电极与金属-难溶盐-阴离子电极，因此不需要加惰性电极。

14. 依据氧化还原反应方向的判断，电极电势大者的氧化态与电极电势小者的还原态可以自发反应。

16. 负极一侧失电子化合价升高，所以产物为 A^{3+}，正极一侧得电子化合价降低，所以产物为 B^{3+}。

17. 能共存说明两种离子不发生反应，根据题给标准电极电势分别判断，只要能反应就不能共存。

19. $\Delta_r G_m^{\ominus}=-zFE^{\ominus}$，$-839.6\times10^3=-6\times96\,500E^{\ominus}_{ClO_3^-/Cl^-}$，可求得该电对的电势。

20. 标准电极电势不随离子浓度变化而变化。

21. $E(Ni^{2+}/Ni)>E^{\ominus}(Ni^{2+}/Ni)$，由能斯特方程说明氧化态浓度大于 $c^{\ominus}$。

22. 由能斯特方程还原态浓度减小才可致电极电势增加，由此排除 A、C，D 氧化态、还原态均为离子，浓度同时减小相同倍数，因此电极电势不变。

23. 思路同 22，只有 D 能斯特方程中分子、分母同时增加相同倍数，因此电极电势不变。

24. 氧化能力与电极电势相关，电极电势大小可通过能斯特方程计算。本题还是看半反应中有无氢离子参与，A、B、C 选项半反应中都有氢离子参与。

27. $Cl_2(g)+2e\longrightarrow 2Cl^-(aq)$

$$E(Cl_2/Cl^-)=E^{\ominus}(Cl_2/Cl^-)+\frac{0.0592}{2}\lg\frac{p(Cl_2)/p^{\ominus}}{c^2(Cl^-)}$$

28. (1)=(2)−4×(3)

由 Hess 定律：$\Delta_r G_{m1}^{\ominus}=\Delta_r G_{m2}^{\ominus}-4\times\Delta_r G_{m3}^{\ominus}$

$-4FE^{\ominus}_{池1}=-4FE^{\ominus}_{池2}-4\times(-FE^{\ominus}_{池3})$

29. $E_{池}=E^{\ominus}(Cu^{2+}/Cu)-E(Pb^{2+}/Pb)$

$$=E^{\ominus}(Cu^{2+}/Cu)-\left[E^{\ominus}(Pb^{2+}/Pb)+\frac{0.0592}{2}\lg c(Pb^{2+})\right]$$

$$=E^{\ominus}_{池}-\frac{0.0592}{2}\lg c(Pb^{2+})$$

30. 负极为标准锌电极，正极为非标准氢电极，正极半反应为：$2H^++2e\longrightarrow H_2$

$E_{池}=E_+-E_-=E(H^+/H_2)-E^{\ominus}(Zn^{2+}/Zn)$

$$=E^{\ominus}(H^+/H_2)+\frac{0.0592}{2}\lg\frac{c^2(H^+)}{p(H_2)/p^{\ominus}}-E^{\ominus}(Zn^{2+}/Zn)$$

$$0.46=\frac{0.0592}{2}\lg\frac{c^2(H^+)}{100/100}-(-0.763)$$

31. 电池反应为：$B^{2+}+A=B+A^{2+}$

$$E_{池}=E^{\ominus}_{池}-\frac{0.0592}{2}\lg J=E^{\ominus}_{池}-\frac{0.0592}{2}\lg\frac{c(A^{2+})}{c(B^{2+})}$$

32. $\lg K^{\ominus}=\dfrac{zE^{\ominus}_{池}}{0.0592}=\dfrac{1\times[E^{\ominus}(Cu^+/Cu)-E^{\ominus}(Cu^{2+}/Cu^+)]}{0.0592}$

33. $\lg K^{\ominus}=\dfrac{zE^{\ominus}_{池}}{0.0592}$，浓差电池：$E^{\ominus}_{池}=0$

34. $E_{池}=E_{+}-E_{-}=E^{\ominus}(H^{+}/H_2)-E(H^{+}/H_2)$

$$E(H^{+}/H_2)=E^{\ominus}(H^{+}/H_2)+\frac{0.0592}{2}\lg\frac{c^2(H^{+})}{p(H_2)/p^{\ominus}}$$

$c(H^{+})$越小则$E(H^{+}/H_2)$越小，电动势将越大。比较四选项所给溶液，D选项溶液$c(H^{+})$最小。

36. $\Delta_r G_m^{\ominus}=-2.303RT\lg K^{\ominus}$，式中必须是$K^{\ominus}$因此排除A。

37. 本题采取排除法较好，首先由$\Delta_r G_m^{\ominus}=-zFE_{池}^{\ominus}$，可知电动势与自由能变符号应相反，排除C；再由$\Delta_r G_m^{\ominus}=-2.303RT\lg K^{\ominus}$，知若$\Delta_r G_m^{\ominus}>0$，则$K^{\ominus}<1$，排除B、D。

38. 平衡常数和$\Delta_r G_m^{\ominus}$与方程式写法有关，因此两式应不同；而标准电极电势与半反应系数无关，$E_{池}^{\ominus}=E_{+}^{\ominus}-E_{-}^{\ominus}$，因此标准电动势也与方程式的系数无关，两式应相同。

39. 氧化态生成沉淀致氧化态浓度减小，电极电势降低，并且生成沉淀的溶度积越小，降低幅度越大。

40. 氧化态生成弱电解质也将导致氧化态浓度减小，电极电势降低，生成弱电解质的解离常数越小，降低幅度越大。

41. 氧化态生成沉淀后都将导致氧化态浓度减小，电极电势降低。

42. 氧化态与还原态均生成沉淀后电极电势值减小，说明氧化态生成沉淀所致电极电势减小要大于还原态生成沉淀所致电极电势的增加，即氧化态沉淀溶度积更小。

43. 该反应标准电动势为-0.04V，所以A选项正确、B选项错误。

C选项pH改变可导致电对H_3AsO_4/H_3AsO_3电极电势变化，从而可致电动势的符号发生改变，因此反应方向也会随之发生改变。

D选项中pH增大，即降低酸度，因氢离子在氧化态一侧，因此降低酸度，电极电势将减小，从而使As^{5+}氧化性减弱，所以该选项描述正确。

44. $E^{\ominus}(PbSO_4/Pb)=E^{\ominus}(Pb^{2+}/Pb)+\frac{0.0592}{2}\lg K_{sp}^{\ominus}(PbSO_4)$

46. 将已知条件设计画出对应元素电势图，则所求一目了然。

三、判断题

1. ×	2. √	3. ×	4. √	5. ×	6. ×
7. ×	8. √	9. ×	10. √	11. √	12. ×
13. ×	14. ×	15. ×	16. ×	17. ×	18. √
19. ×	20. √	21. ×	22. √		

解析：

5. 理论上所有氧化还原反应都能设计为原电池，因此第4题正确，但能形成原电池的并非都是还原反应，譬如沉淀溶解平衡也可以设计为原电池，浓差电池中也没有氧化还原反应发生。

21. 由题给电极电势，表面上$E^{\ominus}(Cu^{2+}/Cu^{+})<E^{\ominus}(I_2/I^{-})$，$Cu^{2+}$和$I^{-}$不能发生氧化还原反应，而实际上由于$Cu^{+}+I^{-}\longrightarrow CuI\downarrow$，$c(Cu^{+})$减小，从而导致电极电势升高。此时电对$Cu^{2+}/CuI$对应电极电势可由下式计算，结果是$E^{\ominus}(Cu^{2+}/CuI)>E^{\ominus}(I_2/I^{-})$。

$$E^{\ominus}(Cu^{2+}/CuI)=E^{\ominus}(Cu^{2+}/Cu^{+})+\frac{0.0592}{1}\lg\frac{1}{K_{sp}^{\ominus}(CuI)}$$

四、计算题

1. **解**：(1) 电极电势大者为正极，小者为负极，因此：

(+) $Cu^{2+} + 2e \longrightarrow Cu$

(−) $Zn - 2e \longrightarrow Zn^{2+}$

(2) 电池符号：

(−)$Zn|Zn^{2+}(0.100mol \cdot dm^{-3}) \| Cu^{2+}(1.00mol \cdot dm^{-3})|Cu$(+)

(3) 正极为标准铜电极，$E^{\ominus}(Cu^{2+}/Cu) = 0.34V$

负极为非标准锌电极，其电极电势：

$$E(Zn^{2+}/Zn) = E^{\ominus}(Zn^{2+}/Zn) + \frac{0.0592}{2}\lg c(Zn^{2+})$$

$$= -0.763 + \frac{0.0592}{2}\lg 0.100 = -0.793(V)$$

$$E_{池} = E_{+} - E_{-} = E^{\ominus}(Cu^{2+}/Cu) - E(Zn^{2+}/Zn)$$

$$= 0.340 - (-0.793) = 1.13(V)$$

(4) $\lg K^{\ominus} = \frac{zE^{\ominus}_{池}}{0.0592} = \frac{z \times (E^{\ominus}_{+} - E^{\ominus}_{-})}{0.0592} = \frac{z \times [E^{\ominus}(Cu^{2+}/Cu) - E^{\ominus}(Zn^{2+}/Zn)]}{0.0592}$

$$\lg K^{\ominus} = \frac{2 \times [0.34 - (-0.763)]}{0.0592} = 37.26$$

$K^{\ominus} = 1.8 \times 10^{37}$

$\Delta_r G^{\ominus}_m = -zFE^{\ominus}_{池} = -2 \times 96\,500 \times [0.340 - (-0.763)] \times 10^{-3} = -212.88(kJ \cdot mol^{-1})$

2. **解**：(1) (−) $Zn|Zn^{2+}(1mol \cdot dm^{-3}) \| KCl$(饱和)$|Hg_2Cl_2|Hg$ (+)

(2) 正极反应：$Hg_2Cl_2 + 2e = 2Hg + 2Cl^-$

负极反应：$Zn - 2e = Zn^{2+}$

(3) 电池反应：$Hg_2Cl_2 + Zn = ZnCl_2 + 2Hg$

(4) $E^{\ominus}_{池} = E^{\ominus}_{+} - E^{\ominus}_{-} = 0.2415 - (-0.763) = 1.00(V)$

(5) $\lg K^{\ominus} = \frac{zE^{\ominus}_{池}}{0.0592} = \frac{z \times (E^{\ominus}_{+} - E^{\ominus}_{-})}{0.0592} = \frac{2 \times 1.00}{0.0592} = 33.78$

$K^{\ominus} = 6.08 \times 10^{33}$

3. **解**：(1) 电池符号：

(−) $Cu|Cu^{2+}(1mol \cdot dm^{-3}) \| Cl^-(1mol \cdot dm^{-3})|Cl_2(100kPa), Pt$ (+)

正负极均为标准电极，因此：

$$E^{\ominus}_{池} = E^{\ominus}_{+} - E^{\ominus}_{-} = E^{\ominus}(Cl_2/Cl^-) - E^{\ominus}(Cu^{2+}/Cu)$$

$$= 1.36 - 0.34 = 1.02(V) > 0$$

所以反应自左向右自发进行。

$\Delta_r G^{\ominus}_m = -zFE^{\ominus}_{池} = -1 \times 96\,500 \times 1.02 \times 10^{-3} = -98.43(kJ \cdot mol^{-1}) < 0$

同样说明反应自左向右自发进行。

(2) 电池符号：

(−) $Cu|Cu^{2+}(0.1mol \cdot dm^{-3}) \| H^+(0.01mol \cdot dm^{-3})|H_2(90kPa), Pt$ (+)

正负极均为非标准电极，因此：

负极：$Cu - 2e \longrightarrow Cu^{2+}$

$$E(Cu^{2+}/Cu)=E^{\ominus}(Cu^{2+}/Cu)+\frac{0.0592}{2}\lg c(Cu^{2+})$$

$$=0.34+\frac{0.0592}{2}\lg 0.1=0.31(V)$$

正极：$2H^{+}+2e \longrightarrow H_2$

$$E(H^{+}/H_2)=E^{\ominus}(H^{+}/H_2)+\frac{0.0592}{2}\lg\frac{c^2(H^{+})}{p(H_2)/p^{\ominus}}$$

$$=\frac{0.0592}{2}\lg\frac{(0.01)^2}{90/100}=-0.117(V)$$

$$E_{池}=E_{+}-E_{-}=E(H^{+}/H_2)-E(Cu^{2+}/Cu)$$

$$=(-0.117)-0.31=-0.427(V)<0$$

所以反应逆向自发进行。

$\Delta_r G_m=-zFE_{池}=-2\times 96\,500\times(-0.427)\times 10^{-3}=82.41kJ\cdot mol^{-1}>0$

同样说明反应逆向自发进行。

4. **解**：(1) 正极：$Cr_2O_7^{2-}+14H^{+}+6e \longrightarrow 2Cr^{3+}+7H_2O$

负极：$2I^{-}-2e \longrightarrow I_2$

总反应：$Cr_2O_7^{2-}+14H^{+}+6I^{-}=\!=\!=2Cr^{3+}+3I_2+7H_2O$

$$E(Cr_2O_7^{2-}/Cr^{3+})=E^{\ominus}(Cr_2O_7^{2-}/Cr^{3+})+\frac{0.0592}{6}\lg\frac{c(Cr_2O_7^{2-})\times c(H^{+})^{14}}{c^2(Cr^{3+})}$$

$$=1.36+\frac{0.0592}{6}\lg\frac{0.10\times 1.0^{14}}{1.0^2}=1.35(V)$$

$$E(I_2/I^{-})=E^{\ominus}(I_2/I^{-})+\frac{0.0592}{2}\lg\frac{1}{c^2(I^{-})}$$

$$=0.54-\frac{0.0592}{2}\lg c^2(I^{-})$$

$$E_{池}=E(Cr_2O_7^{2-}/Cr^{3+})-E(I_2/I^{-})$$

$$=1.35-0.54+\frac{0.0592}{2}\lg c^2(I^{-})=0.751(V)$$

解得：$c(I^{-})=0.100mol\cdot dm^{-3}$

(2) 电池符号：

$(-)Pt,I_2\,|\,I^{-}(0.1mol\cdot dm^{-3})\,\|\,Cr_2O_7^{2-}(0.1mol\cdot dm^{-3}),Cr^{3+}(1mol\cdot dm^{-3}),H^{+}(1mol\cdot dm^{-3})\,|\,Pt(+)$

(3) $\Delta_r G_m=-zFE_{池}=-6\times 96\,500\times 0.751\times 10^{-3}=-434.83(kJ\cdot mol^{-1})$

$$\lg K^{\ominus}=\frac{zE^{\ominus}_{池}}{0.0592}=\frac{z(E^{\ominus}_{+}-E^{\ominus}_{-})}{0.0592}=\frac{6\times(1.36-0.54)}{0.0592}=83.1$$

解得：$K^{\ominus}=1.26\times 10^{83}$

5. **解**：$E^{\ominus}(Cu^{2+}/CuI)=E^{\ominus}(Cu^{2+}/Cu^{+})+\frac{0.0592}{1}\lg\frac{1}{K^{\ominus}_{sp}(CuI)}$

$$=0.159+\frac{0.0592}{1}\lg\frac{1}{1.27\times 10^{-12}}=0.863(V)$$

6. **解**：$E^{\ominus}(HCN/H_2)=E^{\ominus}(H^{+}/H_2)+\frac{0.0592}{2}\lg(K^{\ominus}_{a})^2$

$-0.545=0+\frac{0.0592}{2}\lg(K_a^\ominus)^2$

解得：$K_a^\ominus=6.22\times10^{-10}$

7. **解**：(1) $MnO_2(s)+4HCl(aq)\longrightarrow MnCl_2(aq)+Cl_2(g)+2H_2O(l)$

(2) $E_{池}^\ominus=E_+^\ominus-E_-^\ominus=+1.23-(+1.36)=-0.13(V)<0$

所以在标准态下，上述反应不能自左向右进行。

(3) 浓 HCl 中，$c(H^+)=12mol\cdot dm^{-3}$，$c(Cl^-)=12mol\cdot dm^{-3}$，则：

$MnO_2+4H^++2e\longrightarrow Mn^{2+}+2H_2O$

$$E(MnO_2/Mn^{2+})=E^\ominus(MnO_2/Mn^{2+})+\frac{0.0592}{2}\lg\frac{c(H^+)^4}{c(Mn^{2+})}$$

$$=+1.23+\frac{0.0592}{2}\lg\frac{12^4}{1}=1.36(V)$$

$Cl_2(g)+2e\longrightarrow 2Cl^-(aq)$

$$E(Cl_2/Cl^-)=E^\ominus(Cl_2/Cl^-)+\frac{0.0592}{2}\lg\frac{p(H_2)/p^\ominus}{c(Cl^-)^2}$$

$$=+1.36+\frac{0.0592}{2}\lg\frac{1}{(12)^2}=1.30(V)$$

$E_{池}=1.36-1.30=0.06V>0$

所以此时反应向右可以自发进行。

(4) 电池符号

(－) $Pt,Cl_2(100kPa)\mid Cl^-(12mol\cdot dm^{-3})\parallel H^+(12mol\cdot dm^{-3})$，$Mn^{2+}(1mol\cdot dm^{-3})\mid MnO_2(s),Pt(+)$

8. **解**：(1) 两极反应如下：

负极：$H_3AsO_3+H_2O-2e\longrightarrow H_3AsO_4+2H^+$，$E^\ominus(H_3AsO_4/H_3AsO_3)=0.581V$

正极：$I_2+2e\longrightarrow 2I^-$，$E^\ominus(I_2/I^-)=0.535V$

$E_{池}^\ominus=E_+^\ominus-E_-^\ominus=E^\ominus(I_2/I^-)-E^\ominus(H_3AsO_4/H_3AsO_3)=0.535-0.581=-0.046V$

$$\lg K^\ominus=\frac{zE_{池}^\ominus}{0.0592}=\frac{2\times(-0.046)}{0.0592}=-1.55$$

解得：$K^\ominus=0.028$

(2) $$E_-=E^\ominus(H_3AsO_4/H_3AsO_3)+\frac{0.0592}{2}\lg\frac{c(H_3AsO_4)\times c^2(H^+)}{c(H_3AsO_3)}$$

$$=0.581+\frac{0.0592}{2}\lg(1.00\times10^{-7})^2=0.167(V)$$

$E_{池}=E_+-E_-=0.535-0.167=0.368(V)>0.00V$，平衡正向进行。

(3) $$E_-=E^\ominus(H_3AsO_4/H_3AsO_3)+\frac{0.0592}{2}\lg\frac{c(H_3AsO_4)\times c^2(H^+)}{c(H_3AsO_3)}$$

$$=0.581+\frac{0.0592}{2}\lg6.0^2=0.627(V)$$

$E_{池}=E_+-E_-=0.535-0.627=-0.092(V)<0.00V$，平衡逆向进行。

本题(2)(3)两问也可以通过反应商判据搞定，并且更为简便。

9. **解**：铜半电池(正极)为标准态，$E^\ominus(Cu^{2+}/Cu)=0.34V$

铅半电池(负极)电对 $PbSO_4/Pb$ 的标准态：

$$E^{\ominus}(PbSO_4/Pb)=E^{\ominus}(Pb^{2+}/Pb)+\frac{0.0592}{2}\lg K_{sp}^{\ominus}(PbSO_4)$$

$$E_{池}=E_{+}-E_{-}=E^{\ominus}(Cu^{2+}/Cu)-E^{\ominus}(PbSO_4/Pb)=0.62$$

$$0.34-\left[-0.1263+\frac{0.0592}{2}\lg K_{sp}^{\ominus}(PbSO_4)\right]=0.62$$

解得：$K_{sp}^{\ominus}(PbSO_4)=6.42\times10^{-6}$

10. **解**：(1) 由元素电势图：

$$E^{\ominus}(In^{3+}/In)=\frac{-0.45\times1+(-0.35)\times1+(-0.22)\times1}{3}=-0.34(V)$$

$$E^{\ominus}(In(OH)_3/In)=E^{\ominus}(In^{3+}/In)+\frac{0.0592}{3}\lg K_{sp}^{\ominus}[In(OH)_3]$$

$$-1.00=-0.34+\frac{0.0592}{3}\lg K_{sp}^{\ominus}[In(OH)_3]$$

解得：$K_{sp}^{\ominus}[In(OH)_3]=3.58\times10^{-34}$

(2) $In(OH)_3(s)+3H^{+}=In^{3+}+3H_2O$

$$K^{\ominus}=\frac{c(In^{3+})}{c^3(H^{+})}=\frac{c(In^{3+})}{c^3(H^{+})}\times\frac{c^3(OH^{-})}{c^3(OH^{-})}=\frac{K_{sp}^{\ominus}[In(OH)_3]}{(K_w^{\ominus})^3}=\frac{3.58\times10^{-34}}{(1.0\times10^{-14})^3}=3.58\times10^{8}$$

第10章　配位平衡

一、填空题

1. 8.90×10^{-8}；1.55×10^{-4}。

解析：$K_d^{\ominus}=\frac{1}{K_{f1}^{\ominus}\times K_{f2}^{\ominus}}=\frac{1}{1.74\times10^3\times6.46\times10^3}=8.90\times10^{-8}$

$$K_{d1}^{\ominus}=\frac{1}{K_{f2}^{\ominus}}=\frac{1}{6.46\times10^3}=1.55\times10^{-4}$$

2. $\frac{c([HgI_3]^{-})/c^{\ominus}}{[c([HgI_2])/c^{\ominus}][c(I^{-})/c^{\ominus}]}$；$\frac{[c([HgI_2])/c^{\ominus}][c(I^{-})/c^{\ominus}]}{c([HgI_3]^{-})/c^{\ominus}}$

3. 小；小

解析：“$[FeF_6]^{3-}$溶液和$[Fe(CN)_6]^{3-}$溶液中，前者的 $c(Fe^{3+})$大于后者的 $c(Fe^{3+})$”说明前者更不稳定，易解离，$K_f^{\ominus}$ 较小。

4. 2.09×10^{13}；4.79×10^{-14}

5. 2.0×10^{-13}

6. 小；右

解析：此转化反应的平衡常数：

$$K^{\ominus}=\frac{c([Cu(NH_3)_4]^{2+})\times c^4(OH^{-})}{c([Cu(OH)_4]^{2-})\times c^4(NH_3)}\times\frac{c(Cu^{2+})}{c(Cu^{2+})}=\frac{K_f^{\ominus}([Cu(NH_3)_4]^{2+})}{K_f^{\ominus}([Cu(OH)_4]^{2-})}$$

因 $K^{\ominus}>1$，所以：$K_f^{\ominus}([Cu(NH_3)_4]^{2+})>K_f^{\ominus}([Cu(OH^{-})_4]^{2-})$

由稳定常数可知正向是由不稳定配离子向稳定配离子的转化，因此正向自发。

7. NH_3浓度减小；向右；NH_3浓度增大；向左

8. 大；右

解析："前者的游离金属离子 M 的浓度 $c(M)$ 比后者的要大"说明[MA_6]更易解离，$K_d^\ominus(MA_6)$ 越大。配体取代反应 $[MA_6]+6B \rightleftharpoons [MB_6]+6A$ 的平衡常数 $K^\ominus=\frac{c([MB_6])\times c^6(A)}{c([MA_6])\times c^6(B)}\times\frac{c(M)}{c(M)}=\frac{K_d^\ominus(MA_6)}{K_d^\ominus(MB_6)}>1$

9. 配离子；大

解析：AgX 沉淀转化为氨的配合物的平衡常数 $K^\ominus=K_{sp}^\ominus\times K_f^\ominus$，故 $K_f^\ominus$ 越大，沉淀转化越完全，溶解度越大。

10. >；<；>；<

11. 高；小于(<)

解析：思路(1)此题属氧化态、还原态均生成配离子的衍生电对与母电对电极电势大小的比较问题，因 $K_f^\ominus([Co(NH_3)_6]^{3+})>K_f^\ominus([Co(NH_3)_6]^{2+})$，说明前者更稳定，因此前者所致氧化态浓度的减小要比后者所致还原态浓度的减小大，由能斯特方程最终导致衍生电对的电极电势小于母电对。

思路(2)$E^\ominus([Co(NH_3)_6]^{3+}/[Co(NH_3)_6]^{2+})=E^\ominus(Co^{3+}/Co^{2+})+0.0592\lg K_f^\ominus([Co(NH_3)_6]^{2+})/K_f^\ominus([Co(NH_3)_6]^{3+})$，代入数值即可判断相对大小。

12. 大；Pb^{2+}；小；1.0。

13. $E^\ominus([FeCl]^{2+}/Fe^{2+})=E^\ominus(Fe^{3+}/Fe^{2+})+0.0592\lg K_d^\ominus([FeCl]^{2+})$；小

14. 1.36×10^{-19}

解析：设平衡时 Ni^{2+} 浓度为 $x\,mol\cdot dm^{-3}$

	Ni^{2+}	+	$3en \rightleftharpoons [Ni(en)_3]^{2+}$
初始浓度：	0.2/2	2/2	0
平衡浓度：	x	$1-3(0.1-x)$	$0.1-x$

$$K_f^\ominus=\frac{c([Ni(en)_3]^{2+})}{c(Ni^{2+})\times c^3(en)}$$

$$2.14\times10^{18}=\frac{0.10-x}{x[1-3(0.1-x)]^3}$$

x 很小，$0.1-x\approx0.1$，解得：$x=1.36\times10^{-19}$

15. 0.61V

解析：$E^\ominus([Au(SCN)_2]^-/Au)=E^\ominus(Au^+/Au)-0.0592\lg\frac{1}{[Au^+]}=E^\ominus(Au^+/Au)-0.0592\lg K_{稳}=1.68-0.0592\lg(1\times10^{18})=0.61\,(V)$

16. (1) $NH_3\cdot H_2O$；(2) Na_2S

二、选择题

1. A	2. D	3. D	4. D	5. D	6. D
7. D	8. D	9. B	10. A	11. B	12. C
13. C	14. D	15. D	16. B	17. B	18. D
19. A	20. B	21. C	22. C		

部分习题解析：

2. A、C 属同离子效应，致沉淀溶解度减小。

B 从酸溶角度加酸有助于 $CaCO_3$ 溶解，因此加 NaOH 不利于它的溶解，溶解度将减小。

D选项加入EDTA，EDTA配合物非常稳定，因此发生沉淀向配离子的转化，导致溶解度增加。

3. 沉淀向配离子转化反应中 $K^{\ominus}=K_f^{\ominus}\times K_{sp}^{\ominus}$，对于特定沉淀 HgS，固定 $K_{sp}^{\ominus}$，则生成的配合物 $K_f^{\ominus}$ 越大，转化反应的 $K^{\ominus}$ 越大，反应进行的程度越大。故选择 $K_f^{\ominus}$ 最大的D选项。

4. 水中发生 $[Cu(NH_3)_4]^{2+}$ 的解离反应：$[Cu(NH_3)_4]^{2+}$ ══ $Cu^{2+}+4NH_3$，通入氨气后，平衡左移，$c(Cu^{2+})$减小。

7. 内外界间的解离非常完全，Cl^- 的浓度与体积的扩大成反比。但内界的解离不完全，类似弱电解质，解离度随浓度减小而增加。

9. 不稳定常数越大，配离子越容易解离，则 $c(NH_3)$越大。

10. 根据电极反应的能斯特方程 $E(Cu^{2+}/Cu)=E^{\ominus}(Cu^{2+}/Cu)+\frac{0.0592}{2}\lg c(Cu^{2+})$，加入氨水后，$Cu^{2+}$ 生成铜氨配合物，$c(Cu^{2+})$减小，$E(Cu^{2+}/Cu)$减小，故 Cu^{2+} 的氧化性减弱，铜的还原性增加。

12. $K^{\ominus}=\frac{c^{3-}[Ag(S_2O_3)_2]\times c(Cl^-)}{c^2(S_2O_3^{2-})}\times\frac{c(Ag^+)}{c(Ag^+)}=K_f^{\ominus}\times K_{sp}^{\ominus}$

13. $Al^{3+}+H_2O \rightleftharpoons [Al(OH)]^{2+}+H^+$

$$K^{\ominus}=\frac{c([Al(OH)]^{2+})\times c(H^+)}{c(Al^{3+})}\times\frac{c(OH^-)}{c(OH^-)}=K_1^{\ominus}\times K_w^{\ominus}$$

14. 同第10题。

15. 16为一类题目，以16为例，$E^{\ominus}[Fe(CN)_6^{3-}/Fe(CN)_6^{4-}]=E^{\ominus}(Fe^{3+}/Fe^{2+})+0.0592\lg\frac{K_f^{\ominus}[Fe(CN)_6^{4-}]}{K_f^{\ominus}[Fe(CN)_6^{3-}]}$，由于 $K_f^{\ominus}[Fe(CN)_6^{3-}]>K_f^{\ominus}[Fe(CN)_6^{4-}]$，$E^{\ominus}[Fe(CN)_6^{3-}/Fe(CN)_6^{4-}]<E^{\ominus}(Fe^{3+}/Fe^{2+})$。

17. 该题目为配合物之间的相互转化，主要求平衡常数即可。同填空题第8题。

20. 一定量的氢氧化铜溶解，需要溶液的 NH_3 过量，所以缓冲对仍存在。按照反应，$Cu(OH)_2+4NH_3 \rightleftharpoons [Cu(NH_3)_4]^{2+}+2OH^-$ 氢氧化铜消耗了4个 NH_3，生成了2个 OH^- 离子，但是这2个 OH^- 会马上和缓冲溶液中的 NH_4^+ 反应生成2个 NH_3。对1∶1的缓冲溶液中的影响是实质减少了2个 NH_3。按照缓冲溶液的平衡向其中一种浓度的减少方向移动来看，NH_4^+ ══ NH_3+H^+，所以pH是减小的。

21. $E^{\ominus}([Zn(CN)_4]^{2-}/Zn)=E^{\ominus}(Zn^{2+}/Zn)+\frac{0.0592}{2}\lg K_d^{\ominus}([Zn(CN)_4]^{2-})=-0.763+\frac{0.0592}{2}\lg 1.99\times10^{-17}=-1.26V$

22. $E^{\ominus}([AuCl_4]^-/Au)=E^{\ominus}(Au^{3+}/Au)+\frac{0.0592}{3}\lg c(Au^{3+})=E^{\ominus}(Au^{3+}/Au)-\frac{0.0592}{3}\lg K_f^{\ominus}([AuCl_4]^-)$，代入数值即可。

三、判断题

1. ×	2. √	3. √	4. ×	5. ×	6. √
7. √	8. ×	9. ×	10. ×	11. ×	12. √

13. √ 14. × 15. √ 16. √ 17. × 18. √

部分习题解析：

1. 配合物生成反应都是非氧化还原反应，但反应后原本参与氧化还原的物质浓度会发生变化，所以电极电势随之而变。

2. 当 Fe^{2+} 生成配离子时，$c(Fe^{2+})$ 减小，$E(Fe^{2+}/Fe)$ 代数值减小，还原态 Fe 的还原性将增强。

4. 沉淀向配离子转化反应中 $K^{\ominus}=K_f^{\ominus}\times K_{sp}^{\ominus}$，要根据最终的 $K^{\ominus}$ 决定反应进行的程度，也就是溶解度是否会增加。

5. 氨的量不足，不能使 Ag^+ 全部生成配离子。

8. 同选择题第 7 题。

10～12 题，运用的知识点为氧化还原电对中，氧化剂还原剂均生成配合物后电极电势的变化。以第 10 题为例，所用公式为：$E^{\ominus}([Co(NH_3)_6]^{3+}/[Co(NH_3)_6]^{2+})=E^{\ominus}(Co^{3+}/Co^{2+})+0.0592\lg\dfrac{K_f^{\ominus}[Co(NH_3)_6^{2+}]}{K_f^{\ominus}[Co(NH_3)_6^{3+}]}$

14. 沉淀向配离子转化反应中 $K^{\ominus}=\dfrac{K_{sp}^{\ominus}}{K_d^{\ominus}}$。

16. $K_d^{\ominus}=c(Hg^{2+})\cdot c^4(Cl^-)/c([HgCl_4]^{2-})$，代入数值即可。

17. 配合物发生解离，解离出能与氢离子反应的弱酸根。溶液中 pH 越小，则氢离子越多，与其反应的弱酸根增加，配合物的解离反应不断向右进行，即越易解离。

18. 内外界间的解离比较完全，故 $H_2[SiF_6]$ 为强酸。

四、计算题

1. **解**：(1) 氨水过量，Cu^{2+} 完全反应形成四氨合铜离子，即：

$Cu^{2+}(0.10mol\cdot dm^{-3})\longrightarrow[Cu(NH_3)_4]^{2+}(0.10mol\cdot dm^{-3})$

设平衡时的 Cu^+ 浓度为 $x$mol·dm^{-3}

	Cu^{2+}	+	$4NH_3$	$\rightleftharpoons$	$[Cu(NH_3)_4]^{2+}$
初始浓度：	0.10		6.0		0
平衡浓度：	x		$6.0-4(0.10-x)$		$0.10-x$

$$K_f^{\ominus}=\frac{c([Cu(NH_3)_4]^{2+})}{c(Cu^{2+})\times c^4(NH_3)}=\frac{1}{K_d^{\ominus}}$$

$$\frac{1}{4.79\times10^{-14}}=\frac{0.10-x}{x(5.60+4x)^4}$$

解得 $x=4.87\times10^{-18}$，x 很小，相对氨和配离子的浓度可忽略。

溶液中，游离的 Cu^{2+} 的浓度是 4.87×10^{-18} mol·dm^{-3}；NH_3 的浓度是 5.6mol·dm^{-3}；$[Cu(NH_3)_4]^{2+}$ 的浓度是 0.10mol·dm^{-3}。

(2) $c(Cu^{2+})=\dfrac{4.87\times10^{-18}\times1.0}{1.0+0.010}=4.82\times10^{-18}(mol\cdot dm^{-3})$

$c(OH^-)=\dfrac{1.0\times0.010}{1.0+0.010}=9.9\times10^{-3}(mol\cdot dm^{-3})$

$J=c(Cu^{2+})\cdot c^2(OH^-)=4.82\times10^{-18}\times(9.9\times10^{-3})^2<K_{sp}^{\ominus}[Cu(OH)_2](2.2\times10^{-20})$

所以无 $Cu(OH)_2$ 沉淀生成。

(3) $c(Cu^{2+})=\frac{4.87\times10^{-18}\times1.0}{1.0+0.001}\approx4.87\times10^{-18}(mol\cdot dm^{-3})$

$c(S^{2-})=\frac{0.10\times0.001}{1.0+0.001}\approx10^{-4}(mol\cdot dm^{-3})$

$J=c(Cu^{2+})\cdot c(S^{2-})=4.87\times10^{-18}\times10^{-4}>K_{sp}^{\ominus}(CuS)(6.0\times10^{-37})$

因此有 CuS 沉淀生成。

2. **解**：(1) $Ag^{+}+2S_2O_3^{2-}+Ag═══[Ag(S_2O_3)_2]^{3-}+Ag$

$\lg K_f^{\ominus}=\frac{zE_{池}^{\ominus}}{0.0592}=\frac{1\times[E^{\ominus}(Ag^{+}/Ag)-E^{\ominus}([Ag(S_2O_3^{2-})_2]^{3-}/Ag)]}{0.0592}=\frac{1\times(0.7991-0.010)}{0.0592}$

解得：$K_f^{\ominus}([Ag(S_2O_3^{2-})_2]^{3-})=2.1\times10^{13}$

设 Ag^{+} 平衡浓度为 $x$mol·dm^{-3}

	Ag^{+}	+ $2S_2O_3^{2-}$	$\rightleftharpoons$ $[Ag(S_2O_3)_2]^{3-}$
初始浓度/mol·dm^{-3}	$\frac{0.15\times50}{150}=0.050$	$\frac{0.30\times100}{150}=0.20$	0
平衡浓度/mol·dm^{-3}	x	$0.20-2(0.050-x)$	$0.050-x$

$$\frac{0.050-x}{x(0.10+2x)^2}=2.1\times10^{13}$$

$$x=c(Ag^{+})=2.38\times10^{-13}(mol\cdot dm^{-3})$$

(2) $AgBr+2S_2O_3^{2-}\rightleftharpoons Ag(S_2O_3)_2^{3-}+Br^{-}$

$K=K_{sp}(AgBr)\times K_f[Ag(S_2O_3)_2]^{3-}=5\times10^{-13}\times2.1\times10^{13}=10.5$

3. **解**：(1) $AgCl+2NH_3\rightleftharpoons[Ag(NH_3)_2]^{+}+Cl^{-}$

$K^{\ominus}=K_{sp}^{\ominus}(AgCl)\times K_f^{\ominus}([Ag(NH_3)_2]^{+})=1.56\times10^{-10}\times\frac{1}{6.17\times10^{-8}}=2.53\times10^{-3}$

(2) 设 0.1mol AgCl 被氨水恰好完全溶解

	$AgCl+2NH_3$	$\rightleftharpoons[Ag(NH_3)_2]^{+}$	$+Cl^{-}$
平衡浓度	x	0.10	0.10

$K^{\ominus}=\frac{0.10^2}{x^2}=2.53\times10^{-3}$

$x=1.99$mol

$c(NH_3)_{初}=x+c_{反应}=1.99+0.1\times2=2.19(mol\cdot dm^{-3})$

4. **解**：(1) 由题意右半电池电极电势为 $E^{\ominus}([Cu(NH_3)_4]^{2+}/Cu)$，因此电池电动势为：

$E_1=E^{\ominus}([Cu(NH_3)_4]^{2+}/Cu)-E(Zn^{2+}/Zn)$

$E^{\ominus}([Cu(NH_3)_4]^{2+}/Cu)=E^{\ominus}(Cu^{2+}/Cu)+\frac{0.0592}{2}\lg\frac{1}{K_f^{\ominus}([Cu(NH_3)_4]^{2+})}$

$E(Zn^{2+}/Zn)=E^{\ominus}(Zn^{2+}/Zn)+\frac{0.0592}{2}\lg c(Zn^{2+})$

$$=-0.763+\frac{0.0592}{2}\lg0.100=-0.793(V)$$

代入得：

$0.708=0.34+\frac{0.0592}{2}\lg\frac{1}{K_f^{\ominus}([Cu(NH_3)_4]^{2+})}-(-0.793)$

解得：$K_f^\ominus([Cu(NH_3)_4]^{2+})=2.28\times10^{14}$

(2) 由题意左半电池电极电势为 $E^\ominus(ZnS/Zn)$，右半电池仍为 $E^\ominus([Cu(NH_3)_4]^{2+}/Cu)$

$$E^\ominus([Cu(NH_3)_4]^{2+}/Cu)=E^\ominus(Cu^{2+}/Cu)+\frac{0.0592}{2}\lg\frac{1}{K_f^\ominus([Cu(NH_3)_4]^{2+})}$$

$$=0.34+\frac{0.0592}{2}\lg\frac{1}{2.28\times10^{14}}=-0.085(V)$$

$$E^\ominus(ZnS/Zn)=E^\ominus(Zn^{2+}/Zn)+\frac{0.0592}{2}\lg K_{sp}^\ominus(ZnS)$$

$$=(-0.763)+\frac{0.0592}{2}\lg(1.6\times10^{-24})=-1.48(V)$$

$E_2=E^\ominus([Cu(NH_3)_4]^2/Cu)-E^\ominus(ZnS/Zn)=-0.085-(-1.48)=1.40(V)$

5. **解**：首先计算 $[Au(CN)_2]^-$ 在标准状态下平衡时解离出的 Au^+ 的浓度。

$[Au(CN)_2]^- \rightleftharpoons Au^+ + 2CN^-$

$$K_d^\ominus=\frac{c(Au^+)\cdot c(CN^-)^2}{c[Au(CN)_2]^-}=\frac{1}{K_f^\ominus([Au(CN)_2]^-)}$$

根据题意，配离子和配体的浓度均为 $1mol\cdot dm^{-3}$，则

$$c(Au^+)=\frac{1}{K_f^\ominus([Au(CN)_2]^-)}=5.02\times10^{-39}mol\cdot dm^{-3}$$

将 $[Au^+]$ 代入能斯特方程式：

$$E^\ominus([Au(CN)_2]^-/Au)=E^\ominus(Au^+/Au)+0.0592\lg c(Au^+)$$

$$=1.83+0.0592\lg10^{-38.3}=1.83-2.27=-0.44V$$

由此例可以看出，当 Au^+ 形成配离子以后，$E^\ominus([Au(CN)_2]^-/Au)<E^\ominus(Au^+/Au)$，在配体 CN^- 存在时，单质金的还原能力增强，易被氧化为 $[Au(CN)_2]^-$

6. **解**： $E^\ominus([Fe(C_2O_4)_3]^{3-}/[Fe(C_2O_4)_3]^{4-})$

$$=E^\ominus(Fe^{3+}/Fe^{2+})+0.0592\lg\frac{K_f^\ominus[Fe(C_2O_4)_3]^{4-}}{K_f^\ominus[Fe(C_2O_4)_3]^{3-}}$$

$$=0.771+0.0592\lg\frac{1.7\times10^5}{1.6\times10^{20}}=-0.115V$$

因稳定常数：$K_f^\ominus([Fe(C_2O_4)_3]^{3-})>K_f^\ominus([Fe(C_2O_4)_3]^{4-}])$

因此在 $[Fe(C_2O_4)_3]^{3-}$ 与 $[Fe(C_2O_4)_3]^{4-}$ 共存时，会发生下面转化反应：

$$[Fe(C_2O_4)_3]^{4-}+Fe^{3+} \Longrightarrow [Fe(C_2O_4)_3]^{3-}+Fe^{2+}$$

$$K^\ominus=\frac{K_f^\ominus([Fe(C_2O_4)_3]^{3-})}{K_f^\ominus([Fe(C_2O_4)_3]^{4-})}=\frac{1.6\times10^{20}}{1.7\times10^5}=9.4\times10^{14}$$

而 $K^\ominus=\dfrac{c([Fe(C_2O_4)_3^{3-}])\times c(Fe^{2+})}{c([Fe(C_2O_4)_3^{4-}])\times c(Fe^{3+})}=9.4\times10^{14}$

$c([Fe(C_2O_4)_3]^{3-})=c([Fe(C_2O_4)_3]^{4-})=1.0(mol\cdot dm^{-3})$

$$\frac{c(Fe^{2+})}{c(Fe^{3+})}=9.4\times10^{14}$$

7. **解**： $AgI(s)+2CN^- \rightleftharpoons [Ag(CN)_2]^-+I^-$

平衡 $c/(mol\cdot dm^{-3})$　$x-2\times$ 0.10　　0.10　　0.10

$K^{\ominus}=K_{sp}^{\ominus}(AgI)\cdot K_f^{\ominus}([Ag(CN)_2]^-)$

$=8.3\times10^{-17}/1.2\times10^{-21}=6.92\times10^4$

$\dfrac{[c(Ag(CN)_2^-)/c^{\ominus}]\cdot[c(I^-)/c^{\ominus}]}{[c(CN^-)/c^{\ominus}]^2}=K^{\ominus}\quad \dfrac{(0.10)^2}{(x-2\times0.10)^2}=6.92\times10^4$

$x\approx0.20mol\cdot dm^{-3}$

NaCN 的起始浓度至少为 $0.20mol\cdot dm^{-3}$

平衡时，$c([Ag(CN)_2]^-)=c(I^-)=0.10mol\cdot dm^{-3}$

$c(CN^-)=\dfrac{0.10}{(6.92\times10^4)^{\frac{1}{2}}}=3.8\times10^{-4}mol\cdot dm^{-3}$

$K_{sp}^{\ominus}(AgI)=[c(Ag^+)/c^{\ominus}]\cdot[c(I^-)/c^{\ominus}]$

$c(Ag^+)=\dfrac{8.3\times10^{-17}}{0.10}=8.3\times10^{-16}mol\cdot dm^{-3}$

8. **解**：(1) $E^{\ominus}([Fe(CN)_6]^{3-}/[Fe(CN)_6]^{4-})$

$$=E^{\ominus}(Fe^{3+}/Fe^{2+})+0.0592\lg\frac{K_d^{\ominus}([Fe(CN)_6]^{3-})}{K_d^{\ominus}([Fe(CN)_6]^{4-})}$$

$$=0.77+0.0592\lg\frac{1.0\times10^{-42}}{1.0\times10^{-35}}=0.36V$$

(2) 左半电池：

$E([Fe(CN)_6]^{3-}/[Fe(CN)_6]^{4-})=0.36+0.0592\lg\dfrac{1.0}{0.10}=0.42V$

右半电池：

$E(Fe^{3+}/Fe^{2+})=0.77+0.0592\lg\dfrac{0.1}{1.0}=0.71V$

则电极电势大者为正极，因此右侧为正极，左侧为负极。

$E_{池}=E_+-E_-=0.71-0.42=0.29(V)$

(3) 电池反应 $Fe^{3+}+[Fe(CN)_6]^{4-}\rightleftharpoons[Fe(CN)_6]^{3-}+Fe^{2+}$ 为配离子转化反应，因此有：

$K^{\ominus}=\dfrac{K_f^{\ominus}(产物)}{K_f^{\ominus}(反应物)}=\dfrac{K_d^{\ominus}[Fe(CN)_6^{4-}]}{K_d^{\ominus}[Fe(CN)_6^{3-}]}=\dfrac{1.0\times10^{-35}}{1.0\times10^{-42}}=1.0\times10^7$

9. **解**：(1) $E^{\ominus}([Co(NH_3)_6]^{3+}/[Co(NH_3)_6]^{2+})$

$$=E^{\ominus}(Co^{3+}/Co^{2+})+0.0592\lg\frac{K_f^{\ominus}[Co(NH_3)_6]^{2+}}{K_f^{\ominus}[Co(NH_3)_6]^{3+}}$$

$$=1.92+0.0592\lg(1.29\times10^5/1.58\times10^{35})=0.14(V)$$

(2) $\lg K^{\ominus}=zE_{池}/0.0592=(1.92-0.14)/0.0592=30.07$

$K^{\ominus}=1.17\times10^{30}$

10. **解**：$2Ag_2S+8CN-+O_2+2H_2O\rightleftharpoons4[Ag(CN)_2]^-+2S+4OH^-$

$$K_1^{\ominus}=\frac{c^4([Ag(CN)_2]^-)\times c^4(OH^-)}{c^8(CN^-)\times\frac{p(O_2)}{p^{\ominus}}}=\frac{c^4([Ag(CN)_2]^-)\times c^4(OH^-)}{c^8(CN^-)\times\frac{p(O_2)}{p^{\ominus}}}\times\frac{c^4(Ag^+)\times c^2(S^{2-})}{c^4(Ag^+)\times c^2(S^{2-})}$$

$$=(K_f^{\ominus})^4\times(K_{sp}^{\ominus})^2\times\frac{c^4(OH^-)}{c^2(S^{2-})\times\frac{p(O_2)}{p}}$$

题给两电对可发生如下反应：

$$O_2+2S^{2-}+2H_2O\rightleftharpoons 4OH^-+2S$$

其平衡常数：$K_2^{\ominus}=\dfrac{c^4(OH^-)}{c^2(S^{2-})\times\frac{p(O_2)}{p}}$

而此反应：$\lg K_2^{\ominus}=\dfrac{zE_{池}^{\ominus}}{0.0592}=\dfrac{4\times[E^{\ominus}(O_2/OH^-)-E^{\ominus}(S/S^{2-})]}{0.0592}=\dfrac{4\times(0.4+0.48)}{0.0592}$

解得：$K_2^{\ominus}=2.88\times10^{59}$

即：$\dfrac{c^4(OH^-)}{c^2(S^{2-})\times\frac{p(O_2)}{p^{\ominus}}}=2.88\times10^{59}$

$$\therefore K_1^{\ominus}=(K_f^{\ominus})^4\times(K_{sp}^{\ominus})^2\times\frac{c^4(OH^-)}{c^2(S^{2-})\times\frac{p(O_2)}{p}}$$

$$=(1.3\times10^{21})^4\times(6.2\times10^{-51})^2\times2.88\times10^{59}=3.16\times10^{43}$$

《普通化学原理》期末考试试卷 A 答案与评分标准

一、填空题(前 5 题每空 1 分，后 10 题每空 2 分，共 30 分)

1. 线状或不连续；bohr(波尔)
2. 3；互相垂直
3. $1s^2 2s^2 2p^6 3s^2 3p^6 3d^3 4s^2$
4. 3；V 形；大于
5. C；四氰合镉(Ⅱ)离子
6. −1；1.5
7. 193
8. 1.66
9. 1.54×10^{-13}；6.1×10^{-5}
10. 0.4
11. 6.9×10^{-9}
12. 5.11
13. 1
14. 1.36×10^{-19}

二、选择题(每空 2 分，共 40 分)

1. A	2. A	3. B	4. C	5. D	6. C
7. C	8. A	9. B	10. D	11. A	12. B
13. D	14. D	15. D	16. C	17. A	18. C
19. A	20. C				

三、判断题

1\. × 2. √ 3. √ 4. √ 5. × 6. ×

7\. × 8. √ 9. × 10. ×

四、计算题

1\. **解**：(1) $N_2O_4(g) \rightleftharpoons 2NO_2(g)$

初始物质的量： 1 0

平衡物质的量： $1-\alpha$ 2α 总物质的量：$1+\alpha$

平衡分压： $\frac{1-\alpha}{1+\alpha}p$ $\frac{2\alpha}{1+\alpha}p$

$$K^{\ominus}=\frac{(p_{NO_2}/p^{\ominus})^2}{p_{N_2O_4}/p^{\ominus}}=\frac{\left(\frac{2\alpha}{1+\alpha}p\right)^2}{\frac{1-\alpha}{1+\alpha}p}\times\frac{1}{p^{\ominus}}=\frac{4\alpha^2}{1-\alpha^2}\times\frac{p}{p^{\ominus}}=\frac{4\times0.502^2}{1-0.502^2}\times1.0=1.35\quad(2\text{ 分})$$

(2) T 不变，K 不变，若此时转化率为 α'。

$$K^{\ominus}=\frac{4\alpha'^2}{1-\alpha'^2}\times\frac{p'}{p^{\ominus}}$$

$$1.35=\frac{4\alpha'^2}{1-\alpha'^2}\times\frac{1000}{100}$$

解得：$\alpha'=18.1\%$ (2 分)

$$p_{N_2O_4}=\frac{1-\alpha'}{1+\alpha'}p=\frac{1-0.181}{1+0.181}\times1000=693.5(\text{kPa})\quad(1\text{ 分})$$

2\. **解**：不生成 $Mn(OH)_2$ 沉淀，则

$$c(OH^-)\leqslant\sqrt{\frac{K_{sp}^{\ominus}(Mn(OH)_2)}{c(Mn^{2+})}}=\sqrt{\frac{1.9\times10^{-13}}{0.20/2}}=1.4\times10^{-6}(\text{mol}\cdot\text{dm}^{-3})\quad(2\text{ 分})$$

$$pH\leqslant14-pOH=14-(-\lg1.4\times10^{-6})=8.14$$

设需加 NH_4Cl x 克，则

$$pH=pK_a^{\ominus}(NH_4^+)-\lg\frac{c(NH_4^+)}{c(NH_3\cdot H_2O)}$$

$$8.14=-\lg\frac{1.0\times10^{-14}}{1.8\times10^{-5}}-\lg\frac{(x/53.5)/0.200}{0.010/2}$$

解得：$x=0.69$ 克 (3 分)

3\. **解**：(1) $MnO_2(s)+4HCl(aq) \longrightarrow MnCl_2(aq)+Cl_2(g)+H_2O(l)$ (1 分)

(2) $E_{池}^{\ominus}=E_{+}^{\ominus}-E_{-}^{\ominus}=+1.23V-(+1.36V)=-0.13V<0$ (1 分)

所以：在标准状态下，上述反应不能由左向右进行。

(3) 浓 HCl 中，$c(H^+)=12\text{mol}\cdot\text{dm}^{-3}$，$c(Cl^-)=12\text{mol}\cdot\text{dm}^{-3}$，则

$$E(MnO_2/Mn^{2+})=E^{\ominus}(MnO_2/Mn^{2+})+\frac{0.0592}{2}\lg\frac{[c(H^+)/c^{\ominus}]^4}{c(Mn^{2+})/c^{\ominus}}$$

$$=+1.23+\frac{0.0592}{2}\lg\frac{12^4}{1}=+1.36V\quad(1\text{ 分})$$

$$E(Cl_2/Cl^-)=E^{\ominus}(Cl_2/Cl^-)+\frac{0.0592}{2}\lg\frac{p(Cl_2)/p^{\ominus}}{[c(Cl^-)/c^{\ominus}]^2}$$

$$=+1.36+\frac{0.0592}{2}\lg\frac{1}{12^2}=+1.30\text{V}$$ （1 分）

$E_{池}=+1.36\text{V}-(+1.30\text{V})=+0.06\text{V}>0$

因此反应向右进行，实际操作时，通常采用加热并使 Cl_2 逸出的方法。（1 分）

4. **解**：(1) $E^{\ominus}([Fe(CN)_6]^{3-}/[Fe(CN)_6]^{4-})$

$$=E^{\ominus}(Fe^{3+}/Fe^{2+})+0.0592\lg\frac{K_d^{\ominus}([Fe(CN)_6]^{3-})}{K_d^{\ominus}([Fe(CN)_6]^{4-})}$$

$$=0.771+0.0592\lg\frac{1.0\times10^{-42}}{1.0\times10^{-35}}=0.36(\text{V})$$ （2 分）

(2) 左半电池：

$$E([Fe(CN)_6]^{3-}/[Fe(CN)_6]^{4-})=0.36+0.0592\lg\frac{1.0}{0.10}=0.42(\text{V})$$

右半电池：

$$E(Fe^{3+}/Fe^{2+})=0.771+0.0592\lg\frac{0.10}{1.0}=0.71(\text{V})$$ （2 分）

电池反应 $Fe^{3+}+[Fe(CN)_6]^{4-}\rightleftharpoons[Fe(CN)_6]^{3-}+Fe^{2+}$ 为配离子转化反应，因此有：

$$K^{\ominus}=\frac{K_f^{\ominus}(产物)}{K_f^{\ominus}(反应物)}=\frac{K_d^{\ominus}([Fe(CN)_6]^{4-})}{K_d^{\ominus}([Fe(CN)_6]^{3-})}=\frac{1.0\times10^{-35}}{1.0\times10^{-42}}=1.0\times10^{7}$$

$E_{池}=E_{+}-E_{-}=0.71-0.42=0.29(\text{V})$ （1 分）

《普通化学原理》期末考试试卷 B 答案与评分标准

一、填空题(每空 1 分，共 30 分)

1. 简并轨道或等价轨道；能级分裂；能级交错
2. N_2^+；2.5；N_2^+；Li_2^+；Be_2^+
3. Cl^-、NH_3；Cl、N；4；二氯二氨合铂(Ⅱ)
4. >；=；>
5. 2.9×10^{12}
6. 等于；不变
7. 3；不等性 sp^2；V 形
8. 减小；增大；弱
9. 7.1×10^{-5}
10. 1；3
11. 配离子；大
12. −212.3；65.24

二、选择题(每空 2 分，共 40 分)

1. C	2. A	3. D	4. C	5. B	6. C
7. D	8. B	9. C	10. C	11. C	12. B
13. A	14. B	15. B	16. A	17. A	18. C
19. D	20. A				

三、判断题

1. × 2. × 3. √ 4. × 5. × 6. ×
7. × 8. × 9. √ 10. √

四、计算题

1. **解**：$CuBr_2(s)=CuBr(s)+\frac{1}{2}Br_2(g)$

$K^{\ominus}(450)=\left(\frac{p(Br_2)}{p^{\ominus}}\right)^{\frac{1}{2}}=\left(\frac{0.6798}{100}\right)^{\frac{1}{2}}=0.08245$

$K^{\ominus}(550)=\left(\frac{p(Br_2)}{p^{\ominus}}\right)^{\frac{1}{2}}=\left(\frac{67.98}{100}\right)^{\frac{1}{2}}=0.8245$ （2 分）

$\lg\frac{K_2^{\ominus}}{K_1^{\ominus}}=\frac{\Delta_r H_m^{\ominus}(298)}{2.303R}\left(\frac{T_2-T_1}{T_1\times T_2}\right)$

$\lg\frac{0.8245}{0.08245}=\frac{\Delta_r H_m^{\ominus}(298)}{2.303\times 8.314}\left(\frac{550-450}{550\times 450}\right)$

$\Delta_r H_m^{\ominus}(298)=47.39\text{kJ}\cdot\text{mol}^{-1}$ （1 分）

$\lg\frac{K^{\ominus}(550)}{K^{\ominus}(298)}=\frac{\Delta_r H_m^{\ominus}(298)}{2.303R}\left(\frac{T_2-T_1}{T_1\times T_2}\right)$

$\lg\frac{0.8245}{K^{\ominus}(298)}=\frac{47.39\times 10^3}{2.303\times 8.314}\left(\frac{550-298}{550\times 298}\right)$

$K^{\ominus}(298)=1.29\times 10^{-4}$

$\Delta_r G_m^{\ominus}(298)=-2.303RT\lg K^{\ominus}(298)=-2.303\times 8.314\times 298\times 10^{-3}\times\lg(1.29\times 10^{-4})$

$=22.19(\text{kJ}\cdot\text{mol}^{-1})$

$\Delta_r G_m^{\ominus}(298)=\Delta_r H_m^{\ominus}(298)-T\Delta_r S_m^{\ominus}(298)$

$22.19\times 10^3=47.39\times 10^3-298\times\Delta_r S_m^{\ominus}(298)$

$\Delta_r S_m^{\ominus}(298)=84.56\text{J}\cdot\text{mol}^{-1}\cdot\text{K}^{-1}$ （2 分）

2. **解**：欲除尽 Fe^{3+}，则

$c(OH^-)=\sqrt[3]{\frac{K_{sp}^{\ominus}(Fe(OH_3))}{c(Fe^{3+})}}=\sqrt[3]{\frac{2.6\times 10^{-39}}{1.0\times 10^{-5}}}=6.4\times 10^{-12}(\text{mol}\cdot\text{dm}^{-3})$

$pH=14-pOH=14-[-\lg(6.4\times 10^{-12})]=2.81$ （2 分）

Mg^{2+} 不沉淀，则

$c(OH^-)=\sqrt{\frac{K_{sp}^{\ominus}(Mg(OH)_2)}{c(Mg^{2+})}}=\sqrt{\frac{1.8\times 10^{-11}}{0.20}}=9.5\times 10^{-6}(\text{mol}\cdot\text{dm}^{-3})$

$pH=14-pOH=14-[-\lg(9.5\times 10^{-6})]=8.98$ （2 分）

即 pH 应控制在 2.81～8.98 （1 分）

3. **解**：(1) 正极：$Cr_2O_7^{2-}+14H^++6e\longrightarrow 2Cr^{3+}+7H_2O$，负极：$2I^--2e\longrightarrow I_2$

总反应：$Cr_2O_7^{2-}+14H^++6I^-=\!=\!=2Cr^{3+}+7H_2O+3I_2$

$E_{Cr_2O_7^-/Cr^{3+}}=E^{\ominus}_{Cr_2O_7^-/Cr^{3+}}+\frac{0.0592}{6}\lg\frac{c(Cr_2O_7^{2-})\times c^{14}(H^+)}{c^2(Cr^{3+})}=1.36+\frac{0.0592}{6}\lg\frac{0.10\times 1.0^{14}}{1.0^2}=$

1.35(V)

$E_{I_2/I^-}=E^{\ominus}_{I_2/I^-}+\frac{0.0592}{2}\lg\frac{1}{c^2(I^-)}=0.54-\frac{0.0592}{2}\lg c^2(I^-)$

$E=E_{Cr_2O_7^{2-}/Cr^{3+}}-E_{I_2/I^-}=1.35-0.54+\frac{0.0592}{2}\lg c^2(I^-)=0.751(V)$

解得：$x=0.100mol\cdot dm^{-3}$ （2 分）

(2) $\Delta_r G_m=-nFE_{池}=-6\times96.5\times0.751=-434.83(kJ\cdot mol^{-1})$

$E^{\ominus}_{池}=E^{\ominus}_{Cr_2O_7^{2-}}-E^{\ominus}_{I_2/I^-}=1.35-0.54=0.81(V)$

$\lg K^{\ominus}=\frac{nE^{\ominus}_{池}}{0.0592}=\frac{6\times0.82}{0.0592}=83.1$

$K^{\ominus}=1.26\times10^{83}$ （3 分）

4. **解**：　　$AgI(s)+2CN^-\rightleftharpoons[Ag(CN)_2]^-+I^-$

平衡 $c/(mol\cdot dm^{-3})$　　$x-2\times0.10$　　0.10　　0.10

$K^{\ominus}=K^{\ominus}_{sp}(AgI)\cdot K^{\ominus}_{f}([Ag(CN)_2]^-)=8.3\times10^{-17}/1.2\times10^{-21}=6.92\times10^4$ （2 分）

$\frac{[c(Ag(CN)_2^-)/c^{\ominus}]\cdot[c(I^-)/c^{\ominus}]}{[c(CN^-)/c^{\ominus}]^2}=K^{\ominus}$

$\frac{0.10^2}{(x-2\times0.10)^2}=6.92\times10^4$

$x=0.20$ （3 分）

NaCN 的起始浓度至少为 $0.20mol\cdot dm^{-3}$